# 我国海洋卫星
# 极区海冰遥感反演方法

石立坚　王其茂　张　晰　编著

海洋出版社

2022年·北京

图书在版编目(CIP)数据

我国海洋卫星极区海冰遥感反演方法/石立坚，王其茂，张晰编著. —北京：海洋出版社，2022. 12
ISBN 978-7-5210-1025-1

Ⅰ. ①我国… Ⅱ. ①石… ②王… ③张… Ⅲ. ①极地区-海冰-反演算法-研究 Ⅳ. ①P731. 15

中国版本图书馆 CIP 数据核字(2022)第 199531 号

我国海洋卫星极区海冰遥感反演方法
WOGUO HAIYANG WEIXING JIQU HAIBING YAOGAN FANYAN FANGFA

责任编辑：苏　勤
责任印制：安　森

海洋出版社　出版发行
http://www.oceanpress.com.cn
北京市海淀区大慧寺路 8 号　邮编：100081
鸿博昊天科技有限公司印刷
2022 年 12 月第 1 版　2022 年 12 月北京第 1 次印刷
开本：787 mm×1092 mm　1/16　印张：14. 75
字数：200 千字　定价：198. 00 元
发行部：010-62100090　邮购部：010-62100072
总编室：010-62100034

#《我国海洋卫星极区海冰遥感反演方法》
## 编　委　会

# 前　言

南、北两极是地球系统的重要组成部分，在全球气候变化加剧的背景下，南、北两极逐渐成为全球海洋学研究的热点区域。2017 年 1 月 18 日，习近平主席在联合国日内瓦总部发表题为《共同构建人类命运共同体》的主旨演讲，其中特别提到："要秉持和平、主权、普惠、共治原则，把深海、极地、外空、互联网等领域打造成各方合作的新疆域"。极地是关系到国家利益的战略新疆域，新疆域的治理关乎人类共同未来，我们有责任和义务主导治理。2017 年，我国首次发布白皮书性质的南极事业发展报告《中国的南极事业》；2018 年，我国首次就北极政策发表了白皮书《中国的北极政策》，此举有利于构建人类命运共同体，使我国更好地、更深度地参与全球海洋治理。

我国每年都要开展南、北极的业务化科学考察。伴随着北极海冰面积的迅速减小，全球航运业也将随着北极航道的开通迎来重要发展机遇。准确地获取海冰及其变化信息成为顺利开展科学考察和商业船舶航行的重要保障内容之一。卫星遥感凭借着大范围、长时间序列、高频次观测技术优势，已成为两极研究不可或缺的重要技术手段。

海洋系列卫星作为我国民用空间基础设施中长期规划的三大系列卫星，其中绝大部分是极轨卫星，是极地资源、海洋、大气、冰雪和环境变化的监测利器，这些卫星装有可见光、红外、主被动微波遥感载荷，可获取多种空间分辨率、多种探测波段组合、多种类型的长序列卫星遥感数据，定量化、高精度地提取极地资源与环境要素信息，为极地及周边大洋环境分布及变化规律研究、极地考察预报保障提供高效的基础数据。

本书是对近几年来利用自主海洋卫星数据在南、北极海冰遥感方面研究成果的凝炼，全书共分8章，分别为绪论、自主海洋系列卫星简介、HY-1C/COCTS海冰密集度遥感反演、HY-2B扫描微波辐射计海冰密集度反演、HY-2B微波散射计海冰遥感、HY-2B高度计海冰厚度反演、HY-2B雷达高度计以及校正辐射计冰水信息提取、中法海洋卫星海冰类型识别。本书由石立坚、王其茂和张晰统稿。

本书的编撰得到了国家卫星海洋应用中心等机构的大力支持，书籍的出版得到了国家重点研发计划“北极环境卫星遥感与数值预报合作平台建设”项目(2018YFC1407200)的资助，在此表示由衷的感谢。由于书籍涉及的知识面较广，加之作者的知识和水平有限，书中难免存在不足，恳请读者批评指正。

编　者

2022年11月于北京

# 目　　录

# 第1章 绪 论

极地地区是地球上的气候敏感地区，也是研究全球变化的关键区域，它直接影响大气环流和气候的变化。海冰作为两极地区反照率最高的地表类型，可以将大部分入射辐射能量反射回天空，极区海冰的变化对整个地表-大气辐射平衡系统和全球气候变化均有重要影响。由于恶劣的自然环境和广袤的区域范围，极地海冰除有限的现场观测外，主要靠多种卫星全天候多频次、近实时和长期连续获取两极区域多要素分布特征及变化信息。

图 1-1 为世界气象组织(World Meteorological Organization，WMO)下属的全球冰冻圈观测(Global Cryosphere Watch，GCW)总结的可用于冰冻圈观测各国的卫星计划，包括了合成孔径雷达、微波散射计、雷达高度计、重力仪、微波辐射计、可见光红外光学传感器共 6 类传感器，图中包括了我国海洋一号、海洋二号、海洋三号系列卫星和风云三号系列卫星。

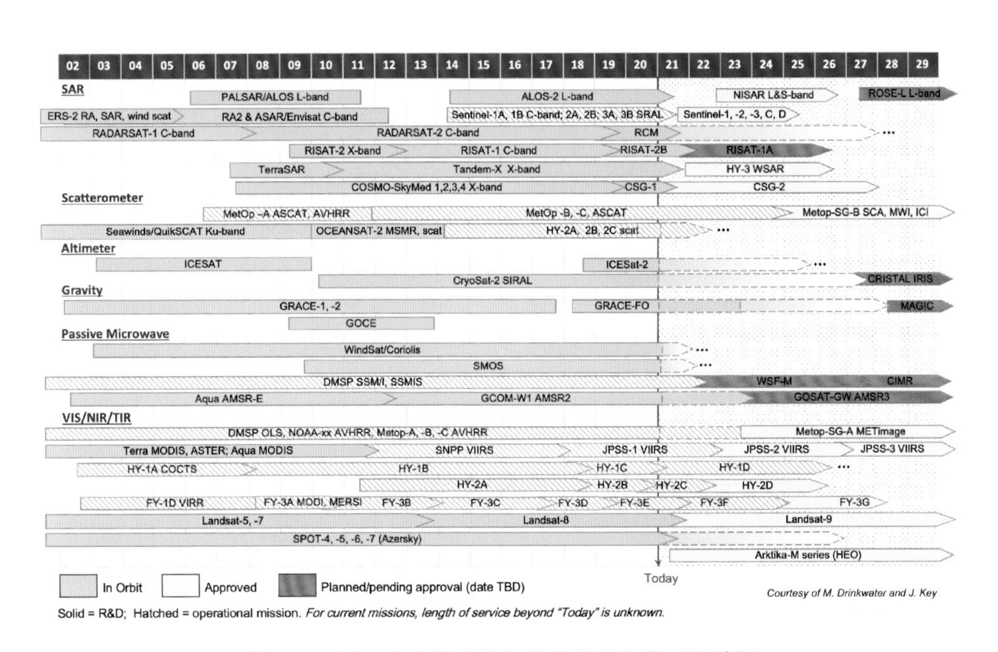


图 1-1 用于冰冻圈观测各类载荷及各类卫星计划

利用各类星载传感器，可以对冰冻圈的冰盖、冰川、海冰、积雪、冻土等多种要素的观测，其中海冰方面可以获取海冰密集度、海冰范围、海冰类型、海冰厚度、海冰表面温度、海冰漂移速度、冰表面积雪厚度等多种信息。例如利用星载微波辐射计可以获取南、北极的海冰密集度信息，进而可以统计南、北极区域的海冰范围。图 1-2 为自 1979 年有卫星数据记录以来，不同月份南、北极海冰范围的排序，最低为 1，最高为 4；红色表示该月份海冰范围较小，排序最低；蓝色表示该月份海冰范围较大，排序最高。从图中可以看出：北极区域整体处于减少趋势，每个月的最小值均出现在 2012 年之后，2012 年 9 月 13 日北极海冰范围达到历史最小值($3.4\times10^6$ km$^2$)；而南极区域近 10 年海冰变化较为剧烈，大部分月份的历史最低值和最高值均出现在 2013—2019 年期间。

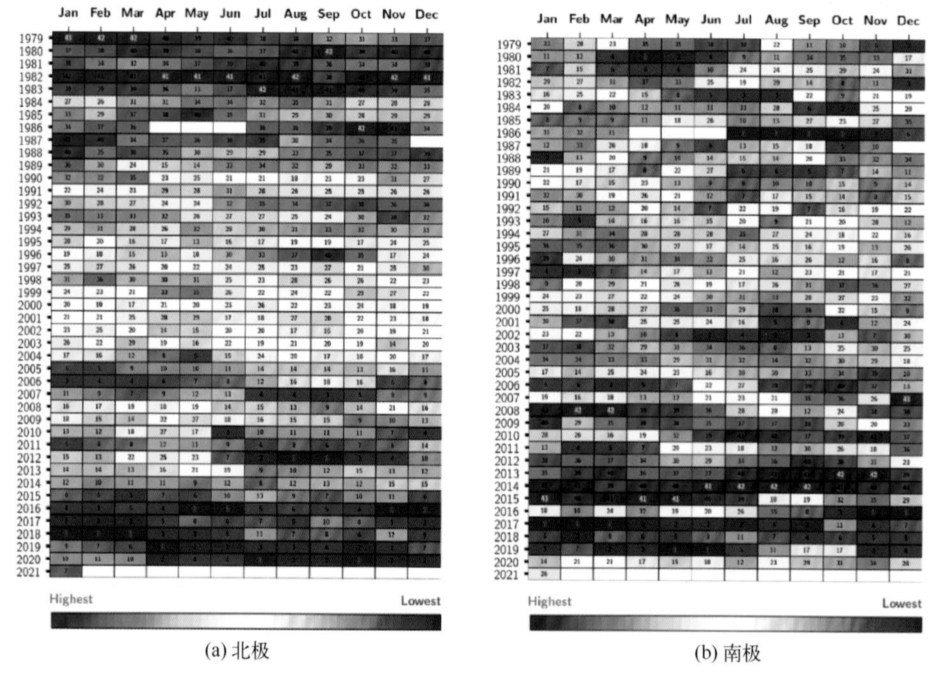


图 1-2　1979 年有卫星数据记录以来，不同月份南、北极海冰范围的排序

目前，国外极区海冰监测产品发布机构主要有两类。第一类是北极理事会国家，以科研和服务为目的，如加拿大冰中心(CIS)、美国国家冰雪数据中心(NSIDC)、美国国家冰中心(NIC)等。加拿大冰中心主要服务区域为北冰

洋、北极东部和西部、北冰洋东岸、哈得孙湾和北美五大湖，主要提供每天或每周的冰情图(海冰密集度、海冰类型)和冰山情况。第二类是非北极理事会国家，以科研为目的，如德国不来梅大学等。大部分产品已经实现了业务化全自动制作，如美国国家冰雪数据中心，可以提供长时间序列的极地海冰多参数观测产品；而面向船舶航行服务的部分产品制作过程还不能实现完全自动化，需要专家干预，如美国国家冰中心，主要基于多源卫星数据和现场观测数据，提供极地和五大湖区域海冰信息产品。下面简要介绍几个相关机构。

## 1.1 美国国家冰中心

美国国家冰中心(NIC)是一家多机构运营中心，包括海军国防部、商务部旗下的国家海洋与大气管理局以及美国海岸警卫队，人员来自美国国家海洋与大气管理局旗下的国家环境卫星数据和信息服务中心。国家冰中心作为满足美国国家利益的专门研究海洋气象的国家政府机构，其主要任务是提供全球不同区域、不同尺度的高质量海冰监测信息，其海冰分析产品95%的信息来自于卫星图像。除了卫星遥感数据，美国国家冰中心雇用美国海岸警卫队装有侧视雷达的飞行器监控极地，并定期从船舶、阿拉斯加海岸电台收到冰况报告，还可以从国际北极浮标的观测数据中获取信息。图1-3为每周北极区域的海冰发展阶段分析图，这个产品每周五提供，给出了不同区域的海冰发展阶段，不同颜色代表不同的海冰类型。

## 1.2 美国国家冰雪数据中心

美国国家冰雪数据中心(NSIDC)是美国国家航空航天局(NASA)所建立的对地观测系统的一部分，其主要职责是对世界冰冻圈领域的研究提供支持，包括组成地球冰冻圈的雪、冰、冰山、冻土以及它们相互之间的气候作用。它负责管理全球最大的冰冻圈数据库，并提供便利的查询下载通道。

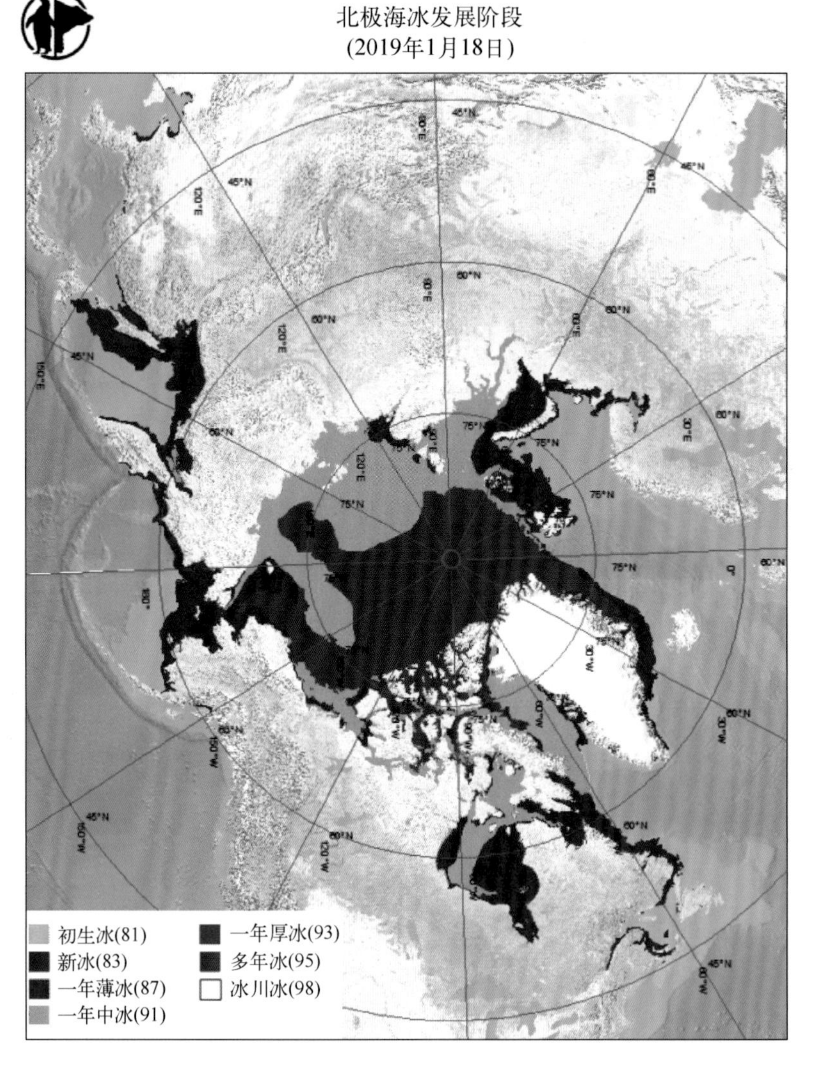


图 1-3　每周北极区域的海冰发展阶段分析图

NSIDC 提供了丰富的海冰监测与分析产品，供研究人员下载与使用，例如海冰指数(指示 1978 年以来的南、北极海冰变化)、基于光学卫星影像的海冰外缘线与冰温产品、基于微波数据的海冰外缘线与密集度产品以及北半球多传感器海冰分布产品等。图 1-4 为基于微波辐射计数据的北极海冰密集度产品示例。

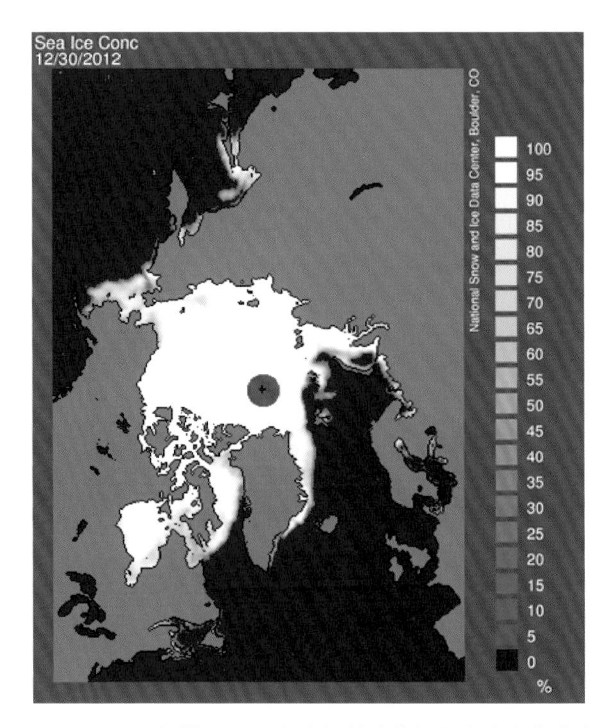


图 1-4 NSIDC 提供的基于微波辐射计数据的海冰密集度产品

## 1.3 加拿大冰中心

加拿大冰中心(CIS)是加拿大气象局的下属部门，是获取加拿大通航水域海冰信息的权威部门，负责提供加拿大海域有效、及时的海冰信息以保证安全有效的海上作业环境。在夏季，主要关注北极及哈得孙湾地区的冰况信息，而在冬季和春季，主要关注的是拉布拉多海岸、东纽芬兰水域、圣劳伦斯湾和圣劳伦斯航道海域。加拿大冰中心是加拿大分析处理卫星和机载数据、气候数据及海表测量数据的中心，并根据这些信息描述加拿大所有地区当前及未来的冰况。

在 Radarsat 卫星发射之前，加拿大冰中心使用两个侦察机采集数据，并用 NOAA/AVHRR、ERS/SAR、SSM/I 的数据以及船舶和海岸的报告作为补充。2019 年 6 月 12 日加拿大发射 Radarsat 星座(Radarsat Constellation Mission，RCM)，作为 Radarsat-2 的后续和补充。RCM 由 3 颗构型完全相同的卫星组成星座，在同一轨道平面上等距飞行，与之前的 Radarsat-2 单颗卫星相比，RCM

星座可以实现加拿大特定区域全覆盖观测频次由 4 天提升到了每天。CIS 以 RCM 数据为主，为用户提供冰图表，主要是提供给加拿大海岸警卫队。除了绘制海冰图，CIS 还负责监控冰山，监控方法包括使用航空、航海及卫星等手段定位冰山位置以及预测冰山 30 天内移动的最大距离。

## 1.4 德国不来梅大学

德国不来梅大学与公益科研机构 Polar View、北极地区海洋监测系统(Arctic ROOS)共同提供了基于 SSMIS、AMSR-E 与 AMSR-2 数据的海冰外缘线、密集度分布等业务化产品。该机构主要基于 Spreen 等提出的 ASI 海冰反演算法，使用 AMSR-E 传感器下发的 89 GHz 通道数据来制作海冰密集度、外缘线等业务化产品。在 2011 年 10 月 Aqua 卫星上 AMSR-E 设备发生故障后，不来梅大学使用美国国防卫星项目中的 SSMIS(91 GHz 通道，12.5 km 分辨率)数据来替代 AMSR-E 数据。虽然数据分辨率只有之前的 1/2，但最终的海冰密集度产品仍然保持 6.25 km 的格网分辨率。从 2013 年开始 AMSR-2 数据公布后，该数据成为海冰密集度产品的主要基础数据源并制作发布海冰密集度产品沿用至今。

近年我国在诸多国家专项的支持下，武汉大学、南京大学、北京师范大学、中山大学、中国海洋大学等国内多所大学、研究所在利用多源卫星数据进行海冰信息反演方法研究方面开展了大量工作，相关研究成果也发表在国际期刊上，但是大部分研究都是基于国外卫星数据，相关成果在业务化工作中的应用仍需加强；发布相关产品的机构与国外相比较少，长时间序列、多参数、业务化的监测能力需要进一步加强。

# 第 2 章　自主海洋系列卫星简介

海洋系列卫星为我国自主研制和发射的海洋环境监测卫星，根据载荷特点和观测要素主要包括海洋水色环境卫星(海洋一号，HY-1)、海洋动力环境卫星(海洋二号，HY-2)、海洋监视监测卫星(海洋三号，HY-3)3 个系列卫星。自 2002 年以来已经成功发射 9 颗海洋卫星，主要包括 4 颗 HY-1 系列卫星和 4 颗 HY-2 系列卫星①，另外还与法国合作研制并成功发射了中法海洋卫星。上述 9 颗卫星中多数卫星为极轨卫星，可以提供南北两极区域多谱段、多极化、多时像的观测数据，为极区环境监测提供数据支撑。

## 2.1　海洋一号卫星

海洋水色环境卫星系列是我国自主研制的海洋水色环境监测卫星，主要用于探测海洋水色环境要素(包括叶绿素浓度、悬浮泥沙含量、可溶性有机物)、水温、污染物等。其主要作用是：掌握海洋初级生产力分布、海洋渔业和养殖业资源状况及环境质量等，为海洋生物资源合理开发与利用提供科学依据；了解重点河口港湾的悬浮泥沙分布规律，为沿岸海洋工程及河口港湾治理提供基础数据；监测海面赤潮、溢油、热污染、海冰冰情、浅海地形等；为海洋环境监测与保护、海洋资源开发与管理、维护海洋权益与海上执法提供信息，为研究全球环境变化提供大洋水色资料。

### 2.1.1　海洋一号 A 卫星(HY-1A)

海洋一号 A 卫星(HY-1A)于 2002 年 5 月 15 日在太原卫星发射中心由长征四号乙火箭一箭双星发射升空，是中国第一颗用于海洋水色探测的试验型海洋卫星。星上装载两台遥感器，一台是十波段的海洋水色扫描仪，另一台是四波段的海岸带成像仪(表 2-1)。

① 本书正式出版时，海洋三号 01/02 两颗卫星已经发射。

表 2-1 HY-1A 卫星技术指标

| 轨道参数 | 太阳同步轨道，轨道高度 798 km，倾角 98.8° |
|---|---|
| 降交点地方时 | 8:53—10:10AM |
| 周期 | 100.8 min |
| 重复观测周期 | 水色扫描仪 3 天，CCD 成像仪 7 天 |
| 重量 | 368 kg |
| 姿态控制 | 三轴稳定 |
| 数传系统 | X 频段下行 |
| 星上存储量 | 80 MB |
| 设计寿命 | 2 年 |

HY-1A 卫星的成功发射，开启了海洋一号卫星系列发展的新纪元，填补了我国海洋卫星领域的空白。在完成了 7 次变轨后，于 2002 年 5 月 27 日到达 798 km 的预定轨道，并于 2002 年 5 月 29 日按预定时间开启有效载荷开始进行对地观测，实现了对中国近海每 3 天重复观测的能力。HY-1A 卫星于 2004 年 4 月停止工作，在轨运行 685 天期间，成像约 1 900 轨，获取了中国近海及全球重点海域的叶绿素浓度、海表温度、悬浮泥沙含量、海冰覆盖范围、植被指数等动态要素信息以及珊瑚、岛礁、浅滩、海岸地貌特征，并且基于此研发制作了 42 种遥感产品(蒋兴伟 等，2016)。在我国海洋权益维护、海洋资源开发、海洋环境监测、海洋灾害预报等方面发挥了重要作用，为我国后续海洋水色卫星研制积累了宝贵经验。

HY-1A 卫星搭载了两个主载荷：一个载荷为十波段海洋水色扫描仪用于探测海洋水色要素(叶绿素浓度、悬浮泥沙浓度和可溶有机物)和海表面温度等，其中星下点地面分辨率为 1 100 m，每行像元数 1 024，量化级数为 10 bit，可见光辐射精度为 10%；另一个载荷为四波段 CCD 成像仪，主要用于海岸带动态监测，以获得海陆交互作用区域的较高分辨率图像，其中星下点地面分辨率为 250 m，每行像元数 2 048。

### 2.1.2 海洋一号 B 卫星(HY-1B)

海洋一号 B 卫星作为海洋一号 A 卫星的接替星，于 2004 年开始进入工程研制，2007 年 4 月 11 日发射升空，实现了由试验星向业务星的发展。相较

HY-1A，HY-1B 在卫星轨道、有效载荷部分性能和卫星工作模式等方面进行了调整和提高。在卫星应用上也已突破 A 星单纯的应用示范研究，开展了海洋水色、海冰、海温和海洋渔业等的业务化监测，定期发布相关卫星应用产品。

HY-1B 卫星在主要功能、有效载荷配置和卫星平台设计等方面继承了 HY-1A 卫星的优点，但对 HY-1A 卫星在轨运行期间出现的故障和不足做了全面的整改和完善，卫星在轨工作寿命、观测范围、覆盖周期、星上数据记录存储与回放等方面均有提高(林明森 等，2019)。HY-1B 卫星及有效载荷水色水温扫描仪(Chinese Ocean Color and Temperature Scanner，COCTS)和海岸带成像仪(Coastal Zone Imager，CZI)的技术指标见表 2-2。

**表 2-2　HY-1B 卫星及有效载荷技术指标**

| 轨道 | | | 有效载荷 | | | |
|---|---|---|---|---|---|---|
| 类型 | | 太阳同步圆形轨道 | 十波段海洋水色扫描仪(COCTS) | | 四波段海岸带成像仪(CZI) | |
| 高度 | | 798 km | 星下点地面分辨率 | 1 100 m | 星下点地面分辨率 | 250 m |
| 周期 | | 100.83 min | 视场 | 1 664 采样点(114°±0.5°) | 偏振灵敏度 | ≤4% |
| 覆盖周期 | 海洋水色扫描仪 | 1 天 | 偏振灵敏度 | ≤5%(在±15°视场内) | 中心波长偏移 | ≤2 nm |
| | 海岸带成像仪 | 7 天 | 中心波长偏移 | ≤2 nm | 每行像元数 | 2 048 |
| 降交点地方时 | | 10:30±30 min | 量化等级 | 10 bit | 量化等级 | 10 bit |
| 数传 | | | 卫星平台 | | | |
| 频段 | | X 频段，频点 8 374.4 MHz | 卫星质量 | | 460 kg±20 kg | |
| 总下行码率 | | 6~7 Mbps | 卫星尺寸 | 本体 | 1.432 m×1.12 m×0.953 m | |
| 调制方式 | | PCMQPSK | | 包络 | 2 m×1.671 m | |
| 星上存储量 | | 2 Gbit | | | | |

与 HY-1A 卫星相比，HY-1B 采用一箭一星方式，降交点地方时为 10:30AM，避免了太阳耀斑带来的影响，卫星数据利用率将大为提高。同时海洋水色扫描仪覆盖周期由 3 天提高到 1 天，海洋水色扫描仪探测像元数由 1 024 增加到 1 664，视场角由原来的±35.20 扩大至±57.20，使观测覆盖周期

提高到1天，更好地满足了海洋水色探测的业务化需求。星上存储容量，由HY-1A的80 MB增加到250 MB，从而提高了卫星在接收范围外(境外)的探测能力，增加了境外探测次数，由HY-1A卫星的境外水色仪1次18分钟探测，提升到HY-1B卫星的境外4~5次20分钟探测。海岸带成像仪4个波段的带宽由原来的80 nm，调整为20 nm，从而在满足海岸带探测需求的同时，增强了对海洋赤潮和海洋污染的探测能力。

HY-1B卫星业务运行期间所获得的海洋遥感数据在海洋资源开发与管理、海洋环境监测与保护、海洋灾害监测与预报、海洋科学研究和国际与地区合作等领域发挥了重要作用，为中国经济发展做出了应有的贡献，发挥了积极作用。

### 2.1.3 海洋一号C卫星(HY-1C)

海洋一号C卫星(HY-1C)于2018年9月7日在太原卫星发射中心由长征二号丙火箭成功发射，是我国继HY-1A和HY-1B卫星后的第三颗海洋水色卫星。HY-1C卫星有效载荷为海洋水色水温扫描仪、海岸带成像仪、紫外成像仪、星上定标光谱仪和一套船舶监测系统(AIS)，可每天对全球海洋进行有效监测，满足全球海洋水色水温、海岸带和海洋灾害与环境监测需求，同时可服务于自然资源调查、环境生态、应急减灾、气象、农业和水利等领域。各载荷具体用途如下。

(1)海洋水色水温扫描仪主要用于探测海洋水色要素(叶绿素浓度、悬浮泥沙浓度和可溶性有机物等)和海面温度场等(表2-3)。通过连续获取长时序的我国近海及全球水色水温资料，研究和掌握海洋初级生产力分布、海洋渔业和养殖业资源状况及环境质量等，为海洋生物资源合理开发与利用提供科学依据；为全球变化研究、海洋在全球$CO_2$循环中的作用及El-Nino探测提供大洋水色水温资料。

**表2-3 海洋水色水温扫描仪动态范围及信噪比指标**

| 编号 | 波段/μm | 测量条件①/($mW \cdot cm^{-2} \cdot \mu m^{-1} \cdot Sr^{-1}$) | S/N | 最大辐亮度/($mW \cdot cm^{-2} \cdot \mu m^{-1} \cdot Sr^{-1}$) | 应用对象 |
|---|---|---|---|---|---|
| 1 | 0.402~0.422 | 9.10 | 349 | 13.94 | 黄色物质、水体污染 |

续表

| 编号 | 波段/μm | 测量条件①/($mW \cdot cm^{-2} \cdot \mu m^{-1} \cdot Sr^{-1}$) | S/N | 最大辐亮度/($mW \cdot cm^{-2} \cdot \mu m^{-1} \cdot Sr^{-1}$) | 应用对象 |
|---|---|---|---|---|---|
| 2 | 0. 433~0. 453 | 8. 41 | 472 | 14. 49 | 叶绿素吸收 |
| 3 | 0. 480~0. 500 | 6. 56 | 467 | 14. 59 | 叶绿素、海水光学、海冰 |
| 4 | 0. 510~0. 530 | 5. 46 | 448 | 13. 86 | 浅海地形、低含量泥沙 |
| 5 | 0. 555~0. 575 | 4. 57 | 417 | 13. 89 | 叶绿素、低含量泥沙 |
| 6 | 0. 660~0. 680 | 2. 46 | 309 | 11. 95 | 中高含量泥沙、大气校正、气溶胶 |
| 7 | 0. 730~0. 770 | 1. 61 | 319 | 9. 72/5. 0 | 大气校正、高含量泥沙 |
| 8 | 0. 845~0. 885 | 1. 09 | 327 | 6. 93/3. 5 | 大气校正 |
| 9 | 10. 30~11. 30 | 0. 20 K(300 K时 NE$\Delta T$) | 200~320 K | 水温、海冰 | |
| 10 | 11. 50~12. 50 | 0. 20 K(300 K时 NE$\Delta T$) | 200~320 K | 水温、海冰 | |

注：①测量条件为典型输入光谱辐亮度。

(2)海岸带成像仪主要用于获取海陆交互作用区域的实时图像资料进行海岸带监测；了解重点河口港湾的悬浮泥沙分布规律；对包括冰、赤潮、绿潮、污染物等海洋环境灾害进行实时监测和预警(表 2-4)。

**表 2-4　海岸带成像仪动态范围及信噪比指标**

| 波段/μm | 测量条件①/($mW \cdot cm^{-2} \cdot \mu m^{-1} \cdot Sr^{-1}$) | S/N | 最大辐亮度②/($mW \cdot cm^{-2} \cdot \mu m^{-1} \cdot Sr^{-1}$) | | | 应用对象 |
|---|---|---|---|---|---|---|
| | | | L：浑水 | M：35% | H：80% | |
| 0. 42~0. 50 | 8. 41 | 410 | 14. 0 | 21. 0 | 48. 3 | 叶绿素、污染、冰、浅海地形 |
| 0. 52~0. 60 | 4. 57 | 300 | 14. 0 | 21. 0 | 47. 0 | 叶绿素、低浓度泥沙，污染、滩涂 |
| 0. 61~0. 69 | 2. 46 | 248 | 12. 0 | 18. 0 | 39. 0 | 中等浓度泥沙、植被、土壤 |
| 0. 76~0. 89 | 1. 09 | 240 | 4 | 12 | 25 | 植被、高浓度泥沙，大气校正 |

注：① 测量条件为典型输入光谱辐亮度；
②动态范围可设置三档可调(低端为默认档)。

(3)紫外成像仪主要用于提高海洋水色水温扫描仪近岸高浑浊水体大气校正精度。

(4)星上定标光谱仪为海洋水色水温扫描仪8个可见光近红外波段和紫外成像仪2个紫外谱段提供星上同步校准功能，监测水色水温扫描仪可见光近红外谱段和紫外成像仪在轨辐射稳定性。可见光近红外谱段具备400~900 nm范围内5 nm带宽连续光谱数据下传的能力；具有在轨太阳定标的能力，覆盖2个紫外波段及水色水温扫描仪8个可见光近红外波段。

(5)船舶监测系统主要用于获取大洋船舶位置和属性信息，为海上权益维护、海洋防灾减灾和大洋渔业生产活动等提供数据服务。

### 2.1.4 海洋一号D卫星(HY-1D)

2020年6月11日，海洋一号D卫星(HY-1D)搭乘长征二号C运载火箭，由太原卫星发射中心成功发射。HY-1D卫星是我国海洋水色系列卫星的第4颗卫星，卫星采用太阳同步轨道，星上配置5个载荷，其中：海洋水色水温扫描仪用于探测全球海洋水色要素和海面温度场；海岸带成像仪用于获取海岸带、江河湖泊生态环境信息；紫外成像仪用于近岸高浑浊水体大气校正精度；定标光谱仪用于监测水色水温扫描仪可见光近红外谱段和紫外成像仪在轨辐射稳定性；船舶自动识别系统用于获取大洋船舶位置信息。主要观测要素为海水光学特性、叶绿素浓度、悬浮泥沙含量、可溶有机物、海表温度。同时也能监测海冰冰情、绿潮、赤潮、海洋初级生产力、海岸带要素、植被指数、海上大气气溶胶、大洋船舶信息。

HY-1C/D卫星工程采用上、下午卫星组网，可增加观测次数，提高全球覆盖能力。增加紫外观测波段和星上定标系统，提高近岸浑浊水体的大气校正精度和水色定量化观测水平；加大海岸带成像仪的覆盖宽度并提高空间分辨率，以满足实际应用需要。增加船舶监测系统，获取船舶位置和属性信息。扩建海洋卫星地面应用系统，提高处理服务能力与可靠性。可更好地满足海洋水色水温、海岸带和海洋灾害与环境监测需求，同时可服务于自然资源调查、环境生态、应急减灾、气象、农业和水利等领域。

HY-1系列卫星已经纳入我国海洋立体监测业务体系，海洋卫星观测出现了新的进展，其应用逐步向定量化、高精度、业务化和全球化发展，在海洋环境监测、海洋灾害监测、海洋资源开发与管理、全球气候变化、海洋科学研究及国际与地区合作等多个领域，取得了初步成果。

## 2.2　海洋二号卫星

### 2.2.1　海洋二号 A 卫星(HY-2A)

我国第一颗海洋动力环境卫星海洋二号 A 卫星(HY-2A)于 2011 年 8 月 16 日发射。该卫星集主、被动微波遥感器于一体，具有高精度测轨、定轨能力与全天候、全天时、全球探测能力。卫星主要载荷有：雷达高度计、微波散射计、扫描辐射计、校正辐射计。主要使命是监测和调查海洋环境，获得包括海面风场、浪高、海流、海面温度等多种海洋动力环境参数，直接为灾害性海况预警预报提供实测数据，为海洋防灾减灾、海洋权益维护、海洋资源开发、海洋环境保护、海洋科学研究以及国防建设等提供支撑服务。HY-2A 卫星主要技术参数见表 2-5。

**表 2-5　HY-2A 主要技术参数**

| | |
|---|---|
| 卫星平台参数 | 卫星质量 1 575 kg<br>设计寿命 3 年 |
| 轨道参数 | 太阳同步轨道，轨道高度 973 km，倾角 99.34° |
| 仪器参数 | 雷达高度计：工作频率 13.58 GHz 和 5.25 GHz，空间分辨率 2 km |
| | 微波散射计：工作频率 13.256 GHz，空间分辨率 50 km |
| | 扫描辐射计：工作频率 6.6~37.0 GHz，空间分辨率 25~100 km |
| | 校正辐射计：3 频段，工作频率 18.7~37.0 GHz |

### 2.2.2　海洋二号 B 卫星(HY-2B)

海洋二号 B 卫星(HY-2B)是我国第二颗海洋动力环境卫星，于 2018 年 10 月 25 日在太原卫星发射中心由长征四号乙运载火箭发射升空。该卫星集主、被动微波遥感器于一体，具有高精度测轨、定轨能力和全天候、全天时、全球探测能力。卫星的主要使命是监测和调查海洋环境，获得包括海面风场、浪高、海面高度、海面温度等多种海洋动力环境参数，直接为灾害性海况预警预报提供实测数据，为海洋防灾减灾、海洋权益维护、海洋资源开发、海洋环境保护、海洋科学研究以及国防建设等提供支撑服务。

#### 2.2.2.1 观测要素及精度要求

主要观测要素包括：海面风场、海面高度、有效波高、重力场、大洋环流和海面温度；兼顾观测要素包括：海冰、大地水准面和水汽含量(表 2-6)。

**表 2-6 观测要素产品精度指标**

| 参量 | 测量精度 | 有效测量范围 |
| --- | --- | --- |
| 风速 | 2 m/s 或 10%，取大者 | 2~24 m/s |
| 风向 | 20° | 0°~360° |
| 海面高度 | 约 5 cm | |
| 有效波高 | 0.5 m 或 10%，取大者 | 0.5~20 m |
| 海面温度 | ±1.0℃ | −2~35℃ |
| 水汽含量 | ±3.5 $kg/m^2$ | 0~80 $kg/m^2$ |
| 云中液态水 | ±0.05 $kg/m^2$ | 0~1.0 $kg/m^2$ |

#### 2.2.2.2 有效载荷

(1)雷达高度计主要测量海面高度、有效波高和重力场参数，具有外定标工作模式。

(2)微波散射计主要测量海面风矢量场，具有外定标工作模式。

(3)扫描微波辐射计主要测量海面温度、海面水汽含量、液态水和降雨强度等参数。

(4)校正辐射计，为高度计提供大气湿对流层路径延迟校正服务。

(5)船舶自动识别系统：侦收、解调并转发 AIS 报文。

(6)数据收集系统：接收我国近海及其他海域的浮标测量数据，存储后通过卫星对地数传通道进行星地转发。

## 2.3 中法海洋卫星

中法海洋卫星(China-France Oceanography Satellite，CFOSAT)的主要任务是获取全球海面波浪谱，海面风场，南、北极海冰信息，进一步加强对海洋动力环境变化规律的科学认知；提高对巨浪、海洋热带风暴、风暴潮等灾害性海况预报的精度与时效；同时获取极地冰盖相关数据，为全球气候变化研究提供基础信息。

中法海洋卫星是由中国和法国联合研制的海洋卫星，中国提供卫星运载、发射、测控、卫星平台和扇形波束旋转扫描散射计(SCAT)及北京、三亚、牡丹江地面站和数据处理中心；法国提供海浪波谱仪(SWIM)、数传射频组件及北极地面站和数据处理中心；散射计载荷和生成的数据归中国国家航天局所有，波谱仪载荷和生成的数据归法国国家空间研究中心所有。CFOSAT 的 1 级和 2 级数据产品可免费用于非商业用途。

CFOSAT 能够获取全球海面波浪谱，海面风场，南、北极海冰信息，进一步提高两个国家和国际科学界在观测研究和预报海洋气象以及理解海-气相互作用、预测洋面风浪、监测海洋状况等方面研究水平。同时还能在大气-海洋界面建模、海浪在大气-海洋界面作用分析以及研究浮冰与极地冰性质研究等方面发挥作用，并可以对陆地表面参数进行观测，帮助人们更好地了解海洋动力以及气候变化(表 2-7)。CFOSAT 增强了中国和法国的海洋遥感观测能力，为双方应用研究合作和全球气候变化研究奠定了基础，意义重大，影响深远。

**表 2-7 CFOSAT 的载荷技术指标**

| SWIM(用于监测海表面波浪) | |
|---|---|
| 工作频率 | 13.57 GHz |
| 天线入射角 | 0°-2.43°-4°-6°-8°-10° |
| 面元分辨率 | 50×50 km$^2$~70×70 km$^2$ |
| 星下点波束反演精度 | 有效波高 10%或优于 0.5 m<br>风速±2 m/s 或 10%(取较大值) |
| 可探测波长范围 | 70~500 m |
| 波向精度 | 15° |
| 波高能量密度谱精度 | 15%(目标 10%)，3 dB 波峰宽度范围 |
| 平均雷达后向散射系数 | 绝对精度优于±1 dB<br>相对精度优于±0.1 dB(大数据集后处理结果) |

续表

| SCAT(用于海表面风测量) | |
|---|---|
| 工作频率 | 13.256 GHz |
| 刈幅 | 1 000 km |
| 空间分辨率 | 25 km×25 km/12.5 km×12.5 km |
| 后向散射系数测量精度 | 优于 0.5 dB(风速 6~24 m/s)<br>优于 1 dB(风速 4~6 m/s) |
| 测量范围 | ≥45 dB(-21~24 dB) |
| 风速精度 | ±2 m/s 或 10%(取较大值)(4~24 m/s) |
| 风向精度 | ±20° |

# 第3章　HY-1C/COCTS 海冰密集度遥感反演

海冰信息在船舶运输、天气预报和全球气候预测等领域都起着重要作用。长期以来微波遥感一直是卫星监测海冰密集度的主要手段，目前基于可见光遥感的中分辨率海冰密集度产品还较少，其中只有 NOAA(National Oceanic and Atmospheric Administration)发布了相关业务化产品(Liu et al.,2016)，但其所采用的算法对低密集度海冰反演准确性仍存在提升空间。本章在现有算法的基础上进行改进，提出了最邻近像素法确定纯冰典型反射率的改进算法，使用 MODIS(Moderate Resolution Imaging Spectroradiometer)数据作为数据源计算海冰密集度，并使用 30m 空间分辨率的 Landsat 8/OLI (Operational Land Imager)数据作为验证数据进行对比验证。针对冰水过渡、碎冰覆盖等低密集度海冰区域，改进算法准确性更高。传统的水色卫星仅使用近红外通道的反射率阈值进行云的识别，这种办法无法区分云和冰，不具备冰云识别能力。本章充分利用 HY-1C/COCTS 的可见光近红外波段和热红外波段数据信息，分析比较海冰、海水和云像素的反射率和亮温的差异，然后借鉴结合 CIDT(cloud-index dynamic-threshold)算法和 MODIS 云识别业务化算法，构建了基于 HY-1C/COCTS L1B 数据的云识别算法。该算法可以有效进行冰云识别，降低了云的误判率，保证 HY-1C/COCTS 数据可以用于海冰密集度监测。在实现冰云识别的基础上，本章以 VIIRS(Visible Infrared Imaging Radiometer Suite)的 NOAA 海冰密集度业务化算法为参考，在此基础上确立最邻近像素法确定纯海冰像素典型反射率的改进思路，改进业务化算法对低密集度海冰过高估计的不足，并构建了适用于 HY-1C/COCTS 数据的海冰密集度反演算法。通过与 Landsat 8/OLI 数据结果对比印证，整体上，HY-1C/COCTS 的海冰结果平均偏差为 17%，SNPP/VIIRS 业务化产品的平均偏差为 12%，HY-1C/COCTS 的结果准确性与业务化产品较为接近；但在低密集度海冰(0~50%)范围内，与 Landsat 8/OLI 获取的海冰密集度结果相比，HY-1C/COCTS 所获取的海冰密集度平均偏差为 16%，VIIRS 业务化海冰密集度产品的平均偏差为 39%，表明基于 HY-1C/COCTS 数据的海冰密集度算法可以满足海冰密集度反演的需要，进一步拓展了国产卫星 HY-1C 数据的海冰监测方面的应用。

## 3.1 国内外研究进展

海冰是高纬地区的重要组成部分(Laxon et al., 2013)，海冰密集度(海区内海冰面积所占百分比数)反映了海冰的空间密集程度，它不仅是描述海冰特征的重要参数，也是大气和海洋环流模式的输入变量，准确获取海冰密集度信息对研究全球气候变化有着重要意义。同时，海冰密集度分布图可以为受冰影响水域的航行提供有价值的信息，并用于气候建模(Aldenhoff et al., 2016)，监测海冰密集度等相关参数对船舶路径规划、海上天气预报、海洋灾害预警和水资源管理等应用领域都非常重要(Liu et al., 2016)。

遥感监测在获取大面积同步和动态环境信息方面“快”而“全”，是其他监测手段无法比拟和完成的，随着遥感技术的发展，卫星遥感已成为一种高效的海冰观测手段(邹斌 等，2018)。目前多通道被动微波辐射计是监测海冰密集度的重要手段，学者们提出了多种经典反演算法，包括 Bristol 算法(Smith, 1996)、ARTIST 算法(Svendsen et al., 1987; Spreen et al., 2008)、NASA TEAM 算法(Cavalieri et al., 1984)、NASA TEAM 2 算法(Markus et al., 2000)和 Bootstrap 算法(Comiso et al., 1997; Comiso et al., 2003)。近年来张树刚等(2013)开发了一种简单的双极化比率算法(DPR)，使用 36.5 GHz 的通道计算 AMSR-E 的海冰密集度；Tonboe 等(2016)提出了基于 SSM/I 和 SSMIS 亮温数据的 OSI-SAF 海冰密集度算法。但使用微波遥感监测海冰密集度也存在一些不足，由于微波的波长限制，其海冰密集度业务化产品的空间分辨率为 6.25~25 km，不能在小范围海域内进行实际应用。

相比而言，可见光遥感可以大大提高海冰密集度的空间分辨率，构建基于可见光遥感海冰反演算法，提高反演结果的准确性则是目前学者们的研究重点所在。Riggs 等(1999)利用 MODIS 的海冰反射率提出了北极地区的海冰面积和海冰类型的提取方法；韩素芹等(2005)利用海冰在 MODIS 数据可见光、近红外通道中的光学特性，探测了渤海海冰的分布状况。吴龙涛等(2006)根据 MODIS 的第 1 波段和第 3 波段单波段的反射率、亮温分布曲线的两个峰值，按照 Bayes 分类准则确定了冰水分界点，对渤海海域进行了冰水识别，并根据冰面反射率与冰密集度和冰厚的经验对应关系，对渤海进行冰密集度和冰厚反演。张辛等(2014)以归一化差异雪指数(Normalized Difference Snow Index，NDSI)为基础，提出了 MODIS 影像的 0.86 μm 与 1.24 μm 的波段组合方法，并结合极夜期间的亮温数据，实现了南极地区在晴空和薄云下的海冰提取。刘志强等(2014)基于 AVHRR 数据使用单通道算法和基于 LSMM 模型的多通道算法对渤海海冰密集度反演精度进行了研究。Liu 等(2016)则提出了基于 VIIRS 数据的商业化海冰密集度反演算法。该算法先使用归一化差异雪指数(NDSI)进行海冰识别，然后利用像素反射率和纯冰、纯水典型反射率计算海冰密集度，该算法目前是美国国家海洋与大气管理局(NOAA)的业务化海冰密集度反演算法。Baldwin 等(2017)则使用分辨率为 2m 的 DigitalGlobe(DG) WorldView-2 图像和分辨率为 10cm 的 DMS 影像对 VIIRS 的 IDPS SIC 算法和商业算法结果进行了验证，结果表明商业算法海冰密集度产品稳定度更好。但目前基于可见光遥感的算法尚未成熟，算法的适用性受到传感器差异和实际海域的影响，可见光遥感的海冰密集度业务化产品有限，NOAA 发布的可见光红外成像辐射仪(Visible Infrared Imaging Radiometer Suite，VIIRS)海冰密集度业务化产品缺少 2017 年 7 月之前的历史数据，同时该算法仍然有改进空间，主要表现为在低密集度海冰区域，反演结果存在过高估计的情况；同时由于高分辨率影像的刈幅宽度较小，影像覆盖范围有限，高分辨率影像不适用于大面积海冰监测，综合考虑影像覆盖面积和空间分辨率，构建适用于中分辨率影像的海冰密集度算法是当下主要的研究重点。

## 3.2 美国 NOAA 海冰密集度业务化算法

NOAA 发布的 VIIRS 海冰密集度业务化产品采用了 Liu 等(2016)提出的算法，该算法主要基于冰水在可见光波段的反射率差异进行冰水识别，然后使用单通道反射率计算海冰密集度。NOAA 业务化算法处理流程如图 3-1 所示。

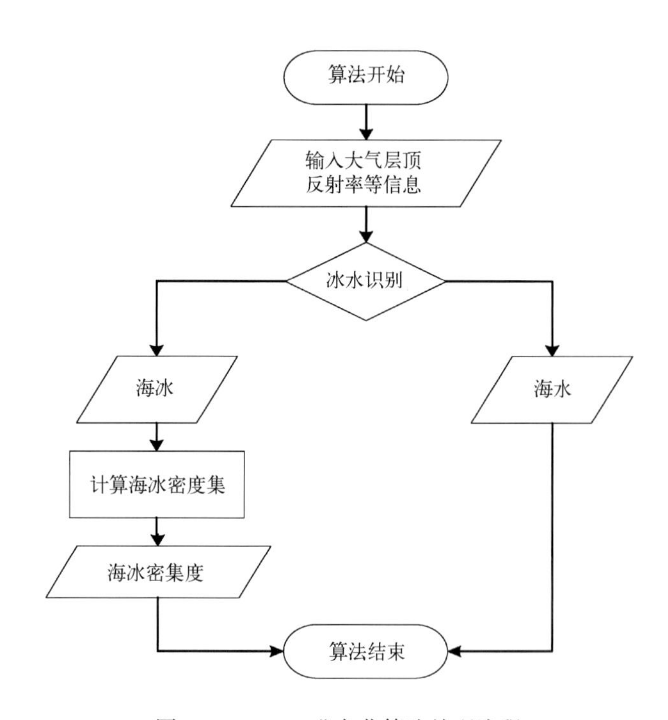


图 3-1 NOAA 业务化算法处理流程

### 3.2.1 数据预处理

海冰密集度算法使用大气层顶反射率作为输入，因此首先在数据预处理阶段获取所需波段的大气层顶反射率数据。同时海冰密集度算法只可以计算海洋中的海冰密集度结果，为了排除云和陆地等地物干扰，算法需要使用陆地掩膜和云掩膜产品作为辅助数据。

### 3.2.2　冰水识别

由于海水和海冰的反射光谱存在明显差异，海冰在可见光波段海冰的反射率很高，而在短波红外波段由于强吸收和很小的后向散射，海冰的反射率会明显减小；被雪覆盖的海冰也表现出类似的光谱特性(Perovich，1996)。但海水在可见光和短波红外波段的反射率都很低。因此，采用归一化差异雪指数实现冰水识别，计算公式为

$$\mathrm{NDSI} = (\rho_1 - \rho_2)/(\rho_1 + \rho_2) \tag{3-1}$$

式中，$\rho_1$为近红外波段的大气层顶反射率；$\rho_2$为短波红外波段的大气层顶反射率。当NDSI>0.45且$\rho_1$>0.08时，判定为海冰；其余情况判定为海水。

### 3.2.3　海冰密集度计算

对识别为冰的像素进行海冰密集度计算，使用红光波段的反射率计算海冰密集度结果，计算海冰密集度的公式为

$$C_p = \begin{cases} 0\%, & \rho_p \leqslant \rho_{\mathrm{water}} \\ \dfrac{\rho_p - \rho_{\mathrm{water}}}{\rho_{\mathrm{ice}} - \rho_{\mathrm{water}}}, & \rho_p \geqslant \rho_{\mathrm{ice}} \\ 100\%, & \rho_{\mathrm{water}} < \rho_p < \rho_{\mathrm{ice}} \end{cases} \tag{3-2}$$

式中，$C_p$为海冰密集度；$\rho_p$为像元的实际反射率；$\rho_{\mathrm{water}}$和$\rho_{\mathrm{ice}}$分别为纯水和纯海冰的典型反射率。其中$\rho_{\mathrm{water}}$受海冰密度影响不大，可以认为是太阳天顶角的函数，当太阳天顶角小于65°时，$\rho_{\mathrm{water}}$取值为0.05，当太阳天顶角大于65°时，$\rho_{\mathrm{water}}$取值为0.07。但是由于海冰的特征在时间和空间上有较大的差异性，$\rho_{\mathrm{ice}}$并不能确定为一个固定的数值，因此对每一个海冰像素单独计算$\rho_{\mathrm{ice}}$。采取的具体方法为：以海冰像素为中心，划定一个$N \times N$的窗口网格，对窗口内的海冰像素的反射率进行概率统计，选取出现概率最大的反射率作为该点的$\rho_{\mathrm{ice}}$，随着窗口的移动，则可以确定每个海冰像素对应的$\rho_{\mathrm{ice}}$。NOAA业务化算法采用的窗口网格大小为51×51(Liu et al.，2016)。

## 3.3 改进的中分辨率成像仪海冰密集度遥感反演算法

本节对改进的海冰密集度算法进行介绍，并通过对比原算法和改进算法的海冰密集度结果，验证改进算法的可行性。

### 3.3.1 改进海冰密集度算法介绍

Liu 等提出的算法是采用单通道的反射率计算海冰密集度，其中纯海冰典型反射率$\rho_{ice}$的取值是否合理直接影响最终结果的准确性。该算法通过统计当前位置附近 51×51 个像素内出现概率最大的反射率来确定$\rho_{ice}$，但是这种获取$\rho_{ice}$的方法并不完全适用于被碎冰覆盖、冰水交界等低密集度海冰区域，在低密集度海冰区域中当前窗口内出现概率最大的反射率并不能准确代表纯海冰像素的反射率，这种方法确定的$\rho_{ice}$会比真实的纯海冰反射率偏低，导致最终海冰密集度结果出现被高估现象。针对业务化算法存在的不足，本节在该算法的基础上进行改进，提出了最邻近像素法确定纯海冰像素典型反射率$\rho_{ice}$的改进思路，即根据反射率的差异不同，分别采取不同的方法确定$\rho_{ice}$。

改进海冰密集度算法使用大气层顶反射率作为输入，云掩膜业务化产品作为辅助数据，为了后续方便对比的需要，本节选用 MODIS 数据作为数据源，其算法的输入信息见表 3-1，海冰密集度算法处理流程如图 3-2 所示。

**表 3-1　改进海冰密集度反演算法输入数据信息**

| 数据类型 | 波段 | 波长/μm | 参量 |
|---|---|---|---|
| L1B 级数据 | Band 1 | 0. 64 | 大气层顶反射率 |
| L1B 级数据 | Band 2 | 0. 85 | 大气层顶反射率 |
| L1B 级数据 | Band 6 | 1. 6 | 大气层顶反射率 |
| L1B 级数据 | Band 7 | 2. 1 | 大气层顶反射率 |
| 云掩膜产品 | — | — | 云掩膜、陆地掩膜信息 |

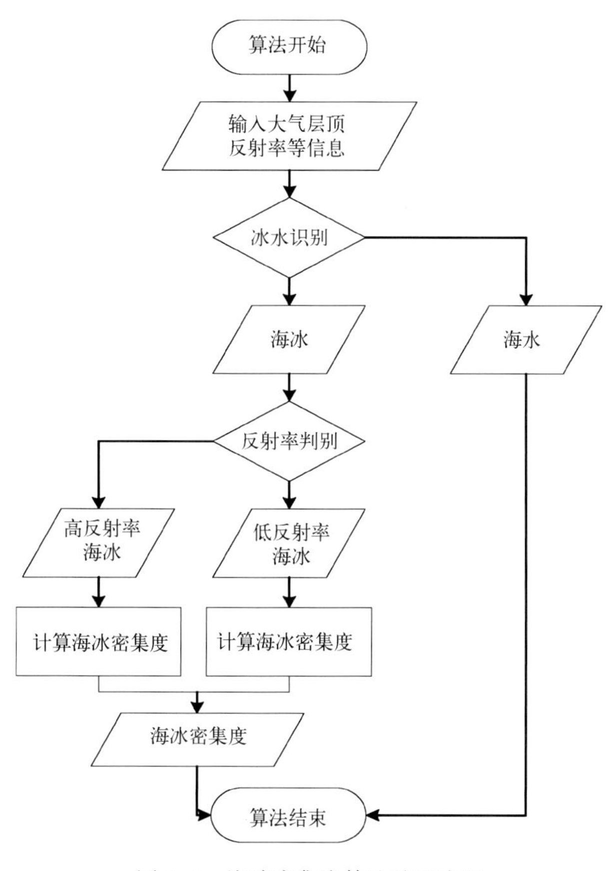


图 3-2　海冰密集度算法处理流程

## 3.3.2　数据预处理

海冰密集度算法使用大气层顶反射率作为输入，首先将原始数据中的辐亮度统一转换为反射率，然后进行陆地掩膜和云掩膜，冰水识别采用 3.2.2 节的方法。

## 3.3.3　反射率判别

为了改善 NOAA 业务化算法在低密集度海冰区域反演准确性较低的缺陷，本节提出的海冰密集度算法增加了反射率判别这一步骤，即在进行海冰密集度计算前需要对海冰进行进一步区分。由于海冰密集度越高，对应的反射率越高，因此使用反射率阈值$\rho_{th}$进行反射率判别。如果海冰的反射率大于$\rho_{th}$，则确定为高反射率海冰，反之则确定为低反射率海冰。

其中使用动态阈值的方法确定反射率阈值$\rho_{th}$，首先由于纯海水的反射率很小，纯海水典型反射率 $\rho_{water}$ 可直接取值为 0.05；然后对所有海冰的反射率进行概率统计，确定出现概率较大的反射率 $\rho_{u}$，选取两者的中值为反射率阈值 $\rho_{th}$。针对 MODIS 数据，选取 670 nm 波段大气层顶反射率数据来确定反射率阈值。本节选取了 2019 年 4 月 29 日 15:10 在北极区域过境的 Terra/MODIS 数据说明 $\rho_{th}$的确定过程，图 3-3 展示了 MODIS 影像海冰像素的反射率概率分布结果，图中虚线对应的反射率则为最终确定的 $\rho_{th}$。

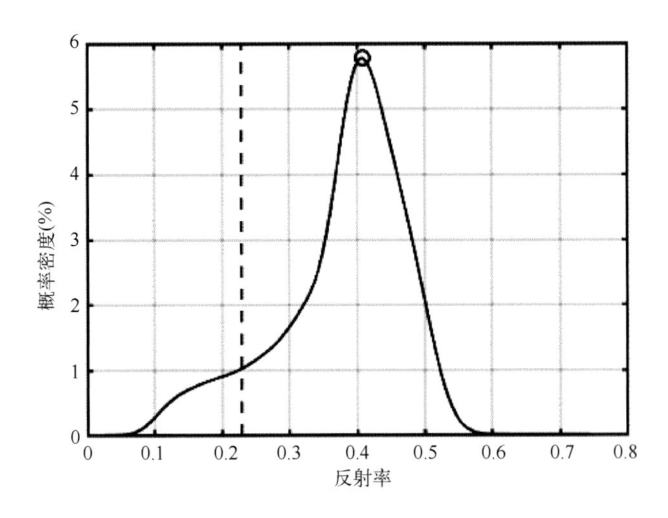


图 3-3　海冰的反射率概率密度分布曲线

(影像过境时间：2019-04-29T15:10)

### 3.3.4　纯海冰典型反射率的确定

海冰密集度算法针对高反射率海冰像素和低反射率海冰像素采用不同的纯海冰典型反射率$\rho_{ice}$确定方法。对高反射率海冰像素通过概率统计法确定$\rho_{ice}$，对低反射率海冰像素通过最邻近法确定$\rho_{ice}$。其具体确定方法如下。

首先确定高反射率海冰像素对应的$\rho_{ice}$，通过统计当前位置附近 51×51 个像素内出现概率最大的反射率来确定$\rho_{ice}$，并计算得到海冰密集度；然后针对低反射率的海冰，根据最邻近原则，选取高反射率海冰中海冰密集度大于 90%且距离当前位置最近的像素反射率作为$\rho_{ice}$，然后计算海冰密集度。

### 3.3.5　海冰密集度计算

海冰密集度反演算法采用单通道比值法计算海冰密集度，由于海冰密集度的差异会对红光波段反射率有明显影响，并参考 NOAA 业务化算法中所使用的波段数据，选择 MODIS 的 645 nm 通道的大气层顶反射率数据作为算法输入，然后对识别为海冰的像素计算海冰密集度，海冰密集度的计算公式为

$$C_p = (\rho_p - \rho_{water})/(\rho_{ice} - \rho_{water}) \qquad (3-3)$$

式中，$C_p$为海冰密集度；$\rho_p$为像素在 645 nm 波段的大气层顶反射率；$\rho_{water}$为纯海水在 645 nm 波段的典型大气层顶反射率；$\rho_{ice}$为纯海冰在 645 nm 波段的典型大气层顶反射率。$\rho_{water}$受海冰密集度影响不大，可以认为是太阳天顶角的函数，当太阳天顶角小于 65°时，$\rho_{water}$取值为 0.05，当太阳天顶角大于 65°时，$\rho_{water}$取值为 0.07。$\rho_{ice}$可通过 3.3.4 节所述方法确定。

通过上述步骤，则计算得到了所有海冰像素的密集度，然后将海冰密集度结果保存，完成海冰密集度反演算法的全部流程。

### 3.3.6　改进海冰密集度算法结果印证

为了印证改进算法可以提高在低密集度海冰区域的准确性，本节选取了若干景极地地区影像，分别采用两种算法计算海冰密集度，利用空间分辨率更高的 Landsat 8/OLI 数据进行印证，比较两者在低密集度海冰区域的差异。

其中 Landsat 8/OLI 海冰密集度结果可以使用 Landsat 8/OLI L1B 级数据中 QA 波段（Quality Assessment Band）计算获得。目前 Landsat 8/OLI 的 QA 波段提供了陆地、云覆盖和冰雪等信息，表 3-2 说明了 QA 波段的详细信息，其中第 9 位和第 10 位标注了出现冰雪的可能性，这两位的数值同时为 1 表明当前像素被冰雪覆盖的可能性最大。本节则利用 QA 波段确定被冰雪覆盖的像素，然后统计冰像素个数计算对应的海冰密集度结果，其具体数据处理方法为：首先读取 Landsat 8/OLI 中 QA 波段的第 9 位和第 10 位数据，如果两位数值同时为 1 则将该像素标记为被冰雪覆盖的冰像素，其余所有情况都直接标记为

没有冰雪覆盖的非冰像素，经处理就可以获得二值化海冰识别结果，最终统计对应 MODIS 像素网格内冰像素个数所占比例，将该比例作为 Landsat 8/OLI 的海冰密集度结果。

**表 3-2　Landsat 8/OLI QA 波段 flag 信息说明(起始位为第 0 位)**

| 位数 | 0 | 1 | 2 | 3 | 4 | 5 | 6 | 7 | 8 |
|---|---|---|---|---|---|---|---|---|---|
| 信息 | 指定填充 | 地形遮挡 | 辐射饱和 | | 云 | 云置信度 | | 云影置信度 | |
| 位数 | 9 | 10 | 11 | 12 | 13 | 14 | 15 | | |
| 信息 | 冰雪置信度 | | 卷云置信度 | | — | — | — | | |

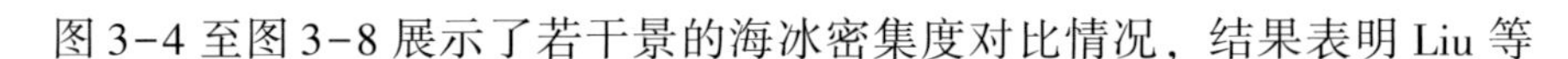

图 3-4 至图 3-8 展示了若干景的海冰密集度对比情况，结果表明 Liu 等

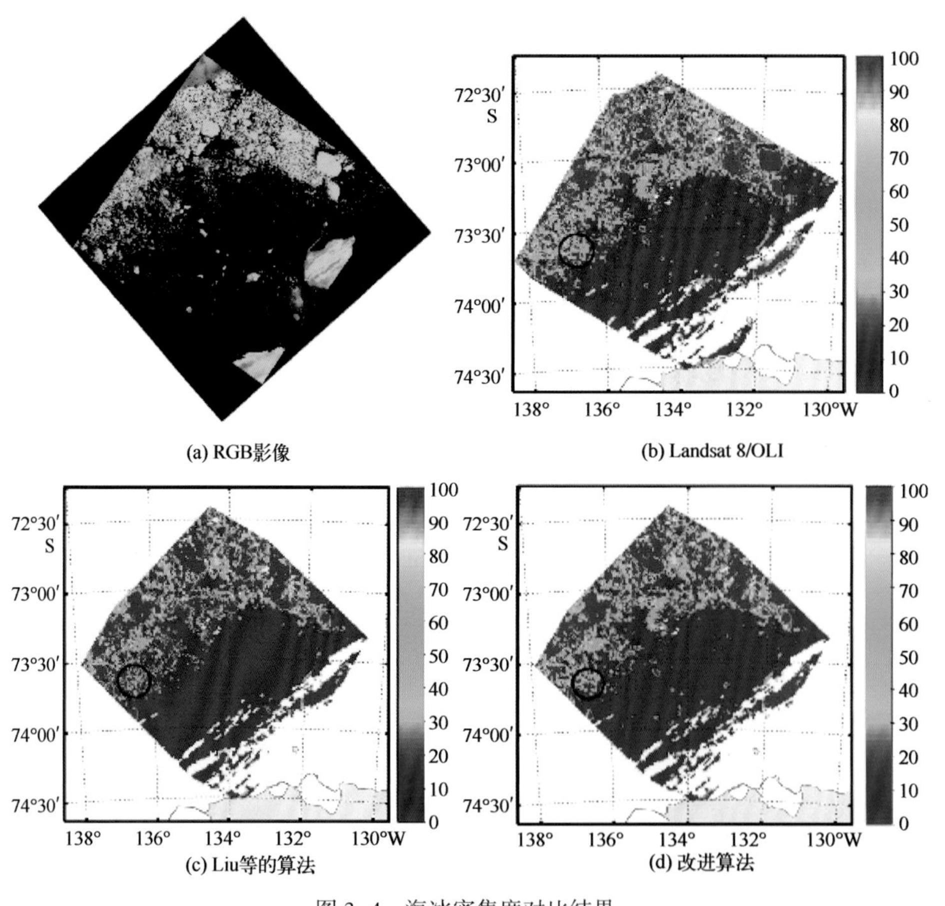


(a) RGB影像　(b) Landsat 8/OLI　(c) Liu等的算法　(d) 改进算法

图 3-4　海冰密集度对比结果

(MODIS 时间：2015-12-22T16:40)

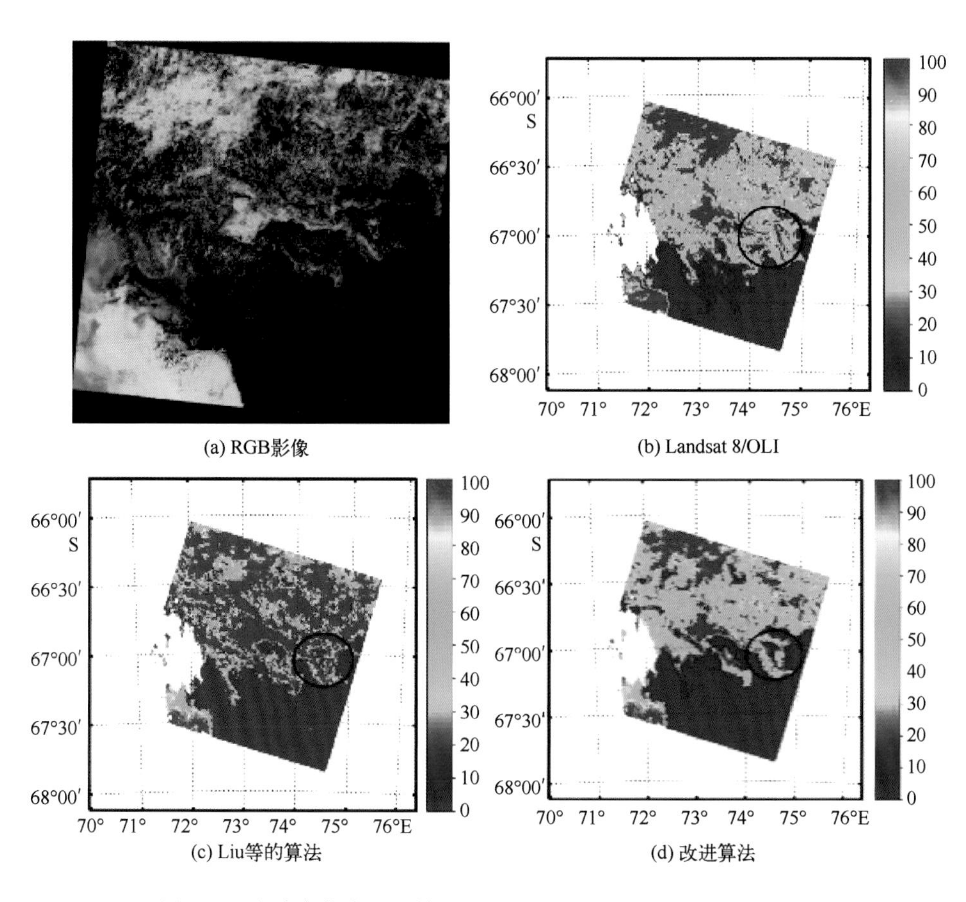


图 3-5　海冰密集度对比结果(MODIS 时间：2015-12-22T05:05)

的算法和改进算法均可以获取极地地区的海冰密集度信息，在大型冰山、靠近陆地等几乎全被海冰覆盖的区域，海冰密集度均在 90%以上，Liu 等的算法和改进算法的结果准确性很好，都准确描述了真实的海冰分布情况。在低密集度海冰海域，Liu 等的算法的海冰密集度结果存在被过高估计的问题，在图 3-4 至图 3-8 中冰水交界区域(图中标志位置)海冰密集度为 50%～60%，Liu 等的算法结果则达到了 90%以上，其中在图 3-4 中业务化算法结果的偏差最大，部分区域海冰密集度结果被过高估计达 60%。相比而言，基于改进算法的结果准确性更高，改进算法可以改善原有算法海冰密集度被过高估计的不足，如在图 3-4 中改进算法结果与 Landsat 8/OLI 的结果一致性更高，有效提高了算法的反演精度。

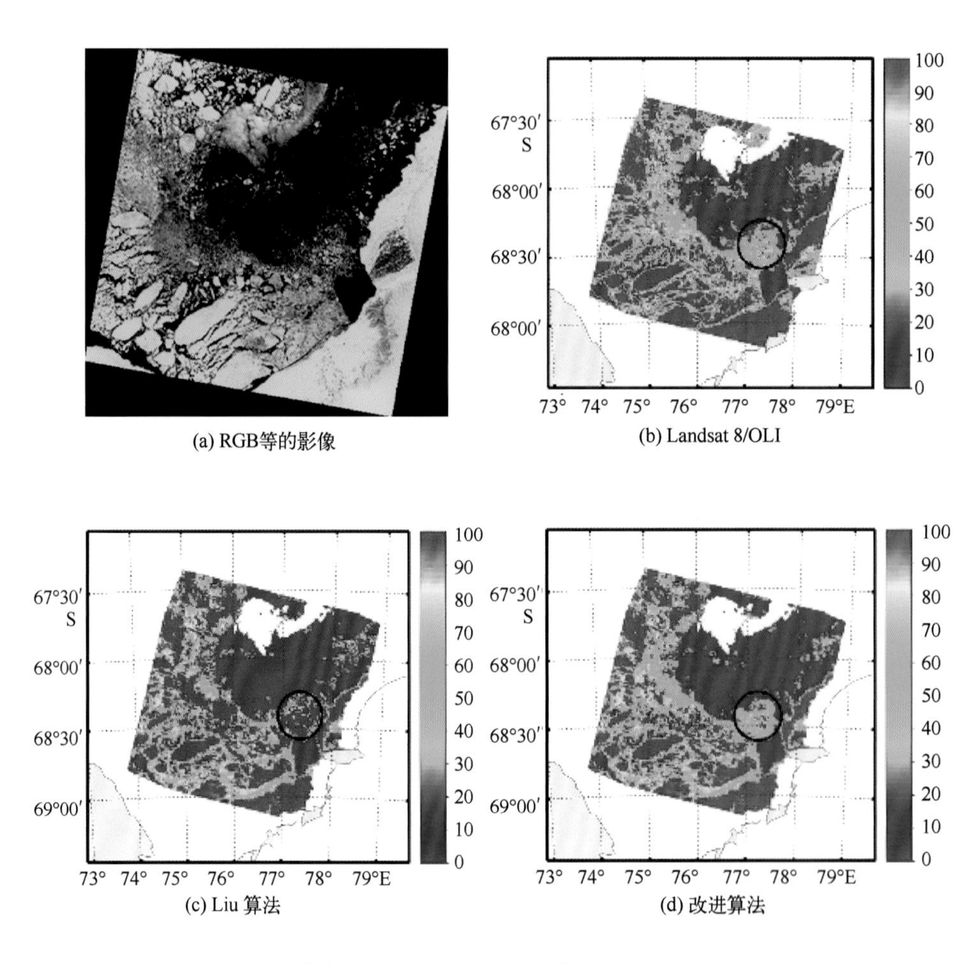


图 3-6　海冰密集度对比结果(MODIS 时间：2017-11-20T04:45)

图 3-9 和图 3-10 展示了 MODIS 与 Landsat 8/OLI 海冰密集度偏差直方图统计情况，可以发现在低海冰密集度(0~50%)情况下，改进算法结果中海冰密集度偏差在 50%以上的像素数量显著降低，改进算法改善了原有算法中海冰密集度被过高估计的不足，改进算法在计算低密集度海冰时偏差更小，其算法的准确性更高。

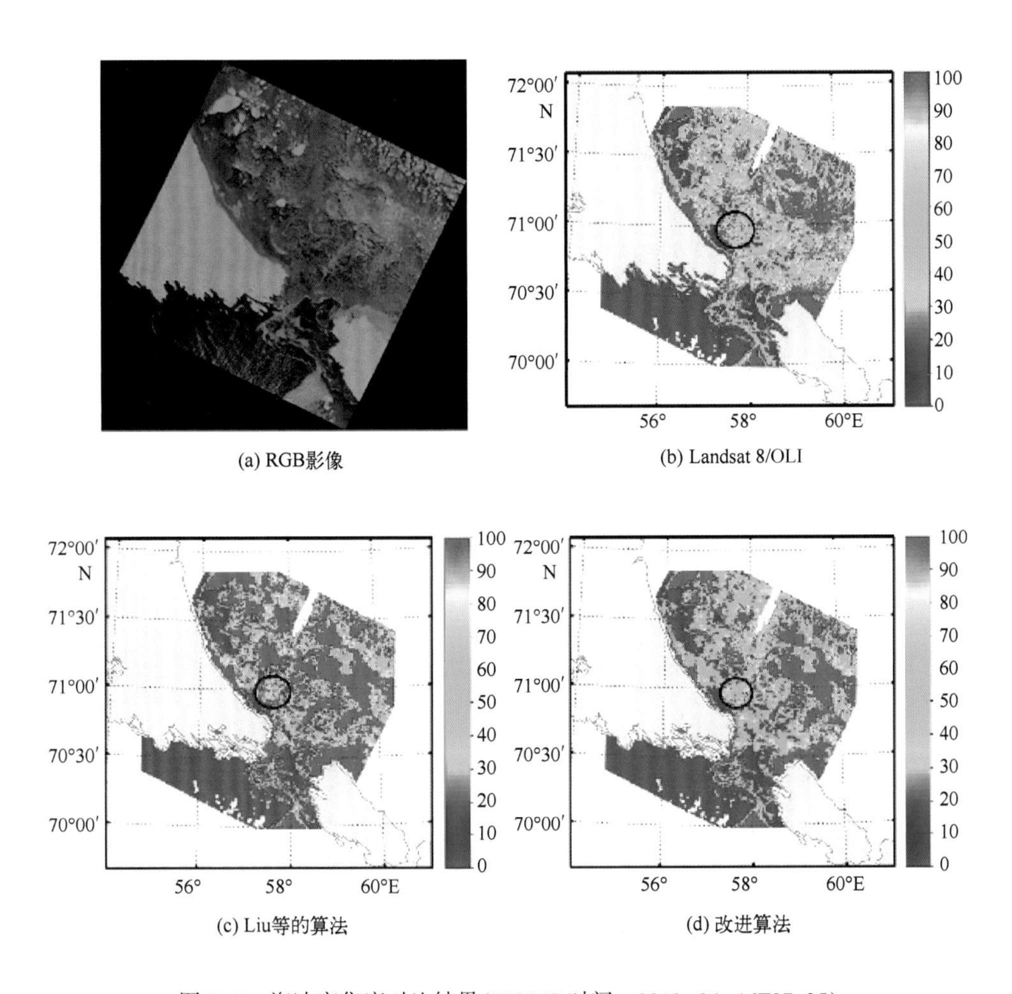


图 3-7　海冰密集度对比结果(MODIS 时间：2019-04-16T07:25)

对比结果表明本节提出的海冰密集度改进算法可以提高算法在低密集度海冰区域的准确性，是业务化算法的有益尝试和补充。这一改进算法同样可以应用于其他卫星数据，在此基础上提出了适用于 HY-1C/COCTS 数据的海冰密集度算法。

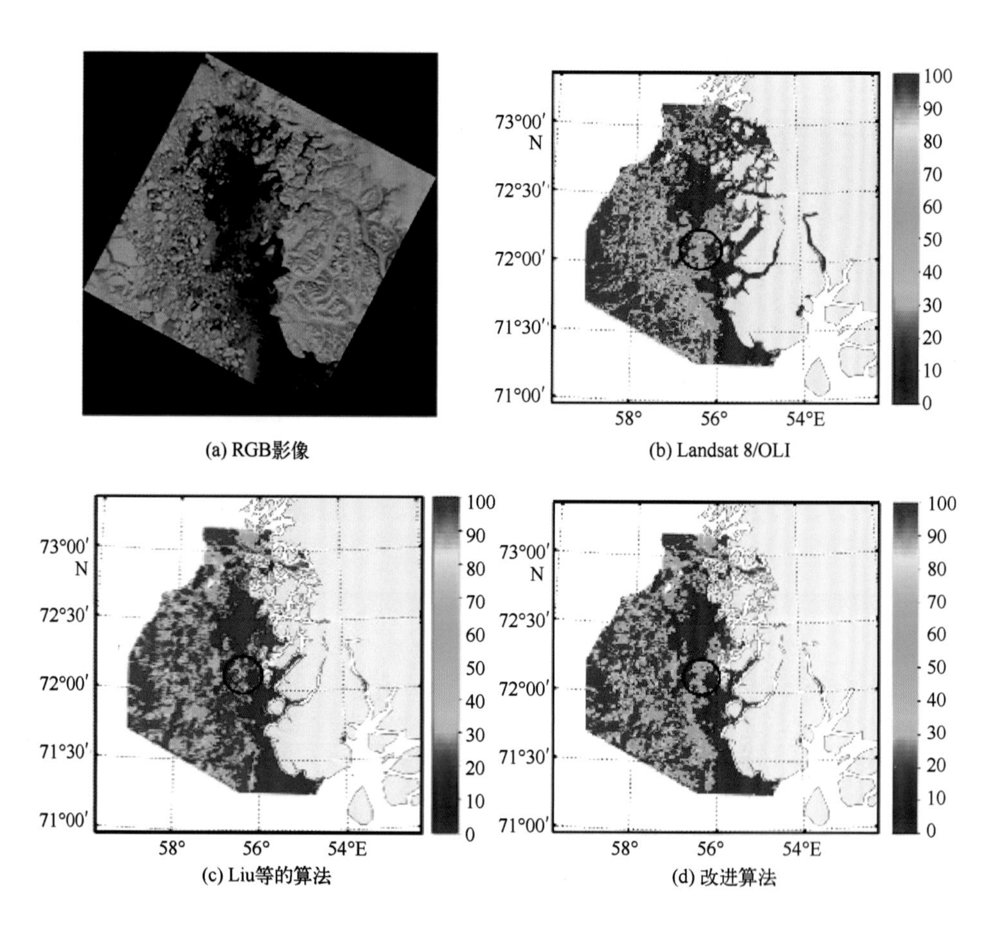


图 3-8　海冰密集度对比结果

（MODIS 时间：2019-04-29T15:10）

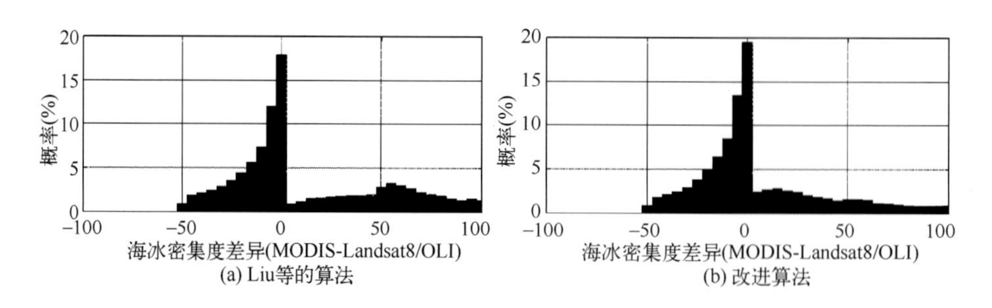


图 3-9　海冰密集度偏差直方图统计(海冰密集度：0~50%)

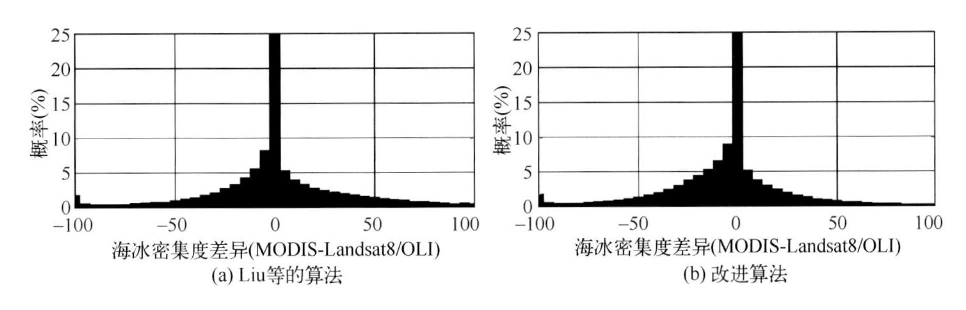


图 3-10　海冰密集度偏差直方图统计

（海冰密集度：0~100%）

# 3.4　HY-1C/COCTS 海冰密集度反演算法

## 3.4.1　海冰密集度算法对 HY-1C/COCTS 的适用性分析

目前 Liu 等提出的海冰密集度算法本身在计算低密集度海冰时有一定的改进空间。由于成像时间和成像位置的不同，海冰的反射率并不完全相同，因此$\rho_{ice}$的值也会发生改变。当前算法通过统计当前位置附近 51×51 个像素内出现概率最大的反射率来确定$\rho_{ice}$，这种概率统计的方法在一定程度上解决了$\rho_{ice}$动态变化的问题，但是这种获取$\rho_{ice}$的方法并不完全适用于被碎冰覆盖、冰水交界等低密集度海冰区域，在低密集度海冰区域中当前窗口内出现概率最大的反射率并不能准确代表纯海冰像素的反射率，这种方法确定的$\rho_{ice}$会比真实的纯海冰反射率偏低（图 3-11），最终导致海冰密集度结果出现被高估的现象。

Liu 等提出的算法除了在低密集度海冰区域存在海冰密集度被过高估计的不足之外，该算法需要使用云掩膜业务化产品作为辅助数据，以避免陆地和云覆盖对后续结果的影响。但对于 HY-1C/COCTS 数据而言缺少相关业务化产品，由于云和海冰的光谱特征比较接近，简单地使用 HY-1C/COCTS 的近红外通道反射率进行云识别的效果并不理想；同时现有的云识别算法缺少对 HY-1C/COCTS 数据的适用性验证，目前 HY-1C/COCTS 并没有成熟的云识别产品。因此，本节需要构建基于 HY-1C/COCTS 的云识别算法，提供云识别结果

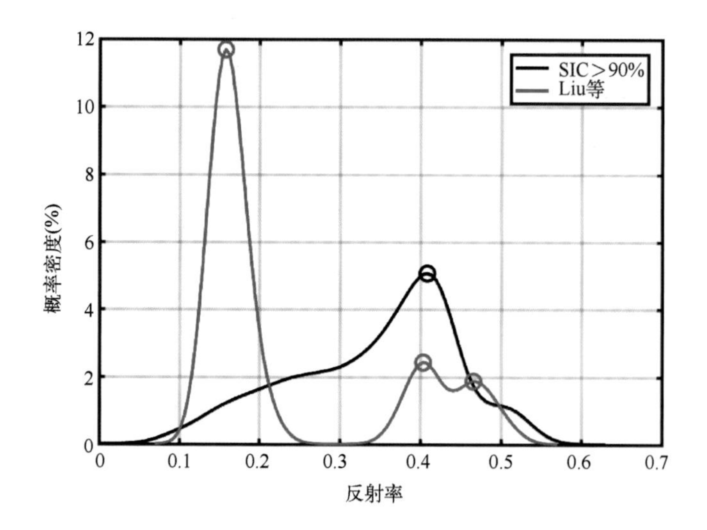


图 3-11　海冰像素在红光波段(645 nm)的反射率概率分布曲线

(黑线：海冰密集度在 90%以上的像素反射率分布结果；红线：概率统计方法确定的像素反射率分布结果)

作为计算海冰密集度的辅助数据源。

此外受限于 HY-1C/COCTS 的波段设置，HY-1C/COCTS 缺少 1～10 μm 范围内的波段，这在一定程度上限制了冰水识别和计算海冰密集度的波段选择。因此业务化算法不能直接移植到 HY-1C/COCTS 数据，需要根据 HY-1C/COCTS 的波段进行相应调整并确定合适的阈值。

综合分析 Liu 等(2016)的算法的缺陷以及算法对 HY-1C/COCTS 数据的适用性等问题之后，本节则在现有算法的基础上提出了改进的海冰密集度算法，同时针对 HY-1C/COCTS 数据对算法进行适用性开发。

### 3.4.2　HY-1C/COCTS 的算法适用性开发与印证

由于 HY-1C/COCTS 没有成熟的云掩膜产品，导致在海冰密集度计算时缺少必要的辅助数据；同时受限于 HY-1C/COCTS 的技术性能和波段设置，现有的海冰密集度算法不能直接移植到 HY-1C/COCTS 数据上使用。因此本节主要介绍针对于 HY-1C/COCTS 数据的算法适用性开发，在现有算法的基础上结合 HY-1C/COCTS 数据特征，构建适用于 HY-1C/COCTS 数据的云识别算法和海冰密集度算法。

#### 3.4.2.1　基于 HY-1C/COCTS 数据的云识别算法

本节在 Karthick 等(2020)提出的 CIDT 算法基础上，结合 HY-1C/COCTS 各个波段的反射率信息，构建了云指数动态阈值算法；同时以 MODIS 云识别算法为基础，利用 HY-1C/COCTS 的亮温信息，构建了 11 μm 亮温阈值法。最终同时使用这两种方法进行云识别，构建基于 HY-1C/COCTS 数据的云识别算法。

#### 3.4.2.2　云指数动态阈值算法

大洋海水在近红外波段处的反射率基本可以忽略不计，针对水色卫星数据，传统上根据单个通道的反射率大小便可以将云像素进行过滤，但由于云和海冰的反射率光谱特征接近，使用单通道反射率阈值法的云识别结果会出现明显的误判，不能将云和冰进行有效区分。Murugan Karthick 等提出了云指数动态阈值算法，该算法基于光谱分析来确定动态阈值，结合使用可见光和近红外波段反射率来进行云识别，并使用 Landsat 8/OLI 和 HICO(Hyperspectral Imager for the Coastal Ocean)数据证明该算法可以有效提高云识别的准确性。由于 HICO 的波段设置与 HY-1C/COCTS 类似，同样都缺少短波红外波段，因此这个算法对 COCTS 有比较好的借鉴意义，本节则在此算法的基础上提出适用于 HY-1C/COCTS 的云指数动态阈值算法。

该算法的数据输入为大气层顶反射率，因此在数据预处理阶段将辐亮度数据转换为大气层顶反射率数据。算法可以分为两步：第一步主要是计算归一化差异雪指数(NDSI)、归一化植被指数(NDVI)和白色指数(WI)，完成数据的初步处理；第二步则是对筛选后的数据计算动态阈值，然后根据动态阈值进行云识别。云指数动态阈值算法处理流程如图 3-12 所示。

#### 3.4.2.3　数据预处理

HY-1C/COCTS L1B 数据提供了卫星接收到的各个波段的辐亮度，本节则根据式(3-4)计算得到大气层顶反射率 $\rho$，使用该变量作为算法输入。

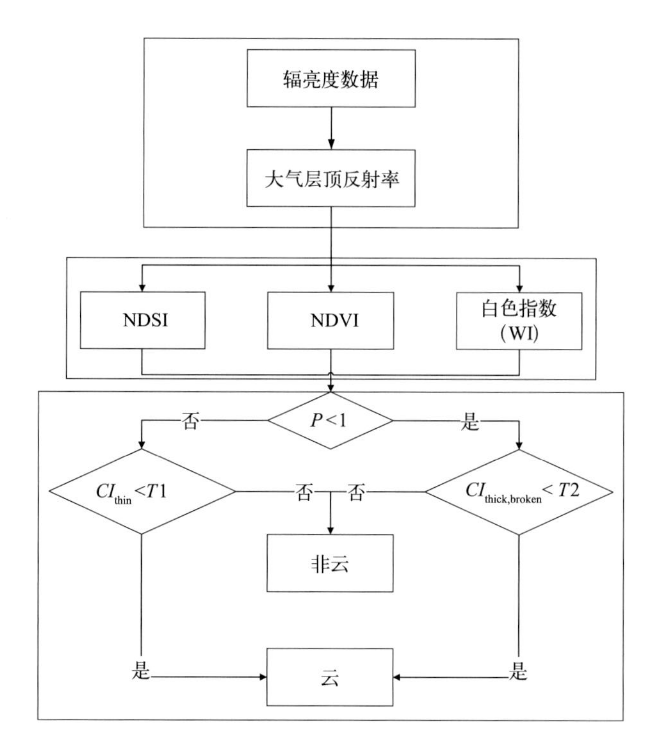


图 3-12　云指数动态阈值算法处理流程

$$\rho = \frac{\pi \times L_{TOA}}{\mu_0 \times F_0} \tag{3-4}$$

式中，$L_{TOA}$为辐亮度；$\mu_0$为太阳天顶角余弦；$F_0$为大气层外太阳辐照度。

3.4.2.4　数据的初步处理

第一步是计算 NDSI、NDVI 和 WI，排除典型地物对云识别的影响。根据 HY-1C/COCTS 波段设置和数据特点，这三个指数的计算公式和判断阈值见表 3-3。使用这三个指数对所有像素进行判定，满足阈值条件则无需进行后续判断，反之则继续进行云识别判断。

**表 3-3　相关指数计算方法和判定阈值**

| | 计算公式 | 判定阈值 |
|---|---|---|
| NDSI | $(\rho_{565}-\rho_{865})/(\rho_{565}+\rho_{865})$ | 大于 0.05 且小于 0.2 |
| NDVI | $(\rho_{865}-\rho_{670})/(\rho_{865}+\rho_{670})$ | 大于 0.8 |

续表

| | 计算公式 | 判定阈值 |
|---|---|---|
| WI | $mV = (\rho_{490}+\rho_{565}+\rho_{670})/3$<br>$WI = \sum_{i=1}^{3} \mid (\rho_i - mV)/mV \mid$ | 大于 0.2 |

### 3.4.2.5 基于光谱指数的阈值确定

因为厚碎云和薄云的光谱差异比较大，一般来说，厚碎云表现为近红外波段的反射率高于蓝光波段，而薄云则表现为蓝光波段的反射率比近红外波段高，这些光谱差异可以使用经红外和蓝光波段的反射率比值 $P$ 进行表示(田力 等，2015)，所以利用 $P$ 值来区分薄云和厚碎云，并针对不同的情况采取不同的方法计算阈值。如果 $P \geqslant 1$，则计算 $CI_{\mathrm{thin}}$ 和 $T1$，满足 $CI_{\mathrm{thin}} < T1$ 则认为是云像素；如果 $P<1$，则计算 $CI_{\mathrm{thick,broken}}$ 和 $T2$，满足 $CI_{\mathrm{thick,broken}} < T2$ 则认为是云像素。根据 HY-1C/COCTS 波段设置，$P$、$CI_{\mathrm{thin}}$、$T1$、$CI_{\mathrm{thick,broken}}$ 和 $T2$ 的计算方法见表 3-4。

**表 3-4 相关参数计算方法**

| 参数 | 计算公式 |
|---|---|
| $P$ | $\rho_{865}/\rho_{490}$ |
| $CI_{\mathrm{thin}}$ | $(\rho_{565}/\rho_{865}-\rho_{670})/(\rho_{565}/\rho_{865}+\rho_{670})$ |
| $T1$ | $\mathrm{Min}((\rho_{565}/\rho_{865}),(\rho_{565}/\rho_{670}))$ |
| $CI_{\mathrm{thick,broken}}$ | $(\rho_{865}/\rho_{490}-\rho_{670})/(\rho_{865}/\rho_{490}+\rho_{670})$ |
| $T2$ | $\mathrm{Min}((\rho_{865}/\rho_{490}),(\rho_{865}/\rho_{670}))$ |

通过上述处理流程，使用云指数动态阈值算法则获得了基于反射率特征的云识别结果。

### 3.4.2.6 11 μm 亮温阈值算法

HY-1C/COCTS 除了有 8 个可见光和近红外波段外，还有 2 个热红外波段，这 2 个热红外波段可以提供地表亮温信息，云和其他地物的亮温也存在差别，一般来说云顶的温度比海水低。目前 NASA 发布了 MODIS 的云掩膜业务化产品，其中的云识别算法有很好的可靠性和稳定性，而且 HY-1C/COCTS 和 MODIS 有相近的热红外波段，所以本节借鉴了 MODIS 云掩膜中已有的算法和相应的阈值参数。根据 HY-1C/COCTS 热红外波段设置特征，构建了 11 μm 亮温阈值算法，算法具体处理流程如图 3-13 所示。

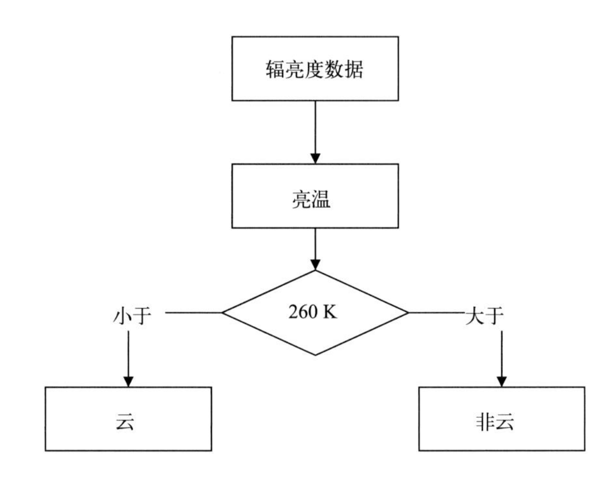


图 3-13　11 μm 亮温阈值算法流程

HY-1C/COCTS L1B 数据提供了卫星接收到的各个波段的辐亮度，本节则根据普朗克公式将热红外通道的辐亮度数据转换为亮温，普朗克公式见式(3-5)：

$$T=\frac{c_2\times V}{\ln\left(1+\frac{e\times c_1\times V5}{\pi\times L-4}\right)} \tag{3-5}$$

式中，$T$ 为亮温，单位是开尔文；$L$ 为热红外通道的辐亮度，单位是 $\mathrm{Wm^{-2}\cdot\mu m^{-1}\cdot sr^{-1}}$；$V$ 为波长的倒数，11 μm 通道取值为 1/11.03，12 μm 通道取值为 1/12.05；$c_1$ 和 $c_2$ 为常数，分别取值为 $3.741\,5\times10^4$ 和 $1.438\,79\times10^4$。

然后使用 11 μm 的亮温数据进行阈值判断，参考 MODIS 云掩膜产品算法和 HY-1C/COCTS 的热红外通道数据，确定阈值为 260 K，当 11 μm 的亮温小于 260 K 时，该像素识别为云。

最终将云指数动态阈值算法和 11 μm 亮温阈值算法的云识别结果进行合并，为了减小云的影响，任意一种算法识别为云，则将该像素标记为云，并将此结果作为云掩膜结果。

#### 3.4.2.7 云识别结果印证

传统的水色卫星通常基于近红外通道阈值进行云的判断，比较普遍采用的方法是 860~870 nm 附近波段的反射率大于给定阈值则认为是云像素(田力等，2015)。为了印证本节提出的基于 HY-1C/COCTS 数据云识别算法结果，本节使用 HY-1C/COCTS 865 nm 波段的反射率阈值判断云像素，认定反射率大于 0.027 的像素为云像素，并比较反射率阈值判断方法和本节所提出算法的结果的区别，进一步分析两种算法的优势与不足。

为了交叉比较两种云识别算法的差异性，本节分别选取了在两极地区和中国近海海域的 HY-1C/COCTS 影像作为数据源，并使用两种方法对影像进行云识别，然后结合 RGB 影像分析两者结果的差异。

图 3-14 展示了北极区域 4 月、7 月和 10 月的两种算法的云识别结果对比。观察各个月份的对比结果可以发现，单通道反射率阈值算法可以基本上剔除所有的云像素，这种云识别结果可以在最大程度上降低云对反演算法的影响。但是单通道反射率阈值算法的缺陷也十分明显，首先这种方法大大降低了有效数据量，如 2019 年 4 月 29 日 T14:55 的影像大部分像素被识别为云像素，导致该区域缺少有效数据；其次由于冰和云在近红外波段的反射率接近，这种方法会存在冰被判断为云的情况，如 2019 年 7 月 2 日 T07:35 的影像中多年冰被错误地识别为云，该算法的云识别结果可以用于提取海水信息等相关算法中，但是针对提取海冰信息等相关算法有非常大的局限性。与之相比，本节采用的云识别算法的云像素的数量显著低于传统的单通道反射率阈值算法结果，能有效降低云像素的误判率，可以避免将所有的冰像素误判为云；同时该算法会在云边界等区域出现云漏判的现象，如 2019 年 7 月 1 日 T16:35 的影像中位于格陵兰岛西侧的巴芬湾，HY-1C/COCTS 并没有完全地将云边界的薄云进行有效识别，针对云边界的薄云，现有云识别算法需要进一步改进，以提高结果的准确性。

图 3-15 展示了南极地区的云识别结果对比。与北极海域的云识别对比结

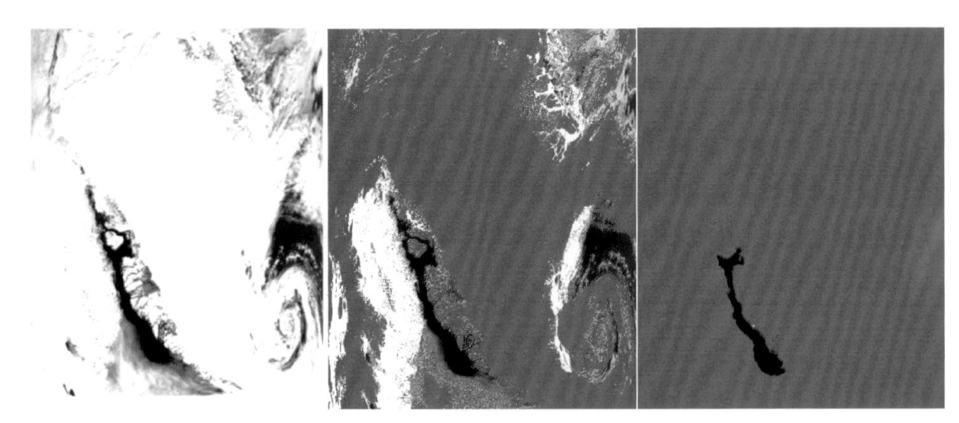

(a) 2019年4月29日T14:55影像云识别对比

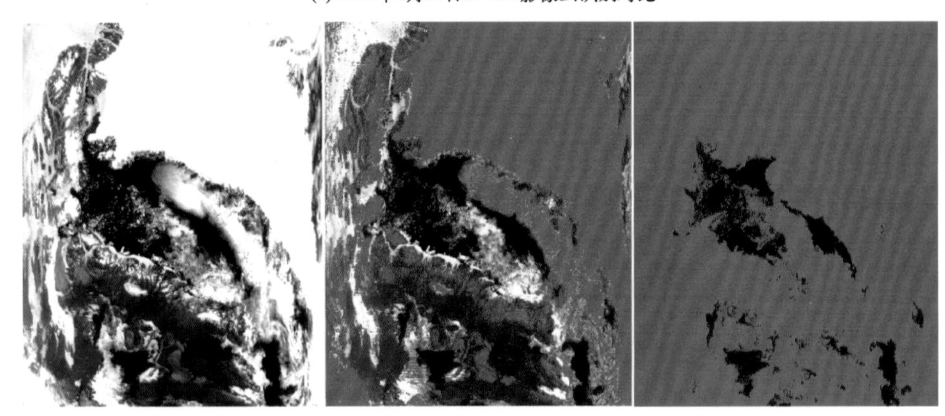

(b) 2019年7月1日T16:35影像云识别对比

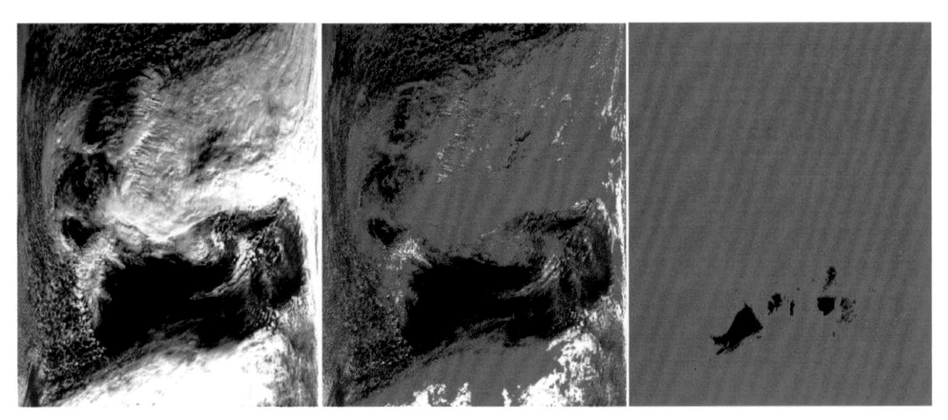

(c) 2019年10月1日T10:30影像云识别对比

图 3-14 北极地区云识别结果对比，由左至右依次为 HY-1C/COCTS RGB 图像、云识别算法结果和单通道反射率阈值法结果

（红色代表标记为云）

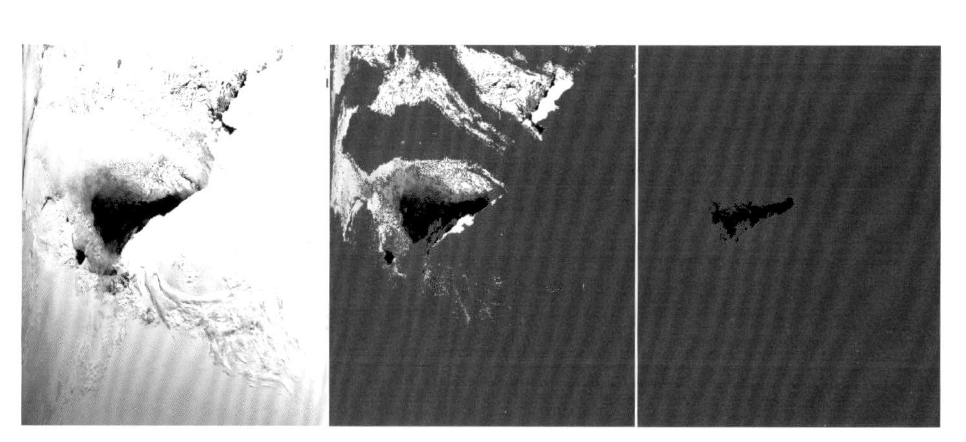

(a) 2019年11月25日T19:00影像云识别对比

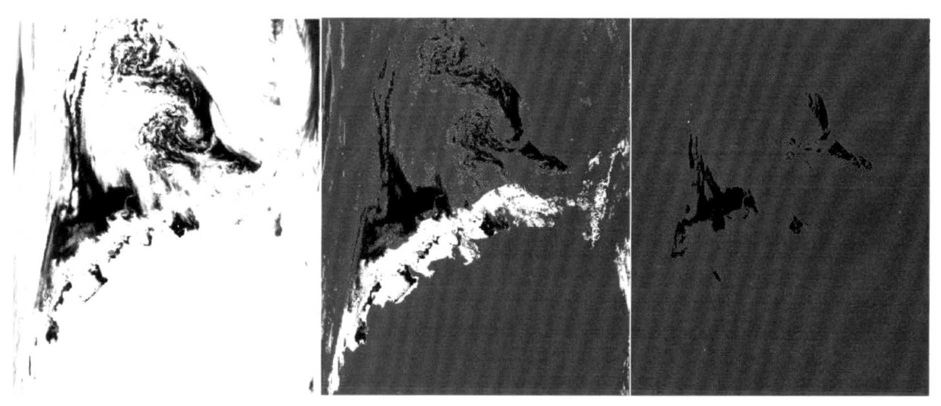

(b) 2019年1月20日T00:30影像云识别对比

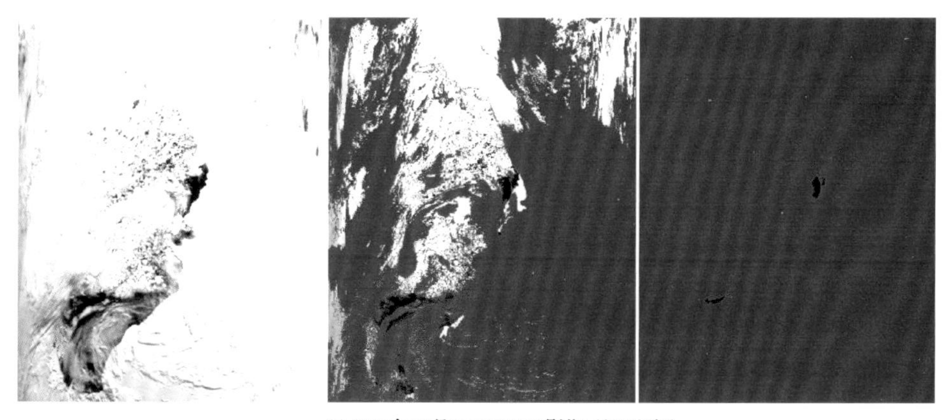

(c) 2019年12月11日T18:25影像云识别对比

图 3-15　南极地区云识别结果对比，由左至右依次为 HY-1C/COCTS RGB 图像、云识别算法结果和单通道反射率阈值法结果

（红色代表标记为云）

果类似，单通道反射率阈值算法中识别为云像素的数量显著高于本节采用的云识别算法结果，单独使用近红外通道反射率进行云识别会出现大面积的云误判情况，多景影像基本都被识别为云，这种方法不能适用于南极海域。与之相比，本节采用的云识别算法的结果中冰被识别为云的情况明显减少；但是由于南极大陆常年被积雪覆盖，该算法不能对南极大陆进行有效的云识别，南极大陆基本都被错误识别为云像素。考虑到该算法的云识别结果主要用于海冰信息提取，云识别结果在陆地的准确性不会对后续算法计算海冰密集度产生显著影响。

图 3-16 展示了中国近海的云识别结果对比。通过对比可以发现，两种算法在中国近海的适用性有明显差异，其中单通道反射算法对不同影像的云识别结果区别很大，如 2019 年 1 月 21 日 T02:45 存在大面积的云误判情况，2020 年 1 月 5 日 T02:15 算法的云识别结果则与目视判断相近。本节采用的云识别算法的适用性更好，云识别结果均与目视判断比较接近，可以在一定程度上降低海水被误判为云的概率。

对比两种算法在不同地区的云识别结果，本节提出的云识别算法可以避免单通道反射率算法的不足，该算法的结果中冰被识别为云的情况明显减少，新的云识别算法可以对冰和云进行区分，降低了云的误判率。同时需要注意的是，该算法针对常年被积雪覆盖的陆地准确性有限，如格陵兰岛的大面积积雪覆盖区域以及南极冰盖被标记为云。针对这种情况，可以使用陆地掩膜进行相应处理，目前可以通过 HY-1C/COCTS L2 级数据中的 flag 信息进行陆地掩膜，考虑到该算法的云识别结果主要用于海冰信息提取，云识别结果在陆地的准确性不会对后续算法计算海冰密集度产生显著影响。

通过对比两极和渤海的 HY-1C/COCTS 影像，本节提出的云识别算法避免了单通道反射率算法不能区分冰云的不足，该算法可以在极地海域和我国渤海海域进行有效的云识别，降低了云的误判率。整体比较而言，相比于单通道反射率阈值法，本节提出的算法的云识别结果更适合用于海冰信息的提取等算法应用。

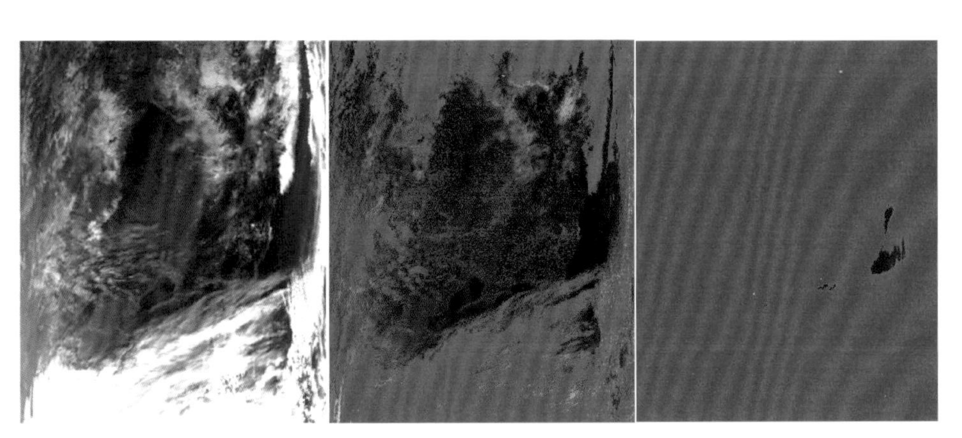

(a) 2019年1月9日T02:45影像云识别对比

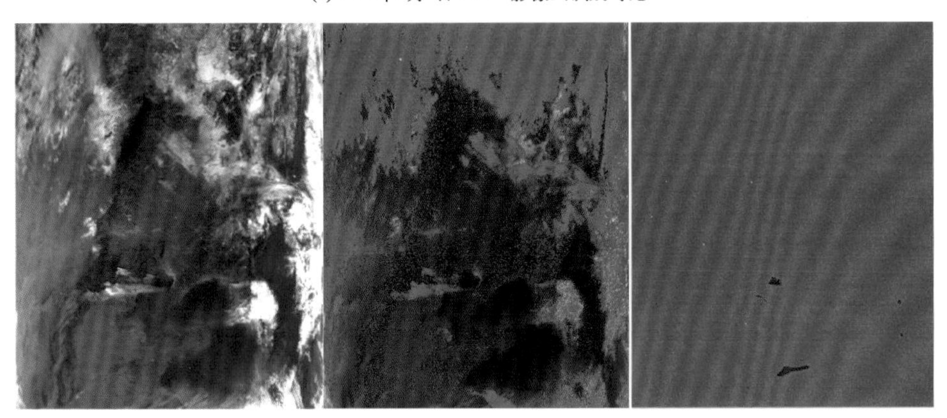

(b) 2019年1月21日T02:45影像云识别对比

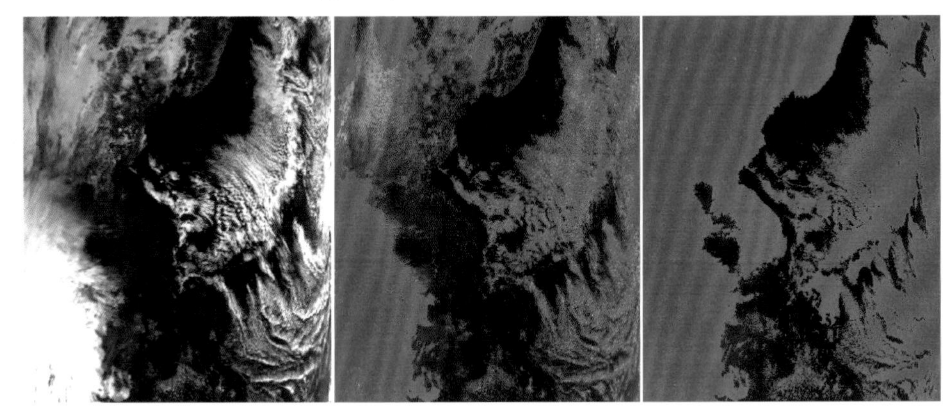

(c) 2020年1月5日T02:15影像云识别对比

图 3-16　中国近海云识别结果对比，由左至右依次为 HY-1C/COCTS RGB 图像、新云识别算法结果和单通道反射率阈值法($\rho_{865}$>0.027)

(红色代表标记为云)

#### 3.4.2.8 基于 HY-1C/COCTS 数据的海冰密集度算法

本节以改进海冰密集度算法为基础，结合 HY-1C/COCTS 的波段特征，确定适用于 HY-1C/COCTS 的输入波段以及参数阈值，构建基于 HY-1C/COCTS 数据的海冰密集度反演算法。该算法使用大气层顶反射率作为输入，云识别结果和 HY-1C/COCTS L2 级数据中的 flag 信息作为辅助数据，其算法的输入信息见表 3-5。

**表 3-5 海冰密集度反演算法输入数据信息**

| 数据类型 | 波段 | 波长/μm | 参量 |
| --- | --- | --- | --- |
| L1B 级数据 | Band 5 | 0.565 | 大气层顶反射率 |
| L1B 级数据 | Band 6 | 0.670 | 大气层顶反射率 |
| L1B 级数据 | Band 8 | 0.865 | 大气层顶反射率 |
| L2 级数据 | — | — | 陆地掩膜等 flag 信息 |
| 反演数据 | — | — | 云识别信息 |

根据 HY-1C/COCTS 的数据特征，海冰密集度算法在波段选取和阈值确定上进行了适用性调整，这主要体现在 NDSI 计算以及海冰密集度计算两个方面。

(1)由于 HY-1C/COCTS 没有短波红外波段，本节则基于冰水在蓝绿光波段和近红外波段的反射率差异计算 NDSI，最终结合 NDSI 阈值和气候态 ice flag 结果进行冰水识别。根据 HY-1C/COCTS 数据的波段设置，$\rho_1$ 选取 565 nm 通道的大气层顶反射率，$\rho_2$ 选取 865 nm 通道的大气层顶反射率，并结合多景 HY-1C/COCTS 数据确定阈值条件为大于 0.05 且小于 0.2。当 NDSI 满足阈值条件且气候态 ice flag 结果为冰的情况下，则识别为海冰，其余情况则识别为海水。

(2)由于海冰密集度的差异会对红光波段反射率有明显影响，并参考其他算法中所使用的波段数据，选择 HY-1C/COCTS 的 670 nm 通道的大气层顶反射率数据作为算法输入，然后对识别为海冰的像素计算海冰密集度。在针对 HY-1C/COCTS 数据进行了算法适用性改动之后，依照图 3-2 所示的海冰密集度算法处理流程计算海冰密集度，便可以获得基于 HY-1C/COCTS 数据的海冰密集度结果。

### 3.4.2.9　海冰密集度结果印证

由于采用实测手段获取海冰密集度数据存在很多缺陷，例如出海航行需要花费大量的人力和财力成本，传统的船舶观测范围有限，尤其在两极的环境恶劣地区无法进行实地目测，同时船舶无法对特定海域进行长期稳定的海冰监测。与之相比，卫星的覆盖范围广，可以对全球进行长期稳定的观测，基于卫星遥感的海冰密集度产品可以满足算法印证的需要，因此本节使用相关的卫星数据作为印证数据源。其中使用更高空间分辨率的卫星数据进行准确性印证是更好的选择，目前 Landsat 8/OLI 空间分辨率为 30 m，满足准确性印证的需要，因此本节使用 Landsat 8/OLI 数据验证 HY-1C/COCTS 海冰密集度结果的准确性，并分析算法所存在的不足和改进空间。另外 SNPP/VIIRS 的空间分辨率与 HY-1C/COCTS 接近，两者均为可见光传感器，同时 NOAA 发布了基于 SNPP/VIIRS 的业务化海冰密集度产品，本节选用该业务化产品对比 HY-1C/COCTS 海冰密集度结果。

为了对比印证 HY-1C/COCTS 海冰密集度反演算法在不同地区的准确性，本节分别选取了在两极地区和中国近海海域的 HY-1C/COCTS 数据作为数据源，同时为了最大程度上减小卫星过境时间不同对结果的影响，选择与 HY-1C/COCTS 成像时间最为接近的数据作为参考数据，其中 Landsat 8/OLI 与 HY-1C/COCTS 的过境时间间隔在 1 小时以内，基本上可以忽略这段时间内海冰漂移变化等因素对结果的影响。

图 3-17 至图 3-20 分别展示了 2019 年 4 月和 7 月在北极区域的 HY-1C/COCTS 和 Landsat 8/OLI 海冰密集度分布情况，由于 Landsat 8/OLI 的单景影像

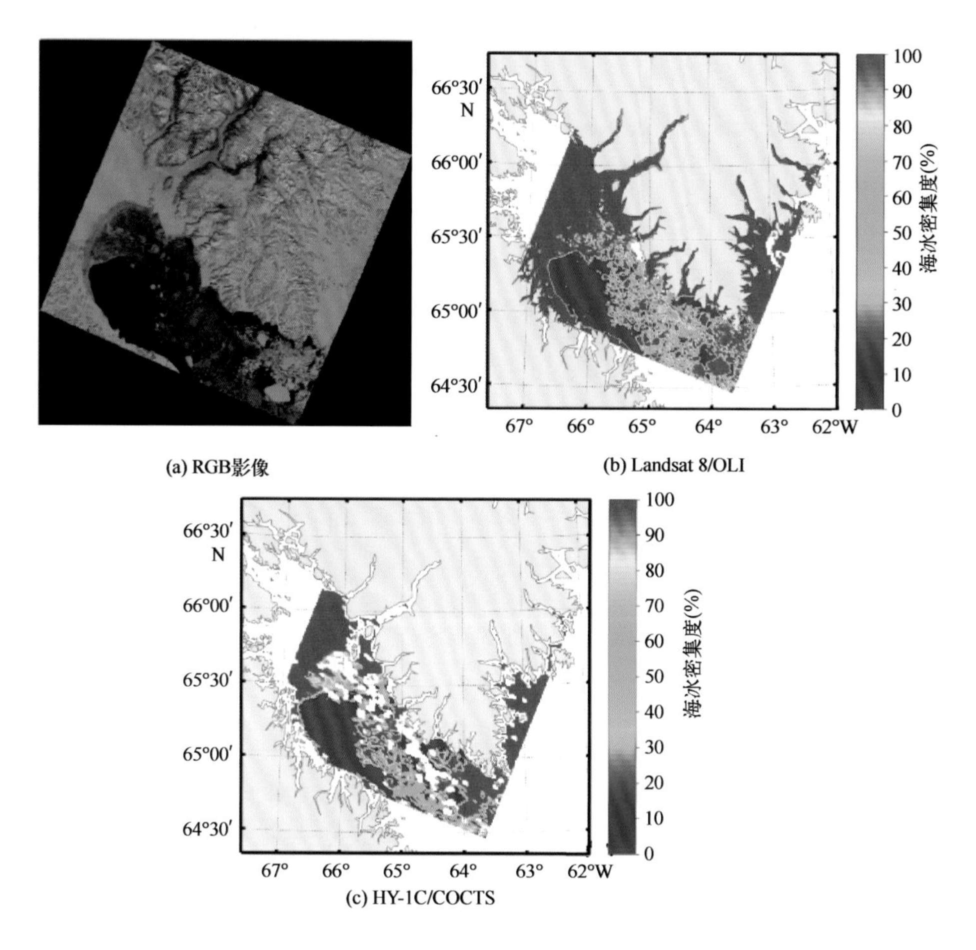


(a) RGB影像

(b) Landsat 8/OLI

(c) HY-1C/COCTS

图 3-17　海冰密集度对比结果

（HY-1C/COCTS 成像时间：2019-04-29T14:55）

覆盖范围最小，为了满足算法结果对比的需要，HY-1C/COCTS 的海冰密集度结果都只保留了与 Landsat 8/OLI 的海冰密集度结果空间位置重叠的部分。通过对比可以发现：HY-1C/COCTS 和 Landsat 8/OLI 海冰密集度在空间分布上比较接近，但图 3-20 中的结果也存在将云判定为海冰的情况，有部分海冰上的薄云没有被有效识别，这可能是因为 HY-1C/COCTS 的云识别算法对薄云识别能力有限，出现了云漏判现象。对比海冰密集度具体数值，HY-1C/COCTS 的结果整体与 Landsat 8/OLI 结果接近，在大型冰山等海冰密集度在 90%以上的

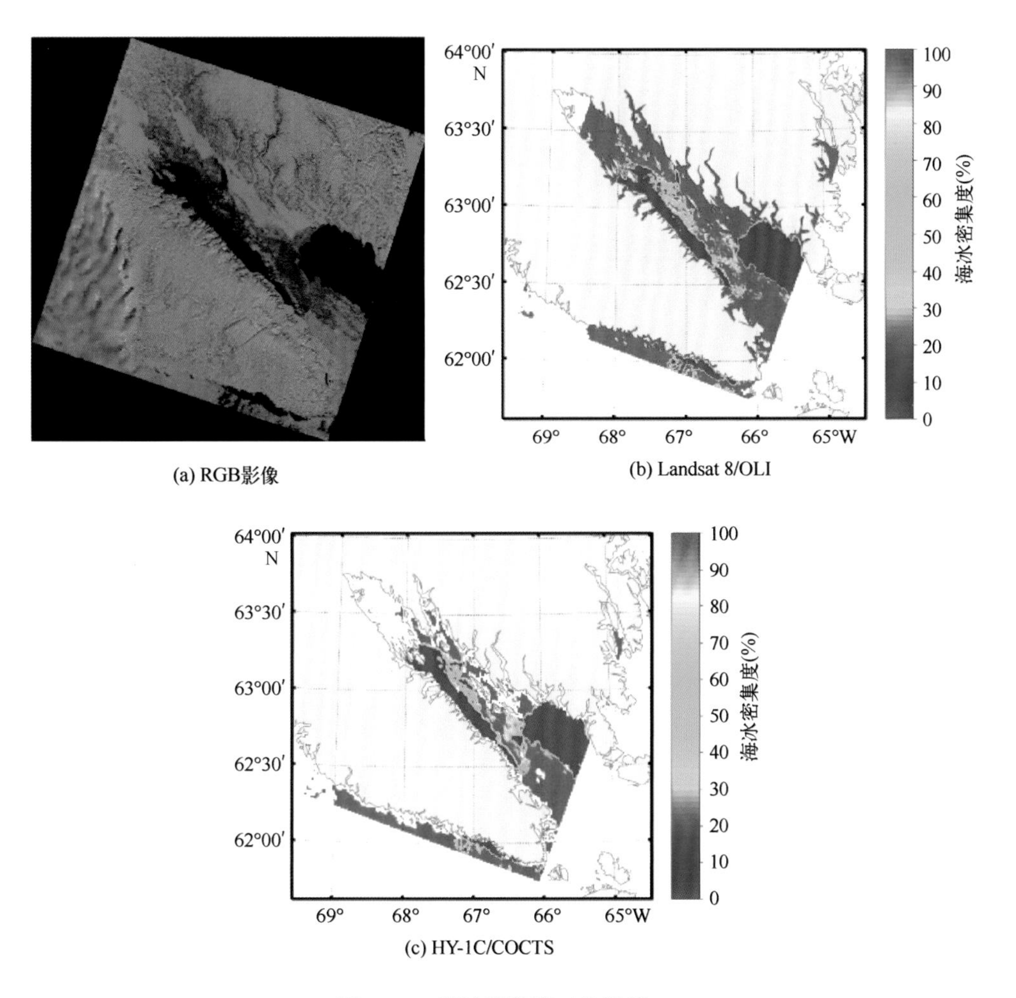


图 3-18 海冰密集度对比结果

（HY-1C/COCTS 时间：2019-04-29T16:35）

区域，两者结果一致性良好，误差在5%以内，在靠近陆地、碎冰存在的低海冰密集度区域，HY-1C/COCTS 的结果的误差均有所增大，其中 HY-1C/COCTS 的结果比 Landsat 8/OLI 的结果偏低，如图 3-19 中两个半岛之间 Landsat 8/OLI 的结果海冰密集度基本为 60%~70%，HY-1C/COCTS 的结果有所低估，海冰密集度在 50%左右。在低海冰密集度区域，HY-1C/COCTS 与 Landsat 8/OLI 的结果偏差增大，一方面是由于算法在这些区域的准确度要稍

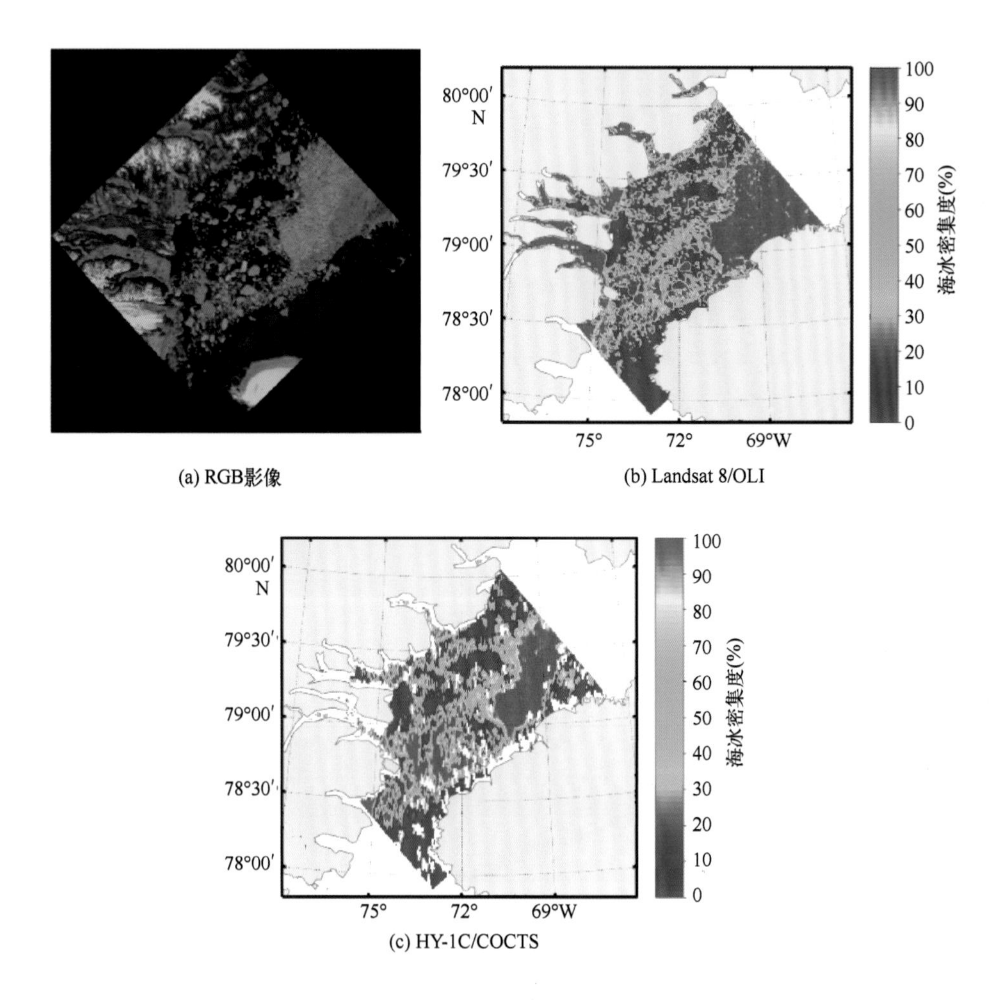


(a) RGB影像　　(b) Landsat 8/OLI

(c) HY-1C/COCTS

图 3-19　海冰密集度对比结果

（HY-1C/COCTS 时间：2019-07-01T16:35）

差，另一方面是由于两颗卫星的过境时间并不完全一致，低密集度海冰区域受海冰漂移变化的影响更大。

本节同样选取了南极区域部分的海冰密集度结果进行对比展示，图 3-21 至图 3-24 展示了 2019 年 11 月和 12 月在南极区域的 HY-1C/COCTS 和 Landsat 8/OLI 海冰密集度分布情况。与北极海冰密集度对比结果相似，在南极海域中 HY-1C/COCTS 和 Landsat 8/OLI 海冰密集度在空间分布上比较接近，

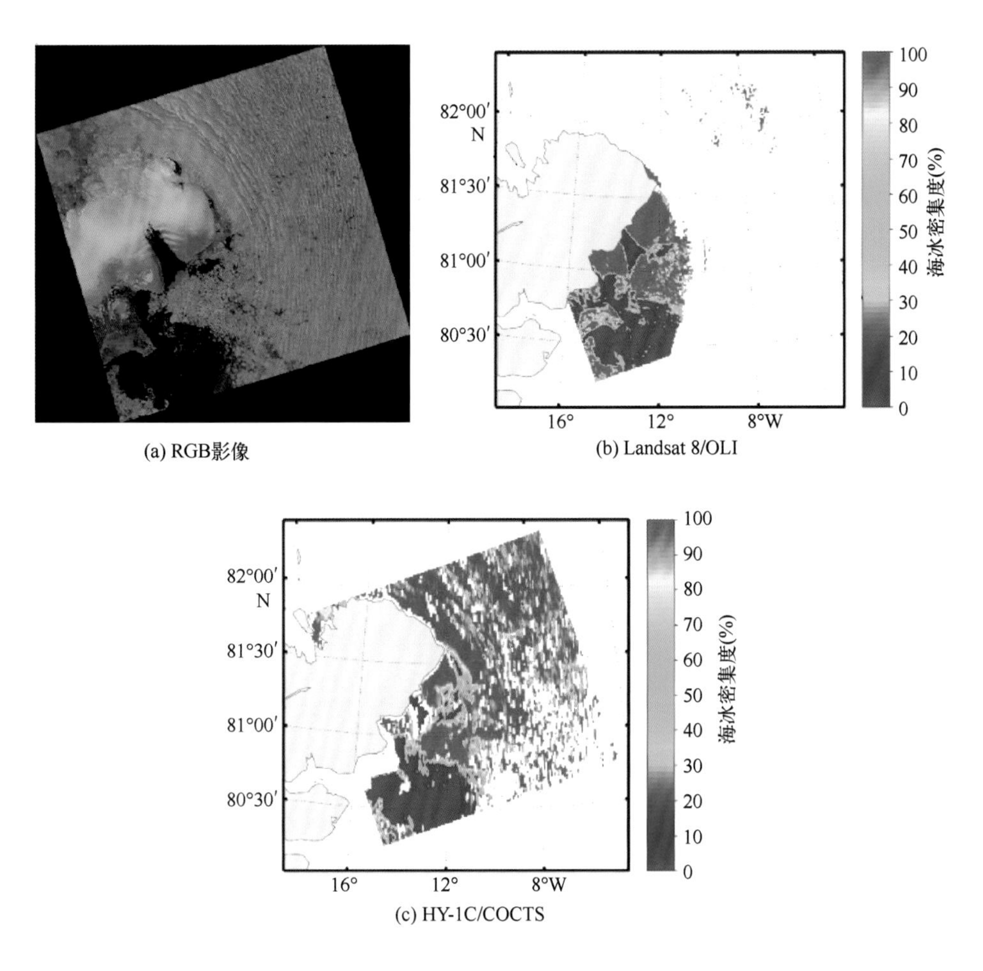


图 3-20　海冰密集度对比结果

（HY-1C/COCTS 时间：2019-07-02T16:00）

如图 3-22 和图 3-23 所示，两者的海冰密集度分布特征大体相同，HY-1C/COCTS 的海冰密集度结果基本反映了真实的海冰分布情况。但 HY-1C/COCTS 的结果也有一定缺陷，如在图 3-21 中 HY-1C/COCTS 存在将云判定为海冰的情况，大面积的厚云被误判为海冰密集度为 100%的海冰，这降低了 HY-1C/COCTS 的结果准确性。总之 HY-1C/COCTS 的结果表明南极区域内云的影响更大，云识别结果作为海冰密集度反演算法的输入数据，其准确性会影响

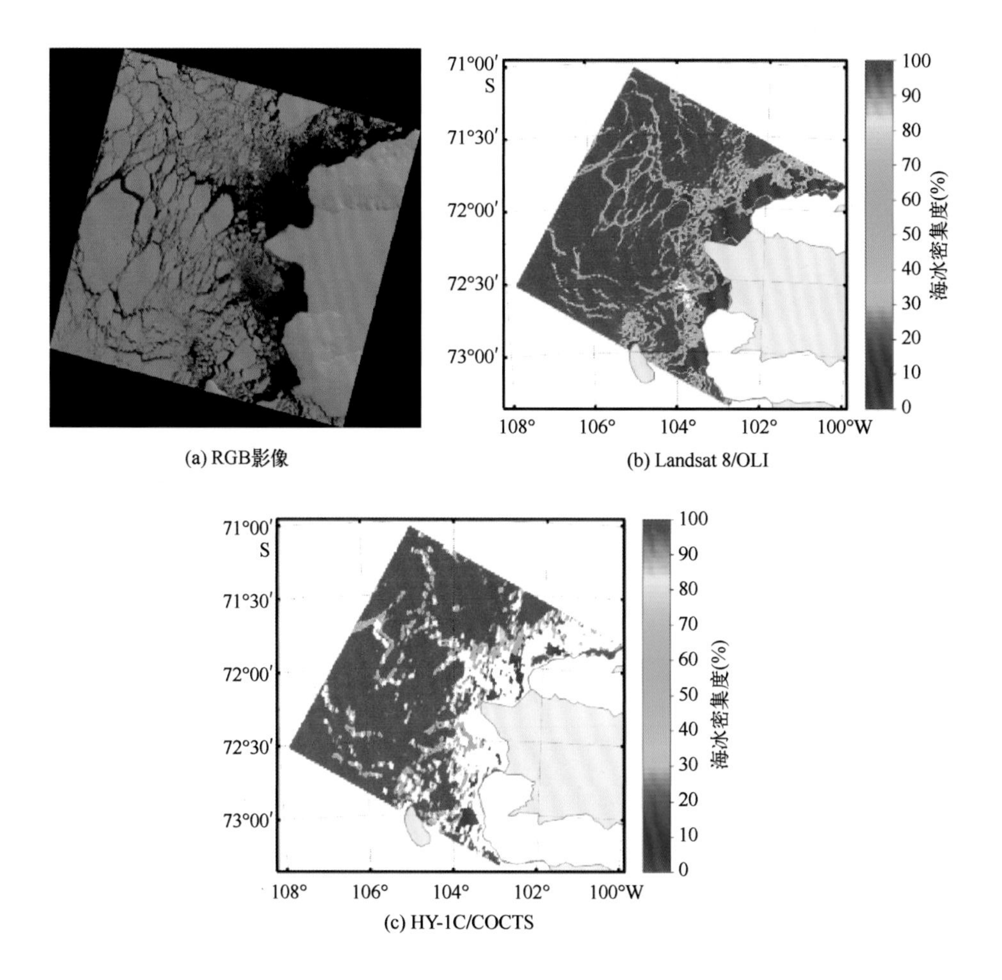


图 3-21　海冰密集度对比结果

（HY-1C/COCTS 成像时间：2019-11-17T15:05）

最终的海冰密集度结果。对比海冰密集度具体数值，图 3-20 和图 3-23 的大面积海冰密集度均为 90%~100%，针对大面积全部为海冰覆盖的区域，HY-1C/COCTS 和 Landsat 8/OLI 的海冰密集度结果基本一致，误差小于 5%。综合分析，海冰密集度反演算法可以应用于 HY-1C/COCTS 数据对南极区域的海冰分布进行监测，但在南极区域云的影响更加明显，本节所使用的云识别结果都会出现冰水误判的情况，云识别结果的准确性会影响最终海冰密集度

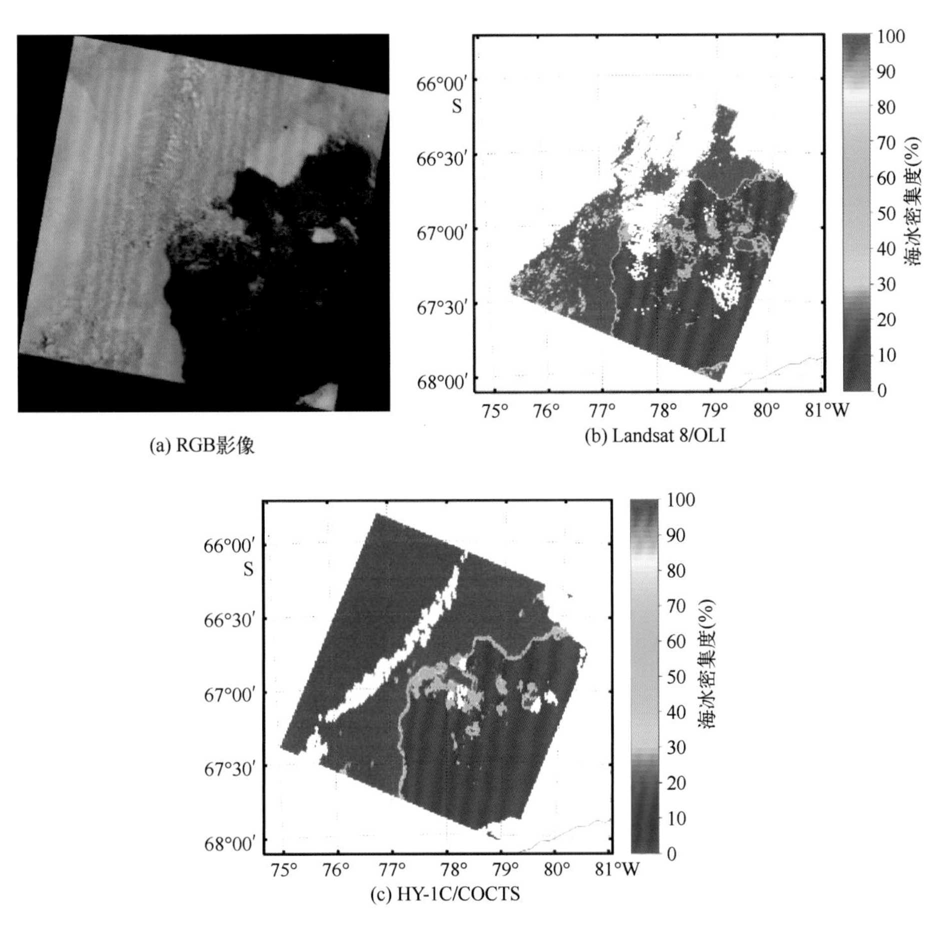


(a) RGB影像　(b) Landsat 8/OLI

(c) HY-1C/COCTS

图 3-22　海冰密集度对比结果

（HY-1C/COCTS 成像时间：2019-12-12T02:45）

结果。

通过目视观察比较了 HY-1C/COCTS 和 Landsat 8/OLI 在两极地区的海冰密集度分布对比结果，本节对两者的结果进行了定性分析，结果表明在极地地区 HY-1C/COCTS 的海冰密集度结果准确性较好，可以使用 HY-1C/COCTS 数据对极地地区的海冰密集度进行监测，提高冰云识别的准确性是算法未来的改进方向。

在定性对比分析的基础上，本节使用平均偏差对海冰密集度结果进行定

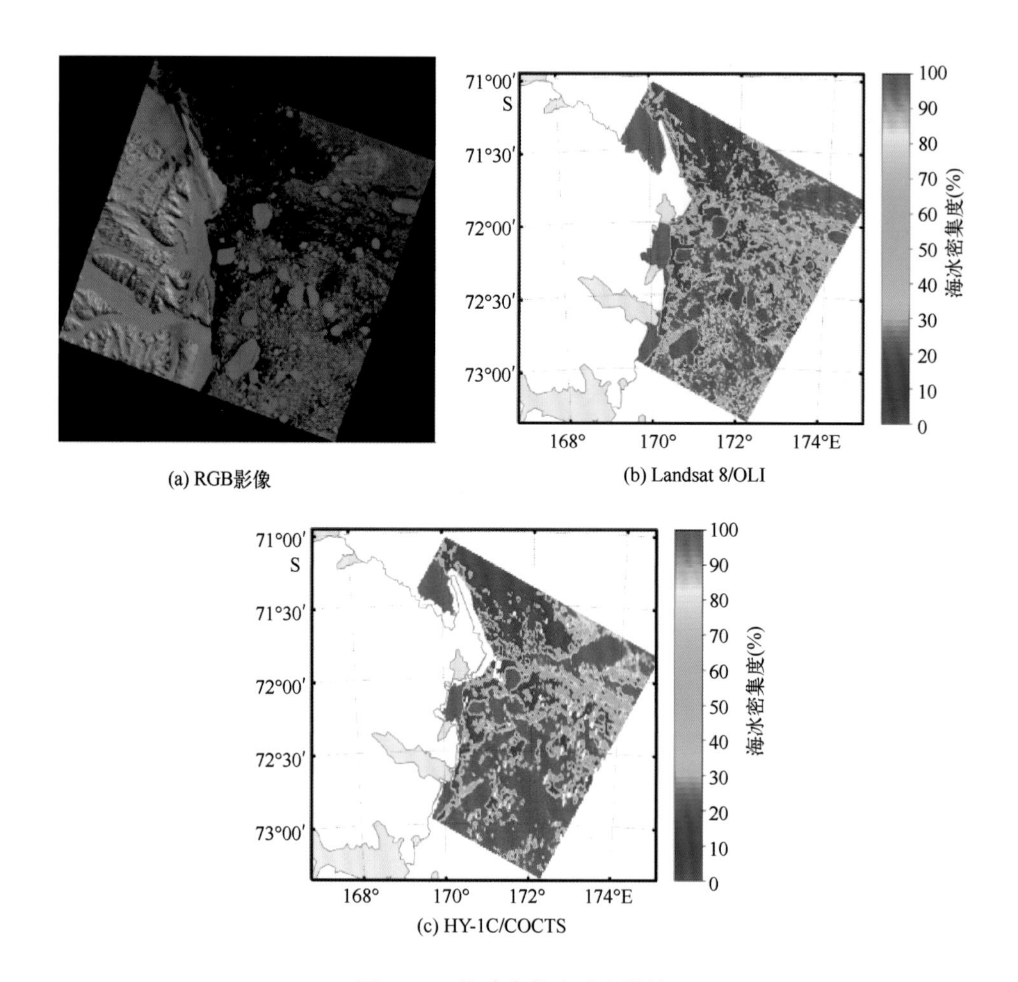


(a) RGB影像　(b) Landsat 8/OLI

(c) HY-1C/COCTS

图 3-23　海冰密集度对比结果

（HY-1C/COCTS 成像时间：2019-12-04T20:40）

量分析，得益于 Landsat 8/OLI 的高空间分辨率特征，Landsat 8/OLI 海冰密集度分布细节更加丰富，其结果与目视判断有很好的一致性，因此本节选取 Landsat 8/OLI 海冰密集度结果作为“真值”，并根据“真值”划分出 0～50%、50%～100%和 0～100%三个不同的海冰密集度范围，然后分别计算 HY-1C/COCTS 海冰密集度和 SNPP/VIIRS 海冰密集度与“真值”的平均偏差，最终使用平均偏差比较 HY-1C/COCTS 和 SNPP/VIIRS 海冰密集度结果在不同海冰密

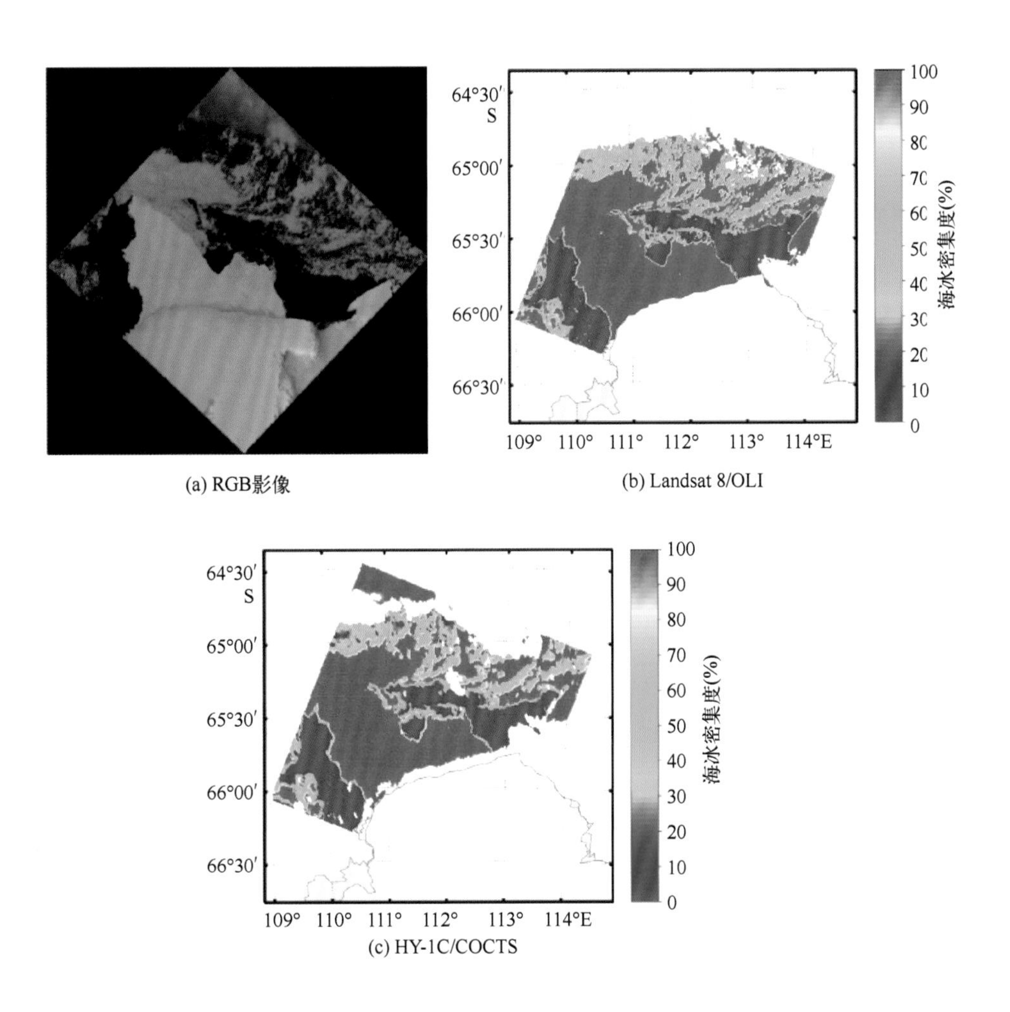


(a) RGB影像　(b) Landsat 8/OLI　(c) HY-1C/COCTS

图 3-24　海冰密集度对比结果

（HY-1C/COCTS 成像时间：2019-12-09T01:05）

集度范围内准确性差异。为了避免云掩膜结果不同对海冰密集度结果的影响，选取三者都判定是无云的区域进行比较；同时为了减少过境时间不同对结果的影响，保证三颗卫星的过境时间均在 1 小时以内。最终统计结果见表 3-6，图 3-25 至图 3-27 则展示了海冰密集度偏差直方图分布情况。

表 3-6 HY-1C/COCTS 和 SNPP/VIIRS 海冰密集度平均偏差统计结果

| 成像时间 | 平均偏差 | | | | | |
|---|---|---|---|---|---|---|
| | 海冰密集度(0~50%) | | 海冰密集度(50%~100%) | | 海冰密集度(0~100%) | |
| | SNPP/VIIRS | HY-1C/COCTS | SNPP/VIIRS | HY-1C/COCTS | SNPP/VIIRS | HY-1C/COCTS |
| 2019-04-29T14:55 | 48% | 20% | 14% | 29% | 21% | 26% |
| 2019-04-29T14:55 | 46% | 33% | 8% | 19% | 11% | 21% |
| 2019-04-29T16:35 | 23% | 27% | 10% | 13% | 12% | 16% |
| 2019-07-01T16:35 | 65% | 10% | 2% | 12% | 2% | 12% |
| 2019-07-02T14:20 | 48% | 18% | 8% | 22% | 12% | 21% |
| 2019-07-02T16:00 | 48% | 17% | 8% | 22% | 12% | 21% |
| 2018-12-31T02:45 | 9% | 7% | 49% | 48% | 10% | 13% |
| 2019-01-16T02:15 | 26% | 7% | 14% | 46% | 18% | 16% |
| 2020-02-04T02:15 | — | 5% | 10% | 10% | 10% | 10% |
| 平均 | 39% | 16% | 14% | 25% | 12% | 17% |

图 3-25 至图 3-27 分别统计了 0~50%、50%~100%和 0~100%三个不同海冰密集度范围下的海冰密集度偏差直方图分布情况，左侧为 SNPP/VIIRS 业务化海冰密集度产品结果，右侧为 HY-1C/COCTS 海冰密集度结果。观察图 3-25 可以发现，在低海冰密集度(0~50%)情况下，SNPP/VIIRS 海冰密集度结果明显偏高，反映出 NOAA 业务化算法对低密集度海冰反演准确性有待提高，HY-1C/COCTS 的海冰密集度结果中偏差在 50%以上的像素数量显著减少，表明本节所提出的海冰密集度算法可以改善业务化算法的缺陷，提高算法结果在低密集度海冰区域的准确性。观察图 3-26 可以发现，在高海冰密集度(50%~100%)情况下，HY-1C/COCTS 的海冰密集度结果偏差比 SNPP/VIIRS 有所增大，HY-1C/COCTS 海冰密集度结果中存在部分被过低估计的像素，但这部分像素所占的比例有限，对结果的整体影响有限，图3-27 表明 HY-1C/COCTS 和 SNPP/VIIRS 的结果与 Landsat 8/OLI 的偏差主要集中在 20%以内，本节提出的海冰密集度算法准确性与 NOAA 业务化算法一致，可以满足国产水色卫星 HY-1C 进行海冰监测的需要。

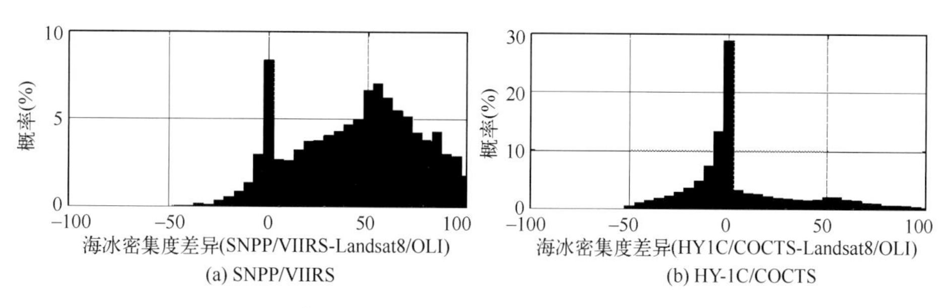


图 3-25　海冰密集度偏差直方图统计

（海冰密集度：0～50%）

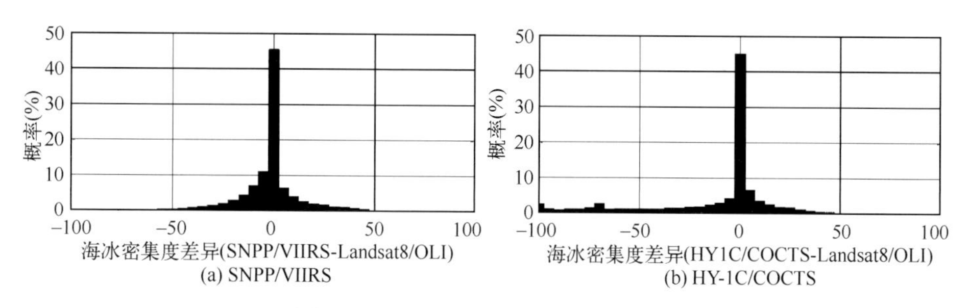


图 3-26　海冰密集度偏差直方图统计

（海冰密集度：50%～100%）

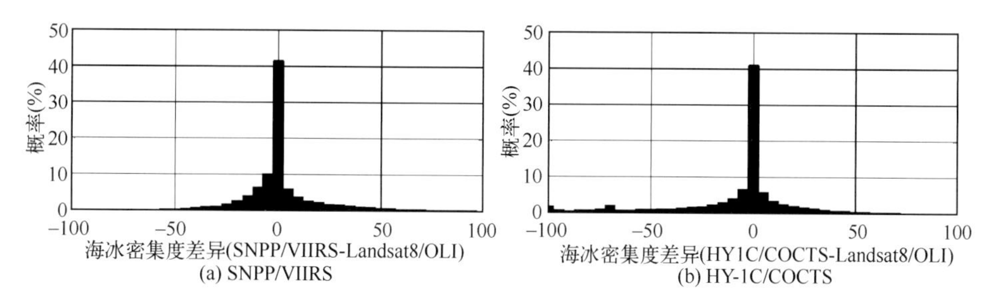


图 3-27　海冰密集度偏差直方图统计

（海冰密集度：0～100%）

表 3-6 为 HY-1C/COCTS 和 SNPP/VIIRS 海冰密集度结果分别与 Landsat 8/OLI 数据计算的海冰密集度结果的平均偏差统计结果，统计结果与海冰密集度偏差直方图呈现出很好的一致性。整体而言，HY-1C/COCTS 的海冰密集度与 Landsat 8/OLI 的平均偏差为 17%，SNPP/VIIRS 的海冰密集度与 Landsat 8/OLI 的平均偏差为 12%，在整体海冰密集度（0～100%）情况下，HY-1C/

COCTS 的结果准确性稍低于 SNPP/VIIRS 的业务化结果。此外对低密集度海冰 SNPP/VIIRS 业务化算法存在明显过高估计的不足，本节提出的海冰密集度反演算法对这种情况有所改善，在低海冰密集度(0~50%)情况下，HY-1C/COCTS 的海冰密集度与 Landsat 8/OLI 的平均偏差为 16%，SNPP/VIIRS 的海冰密集度与 Landsat 8/OLI 的平均偏差为 39%，HY-1C/COCTS 的结果与 Landsat 8/OLI 结果的偏差更小，本节提出的海冰密集度算法针对低密集度海冰的反演准确性更高，在一定程度上弥补了业务化算法的不足。

另外对表 3-6 中不同的对比结果单独分析并结合观察海冰密集度分布图，可以发现 HY-1C/COCTS 与 Landsat 8/OLI 的结果的平均偏差在不同海冰密集度海域呈现出很大的差异性，海冰密集度越高，平均偏差越小，算法的准确性越好。海冰密集度反演算法的改善效果也体现出较大的差异性，在低海冰密集度海域，算法可以有效提高反演精度，但在高海冰密集度海域，改善效果有限，这主要受到该海域的实际海冰密集度分布情况影响。如图 3-27 所示，该区域内海冰类型以碎冰为主，没有整块的浮冰出现，大部分海域的海冰密集度都在 50%左右，HY-1C/COCTS 与 Landsat 8/OLI 的结果的平均偏差更小，算法针对低密集度海冰的准确性更高。如果海域的海冰密集度区分明显，如图 3-24 所示，既有低海冰密集度区域，也有高海冰密集度区域，本节所提出的海冰密集度反演算法针对低海冰密集度区域准确性则有较大提升。但针对海冰密集度较高的区域，如图 3-21 所示，两种算法的差异性并不明显，算法的改进效果有限。需要注意的是，在高海冰密集度(50%~100%)情况下，相比于 SNPP/VIIRS 的业务化产品结果，HY-1C/COCTS 与 Landsat 8/OLI 的结果平均偏差会增大，准确性有所降低，考虑到密集度在 90%以上高密集度海冰多数属于多年冰类型，算法准确性降低对数据实际应用的影响不是很明显。

虽然 Landsat 8 的空间分辨率很高，但是其一景影像覆盖的范围有限，无法对大面积海域海冰密集度结果进行比较。为了比较大面积的海冰密集度分布情况，本节选择 NOAA 定期发布的 AMSR2(Advanced Microwave Scanning Radiometer 2)二级产品作为微波海冰密集度结果，并选择 NOAA 发布的 VIIRS 海冰密集度产品作为可见光海冰密集度结果。为了对比 HY-1C/COCTS 和其他同类型传感器的差异，本节还使用 Terra/MODIS 数据计算海冰密集度结果，共同对比分析海冰密集度结果差异。

本节选择 2019 年 7 月 1 日全天内的北极区域 HY-1C/COCTS L1B 级数据作为数据源，然后使用海冰密集度算法计算结果。由于没有基于 Terra/MODIS 数据的海冰密集度产品，本节选取下载对应的 Terra/MODIS L1B 级数据，然后使用同样的方法计算海冰密集度；同时下载了该天对应的 AMSR2 和 SNPP/VIIRS 海冰密集度产品。图 3-28 为 2019 年 7 月 1 日日平均海冰密集度结果，

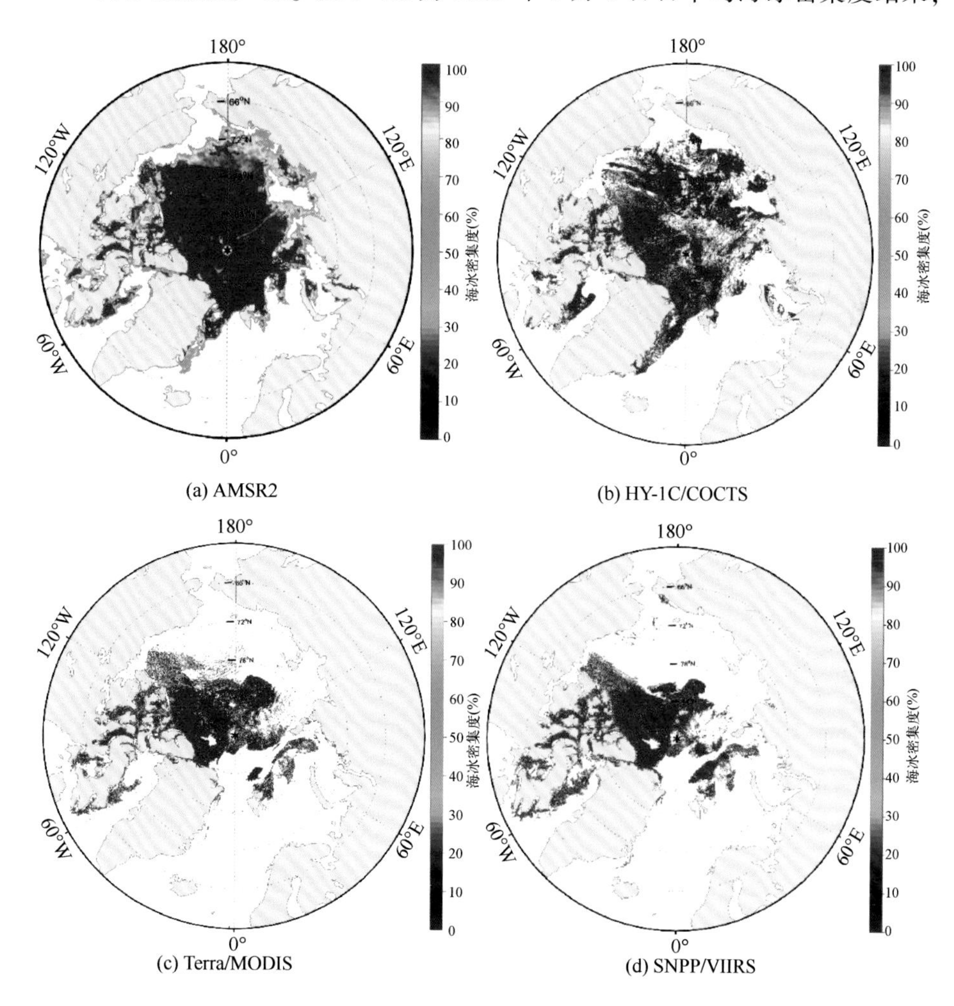


(a) AMSR2　(b) HY-1C/COCTS

(c) Terra/MODIS　(d) SNPP/VIIRS

图 3-28　不同卫星数据海冰密集度对比

（日期：2019 年 7 月 1 日）

依次展示了 AMSR2、HY-1C/COCTS、Terra/MODIS 和 SNPP/VIIRS 的北极地区海冰密集度分布情况。由于 AMSR2 是微波传感器，其他三者均为可见光传感器，AMSR2 的数据获取不会受到云覆盖的影响，因此海冰密集度有效范围最大；同时 AMSR2 的海冰密集度数值也与其他三者有较为明显的区别，主要表现为在海冰边缘区域的海冰密集度为 60%，其他三者的数值则较为接近，这主要是由于冰雪在微波波段的发射率和可见光波段的反射率的特性不同，AMSR2 使用的 NT 2 算法和 HY-1C/COCTS 等使用的反演算法的机理不同造成的。相比而言，HY-1C/COCTS、Terra/MODIS 和 SNPP/VIIRS 的结果比较接近，整体海冰密集度在 80%~100%，HY-1C/COCTS 的结果在海冰边缘区域略高于其他结果。但需要注意的是在 80°N、150°E 附近区域 HY-1C/COCTS 的海冰覆盖增加，与 Terra/MODIS 和 SNPP/VIIRS 有明显区别，这主要是因为这些海域上空有云层覆盖，HY-1C/COCTS 的云识别算法对区分多年冰和云的能力有限，造成了一定程度的冰云误判，从而使结果中的海冰覆盖范围增大。

综合分析上述比较印证结果，HY-1C/COCTS 的海冰密集度结果整体上与 SNPP/VIIRS 的结果接近，比 AMSR2 结果细节更丰富，同时使用相同算法的 MODIS 结果也与 SNPP/VIIRS 结果有很好的一致性，这表明 HY-1C/COCTS 数据可以用于海冰监测，本节提出的海冰密集度反演算法可以满足 HY-1C 国产水色卫星实际海冰监测应用的需要。

## 3.5 总结和展望

HY-1C 作为我国第一颗业务化水色卫星，可以提供丰富的全球水色卫星数据资料，在资源普查、环境监测和海洋实际应用等多个领域发挥重要作用。同时海冰密集度信息是海冰监测的主要参数，海冰密集度在海洋灾害预警以及研究全球气候变化等多个方面有重要意义。由于 HY-1C 是我国最新发射的水色卫星，目前使用相关卫星数据进行不同领域实际应用的研究仍然有限，利用 HY-1C/COCTS 数据监测海冰的应用研究是一个空白领域，并没有一个成熟的基于国产水色卫星 HY-1C/COCTS 的海冰密集度反演算法，尤其提高算法对低密集度海冰反演结果的准确性是研究的重点和难点。本章在前人研究的基础上，针对现有算法在低密集度海冰区域有过高估计的问题，结合分析

HY-1C/COCTS数据的波段设置特点，提出了适用于HY-1C/COCTS数据的海冰密集度反演算法。本章的研究成果主要包括以下两个方面。

（1）分析云在可见光近红外波段和热红外波段的光谱特征，在现有算法的基础上，针对HY-1C/COCTS数据完成了云识别算法的适用性改进。目前HY-1C/COCTS没有业务化的云掩膜产品，缺少成熟的云识别算法，本章则充分利用HY-1C/COCTS的可见光近红外波段和热红外波段数据信息，分析比较海冰、海水和云像素的反射率和亮温的差异，使用大气层顶反射率和亮温实现海冰、海水和云的区分。然后借鉴CIDT算法和MODIS云掩膜业务化算法，结合两种算法的优势，构建了基于HY-1C/COCTS L1数据的云识别算法，并使用该算法进行冰云识别。

（2）在实现冰云识别的基础上，本章对比分析了海冰像素的反射率特征，在Liu等提出的业务化算法基础上进行适用性改进，构建了适用于HY-1C/COCTS数据的海冰密集度反演算法。本章以Liu等提出的业务化算法为参考，在此基础上提出了最邻近像素法确定纯海冰像素典型反射率的改进思路，改进当前算法对低密集度海冰存在过高估计的不足，构建了适用于HY-1C/COCTS数据的海冰密集度反演算法。然后使用Landsat 8/OLI数据进行算法结果的对比印证，证明了基于HY-1C/COCTS数据的海冰密集度反演算法在一定程度上提高了低密集度海冰的结果准确性，可以满足HY-1C/COCTS进行海冰密集度反演的需要。

但本章的研究仍存在着诸多不足，需要进一步对研究进行完善和改进。从对比印证结果来看，虽然在低海冰密集度范围内HY-1C/COCTS海冰密集度结果与Landsat 8/OLI的结果偏差更小，准确性有所提升，但HY-1C/COCTS的结果与Landsat 8/OLI的结果并不完全一致，两者的偏差仍在10%以上。可能的原因如下。

（1）HY-1C/COCTS的云识别算法是根据反射率和亮温进行云识别，其本质是用阈值法判断云像素，目前阈值的选取主要参考了已有算法的数值并进行了适当微调，但HY-1C/COCTS和MODIS的波段并不是完全一致，当前的阈值未能完全适用于HY-1C/COCTS数据。基于长时间的HY-1C/COCTS数据统计来确定阈值是更好的阈值确定方式。

(2) HY-1C/COCTS 的海冰密集度反演算法的反演机理是海冰和海水在 670 nm 波段附近的反射率存在显著差异，实际上传感器的仪器噪声会影响数据的准确性，HY-1C/COCTS 在 670 nm 波段的信噪比可以进一步提高，最大程度上降低仪器性能不足对算法结果的影响。

本章中建立的基于 HY-1C/COCTS 数据的海冰密度反演算法只是初步的工作，需要开展进一步的研究，针对目前工作存在的不足，未来的工作方向如下。

(1) 针对现有云识别算法的阈值确定问题，在今后应当积累长时间序列的数据，并根据大量的数据分析海冰、海水和云的反射率差异，减少异常数据对确定阈值的影响。

(2) 目前的云识别算法在两极地区的准确性普遍欠佳，HY-1C/COCTS 并未设置短波红外波段，构建更适用于两极地区的云识别算法也是今后的工作重点。

(3) 目前的海冰密集度反演使用单一通道的反射率进行计算，在未来可以考虑使用多通道反射率进行计算，其中更加合理地分配不同通道的结果权重是以后的主要研究内容。

# 第 4 章　HY-2B 扫描微波辐射计海冰密集度反演

海冰密集度是描述极区海冰的主要参数，定义为单位面积内海冰覆盖所占的百分比。基于星载微波辐射计亮温数据获取的海冰密集度资料因为不受天气情况影响，可以准实时地获取大范围的海冰情况，是船舶规划航线、数值预报以及气候变化等科学研究的重要数据来源。本章基于 HY-2B 卫星扫描微波辐射计的亮温数据对海冰密集度反演方法进行研究，然后利用多种数据对反演结果进行评价，在此基础上业务化获取了南、北极区域的海冰密集度产品，并开展了具体应用。

## 4.1　国内外研究进展

### 4.1.1　星载微波辐射计

星载微波辐射计是一种被动式微波遥感仪器，20 世纪 60 年代就已经有微波辐射计装载在气象卫星上了。用于提供极区海冰密集度产品的星载微波辐射计主要包括 SMMR (Scanning Multichannel Microwave Radiometer)、SSM/I (Special Sensor Microwave/Imager)、SSMIS (Special Sensor Microwave Imager/Sounder)、AMSR-E (Advanced Microwave Scanning Radiometer for Earth Observing System) 和 AMSR2 等多个系列的辐射计，可以提供 1978 年以来全球的观测数据。

在 1978 年先后发射的 Seasat-A 和 Nimbus-7 均搭载了多通道扫描微波辐射计(SMMR)，两颗卫星的运行高度不同，搭载的 SMMR 入射角和刈副宽度略有不同：Seasat-A 卫星的 SMMR 入射角为 49°，刈幅宽度为 595 km；Nimbus-7 卫星的 SMMR 入射角为 51°，刈幅宽度为 750 km。美国空军国防气象卫星计划(Defense Meteorological Satellite Program，DMSP)业务化极轨气象卫星上搭载了微波辐射计(SSM/I 和 SSMIS)，第一颗搭载 SSM/I 的 DMSP 系列卫星 F08 于 1987 年发射升空，此后的 F10 至 F15 均搭载了该传感器。2003 年发射的 F16 搭载了新型的传感器 SSMIS，该传感器集合了包括 SSM/I 在内的三个传感器，实现了多频率多极化方式下共 24 个通道的亮温观测，相比之前的 SSM/I，该传感器的观测刈幅宽度由 1 400 km 提高到了 1 700 km，截至 2020 年底，F17、F18 仍在轨正常运行。

2002 年日本发射的 ADEOS-Ⅱ(Advanced Earth Observing Satellite-Ⅱ)卫星上搭载了 AMSR(Advanced Microwave Scanning Radiometer)。该传感器是一个 8 频率双极化的微波辐射计，采用圆锥扫描几何装置，入射角为 55°，但是该卫星在轨运行 1 年左右就失效了。AMSR-E 是 2002 年搭载在 NASA 的 Aqua 卫星上发射的，它是对 AMSR 设计的进一步改进，于 2011 年停止工作。2012 年该系列传感器的后续 AMSR-2 搭载在日本的 GCOM-W1 发射成功，目前在轨正常运行。与 SSM/I、SSMIS 相比，这一系列传感器的各频率的波束宽度加大，从而瞬时视场和采样率发生了变化，如 SSM/I 传感器 85. 5 GHz 波段的瞬时视场为 16 km×14 km，而 AMSR 传感器 89 GHz 波段的瞬时视场为 3 km×6 km。

风云三号气象卫星是为了满足我国天气预报、气候预测和环境监测等方面需求建设的第二代极轨气象卫星，已分别于 2008 年、2010 年、2013 年和 2017 年成功发射了 FY-3A 卫星、FY-3B 卫星、FY-3C 卫星和 FY-3D 卫星(图 4-1)。星上搭载了 5 频率双极化的全功率圆锥扫描微波成像仪(Microwave Radiation Imager，MWRI)，能够获取 10. 65 GHz、18. 7 GHz、23. 8 GHz、36. 5 GHz、89 GHz 五个频率，H/V 双极化的地表微波辐射信息。该传感器入射角为 53. 1°，刈幅宽度为 1 400 km。

海洋二号系列卫星(HY-2)是我国海洋动力环境卫星。该卫星集主、被动微波遥感器于一体，属于我国海洋系列遥感卫星，具有高精度测轨、定轨能力与全天候、全天时、全球探测能力，获得包括海面风场、浪高、海面高度、海面温度等多种海洋动力环境参数。目前已经分别于 2011 年、2018 年、2020 年和 2021 年成功发射了 HY-2A 卫星、HY-2B 卫星、HY-2C 卫星和 HY-2D 卫星。其中 HY-2A 卫星和 HY-2B 卫星为极轨卫星，搭载了扫描微波辐射计，能够获取 6. 925 GHz、10. 7 GHz、18. 7 GHz、23. 8 GHz、37. 0 GHz 五个频率，

H/V 双极化的地表微波辐射信息，该传感器入射角为 53°，刈幅宽度为 1 600 km。

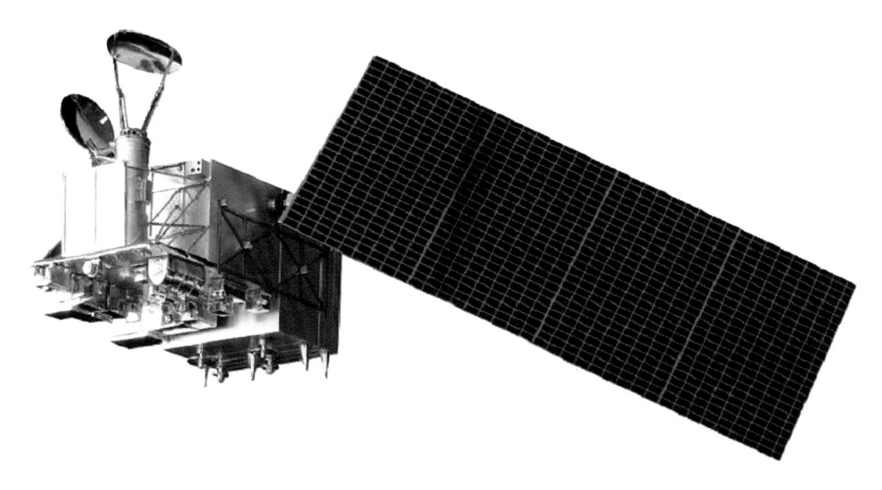

图 4-1　风云三号系列气象卫星

表 4-1 列出了目前已经发射的星载微波辐射计的相关信息，表 4-2 中列出了不同系列微波辐射计的主要频率、极化方式和刈副宽度，从两个表格可以看出，国产星载微波辐射计与国外星载微波辐射计类似，可以作为有效的替代数据源。

**表 4-1　已经发射的星载微波辐射计的相关信息**

| 卫星平台<br>传感器 | 发射时间 | 失效时间 | 极区观测盲区 | 入射角 |
|---|---|---|---|---|
| Nimbus-7<br>SMMR | 1979 年 1 月 1 日 | 1987 年 8 月 20 日 | 84° | 50. 2° |
| DMSP F08<br>SSM/I | 1987 年 7 月 9 日 | 1991 年 12 月 18 日 | 87° | 53. 1° |
| DMSP F10<br>SSM/I | 1991 年 1 月 7 日 | 1997 年 11 月 13 日 | 87° | 53. 1° |
| DMSP F11<br>SSM/I | 1992 年 1 月 1 日 | 1999 年 12 月 31 日 | 87° | 53. 1° |

续表

| 卫星平台<br>传感器 | 发射时间 | 失效时间 | 极区观测盲区 | 入射角 |
|---|---|---|---|---|
| DMSP F13<br>SSM/I | 1995 年 5 月 3 日 | 2008 年 12 月 31 日 | 87° | 53.1° |
| DMSP F14<br>SSM/I | 1997 年 5 月 7 日 | 2008 年 8 月 23 日 | 87° | 53.1° |
| DMSP F15<br>SSM/I | 2000 年 2 月 28 日 | 2006 年 7 月 31 日 | 87° | 53.1° |
| DMSP F16<br>SSMIS | 2005 年 11 月 1 日 | | 89° | 53.1° |
| DMSP F17<br>SSMIS | 2006 年 12 月 14 日 | | 89° | 53.1° |
| DMSP F18<br>SSMIS | 2010 年 3 月 8 日 | | 89° | 53.1° |
| EOS Aqua<br>AMSR-E | 2002 年 6 月 1 日 | 2010 年 10 月 3 日 | 89.5° | 55° |
| GCOM W1<br>AMSR2 | 2012 年 7 月 23 日 | 2017 年 5 月 31 日 | 89.5° | 55° |
| FY-3A<br>MWRI | 2008 年 5 月 27 日 | 2015 年 1 月 5 日 | 89° | 53.1° |
| FY-3B<br>MWRI | 2010 年 11 月 4 日 | 2020 年 6 月 1 日 | 89° | 53.1° |
| FY-3C<br>MWRI | 2013 年 9 月 23 日 | | 89° | 53.1° |
| FY-3D<br>MWRI | 2017 年 11 月 14 日 | | 89° | 53.1° |
| HY-2A<br>MWR | 2011 年 8 月 15 日 | | | 53° |
| HY-2B<br>MWR | 2018 年 10 月 24 日 | | | 53° |

**表 4-2　不同系列微波辐射计的主要参数**

| 传感器 | 频率/极化方式 | 刈副宽度/km |
|---|---|---|
| SMMR | 6.6VH, 10.7VH, 18.0VH, 21.0VH, 37.0VH | 780 |

续表

| 传感器 | 频率/极化方式 | 刈副宽度/km |
|---|---|---|
| SSM/I | 19. 3VH, 22. 2V, 37. 0VH, 85. 5VH | 1 400 |
| SSMIS | 19. 3VH, 22. 2V, 37. 0VH, 85. 5VH | 1 700 |
| AMSR-E | 6. 9VH, 10. 7VH, 18. 7VH, 23. 8VH, 36. 5VH, 89. 0VH | 1 450 |
| MWRI | 10. 7VH, 18. 7VH, 23. 8VH, 36. 5VH, 89. 0VH | 1 400 |
| MWR | 6. 9VH, 10. 7VH, 18. 7VH, 23. 8V, 37. 0VH | 1 600 |

### 4.1.2　海冰密集度反演算法及业务化产品

目前主要利用星载微波辐射计亮温数据来反演海冰密集度，自 1978 年以来已经积累了近 40 年的长时间序列的数据。初期的反演算法主要利用 19 GHz 和 37.0 GHz 两个频段的亮温数据，如 NASA TEAM 算法(Cavalieri et al.，1984)、BOOTSTRAP 算法(Comiso，1986)等。NASA TEAM 算法是在 19GHz 水平、垂直极化亮温和 37GHz 垂直极化亮温的基础上，计算极化梯度比(Polarization Gradient Ratio)和光谱梯度率(Spectral Gradient Ratio)，然后计算出一年冰密集度和多年冰密集度，进而得到整体海冰密集度。近年来，89 GHz 频段在不同方法中得到应用，以获取更高分辨率的密集度产品，如 NASA TEAM2 算法(Markus et al.，2000)、ASI 算法(Kaleschke et al.，2001；Spreen et al.，2008)等。NASA TEAM2 算法来源于 NASA TEAM 算法，把北极海冰分为三种类型：新生冰、一年冰和多年冰。新生冰的引入去除了冰雪分层的影响。ARTIST Sea Ice(ASI)算法则是根据 89GHz 通道数据的极化差异来计算海冰密集度。这类算法可以提供更为高级的海冰密集度产品(6.25 km)，可以用来确定冰间水道、冰间湖范围，对冰区航道选择有重要作用，但数据容易受大气影响。欧空局气候变化倡议计划海冰项目在综合评价之前海冰密集度反演方法的基础上，发展了一种混合自动优化的方法，新的算法综合了开阔海域及低密集度区域、高密集度区域均表现较好的方法，并采用动态系点来考虑不同地物季节、年度变化及长时间序列数据中不同传感器的差异(Tonboe et al.，2016；Lavergne et al.，2019)。近年随着人工智能的发展，神经网络等深度学习方法也被用于综合多种传感器数据进行海冰密集度反演(Kim et al.，2018；Chi et al.，2019)，但是这类方法距离业务化产品的提供还有一定距离。

随着极区研究越来越受到重视，国内诸多学者开展了利用亮温数据反演海冰密集度方面的研究。王欢欢等(2009)利用 AMSR-E 的 89 GHz 频段的数据，针对一年冰、多年冰以及无冰水面的不同特性，提出了一种反演多年冰密集度的方法，并与 NASA TEAM 算法结果进行了比较，结果表明，两种算法的整体海冰密集度结果基本一致，新方法的多年冰结果略高，冬季更明显。张树刚(2012)从微波辐射的亮温方程出发，发展了一个参数较少、能够直接反演海冰密集度的新方法，这种方法基本反映了微波辐射亮温与海水反射率、海冰反射率、海冰温度和海冰密集度之间的物理关系。该方法与 NASA TEAM2 方法和 AMSR BOOTSTRAP 算法在高密集海冰覆盖区域差异非常小(一般不超过 5%)，但在海冰边缘区以及低密集海冰覆盖区域差异比较大。介阳阳等(2016)基于 WindSat 数据，对 NASA TEAM 方法中的相关参数进行重新修正和计算，发展了南极区域海冰密集度的反演算法，其结果与国家冰雪中心资料有较高的一致性。石立坚(2014，2018)参考 NASA TEAM 方法，研究了利用 HY-2 卫星微波扫描辐射计亮温数据反演北极海冰密集度的方法，结果与国际上常用美国的冰雪数据中心和德国不来梅大学提供的两种业务化海冰密集度产品一致。

总的来说，利用微波辐射计亮温数据反演海冰密集度都需要对不同地物(如多年冰、一年冰、初生冰、海水)进行统计分析，确定不同类型海冰和海水的亮温特征值(Tie Point)，然后计算海冰密集度。亮温特征值具有明显的季节变化，该数值的选取对算法的精度有决定性的作用。尽管有些方法采用了动态的特征亮温值，考虑了季节变化，但是由于受积雪、大气等诸多因素的影响，同一类型海冰的亮温也有一个较大的动态变化范围，靠单一的亮温值表征海冰特性存在缺陷，所以需要进一步改进现有算法，减少由于统计亮温特征值带来的误差。

目前基于上述不同的海冰密集度反演方法，国际多个机构发布两极区域的海冰密集度业务化产品。美国冰雪数据中心提供自 1978 年以来利用星载微波辐射计获取的空间分辨率为 25 km 的两极海冰密集度数据，且多个微波辐射计的数据用于反演这一长时间序列的产品，如美国 SMMR、SSMI、SSMIS 等。现在在轨运行的 DMSP-F17 SSMIS、DMSP-F18 SSMIS、GCOM-W1 AMSR2

都在继续为这一产品提供数据源。德国不来梅大学、EUMETSAT Ocean & Sea Ice Satellite Application Facility、欧空局等许多机构也业务化发布海冰密集度产品。大部分产品都可以在卫星数据接收一天后获取到相应的海冰密集度产品，为数值模式和北极区域导航服务提供数据支撑(表 4-3)。

**表 4-3 部分业务化产品信息**

| 机构名称(国别) | 产品空间分辨率 | 覆盖时间 | 网址 |
|---|---|---|---|
| 国家雪冰数据中心(美) NSIDC | 25 km、12. 5 km | 1978-10-27 至今 | https：//nsidc. org |
| 欧洲气象卫星组织(欧) EUMETSAT OSI SAF | 10 km | 1978-10-27 至今 | http：//osisaf. met. no/p/ice |
| 不来梅大学(德) University of Bremen | 6. 25 km | 2003-10-04 至今 | https：//seaice. uni-bremen. de/sea-ice-concentration/amsre-amsr2/ |
| 欧空局(欧) ESA climate office | 25 km、50 km | 2002-05-31—2017-05-15 | https：//climate. esa. int/en/odp/#/project |

## 4. 2 数据介绍及预处理

本节研究工作主要利用了 HY-2B 卫星扫描微波辐射计的 L2A_TC 级数据，该数据每天包括 14 轨、共 28~29 个 H5 格式的数据文件，每个文件中包括各个通道和极化方式的对地观测原始分辨率亮温、重采样亮温、异常数据标记、海冰标记、陆地标记、降雨标记等。基于该数据进行海冰密集度反演之前需要进行预处理，主要包括亮温稳定性评估、数据投影和亮温数据交叉校准。

### 4. 2. 1 亮温稳定性评估

基于上述数据，首先对该亮温数据的稳定性进行评估：选取时间和空间都较为均一的区域作为目标区域，高亮温区域选取亚马逊地区：Amazon-A，4°N 至 1°S，53°—59°W；Amazon-B，5°—10°S，65°—74°W；低亮温区域选取格陵兰岛冰盖地区：Greenland，67. 5°—79. 5°N，35°—48°W。上述三个区域亮温均匀性较高，亮温梯度较小，全年稳定性比较高，除了格陵兰岛区域夏季由于冰盖表面融化，亮温会浮动升高。图 4-2 为 2018 年 11 月至 2020 年 3 月上述三个区域的不同通道的亮温均值变化曲线。从图中可以看出：亚马逊

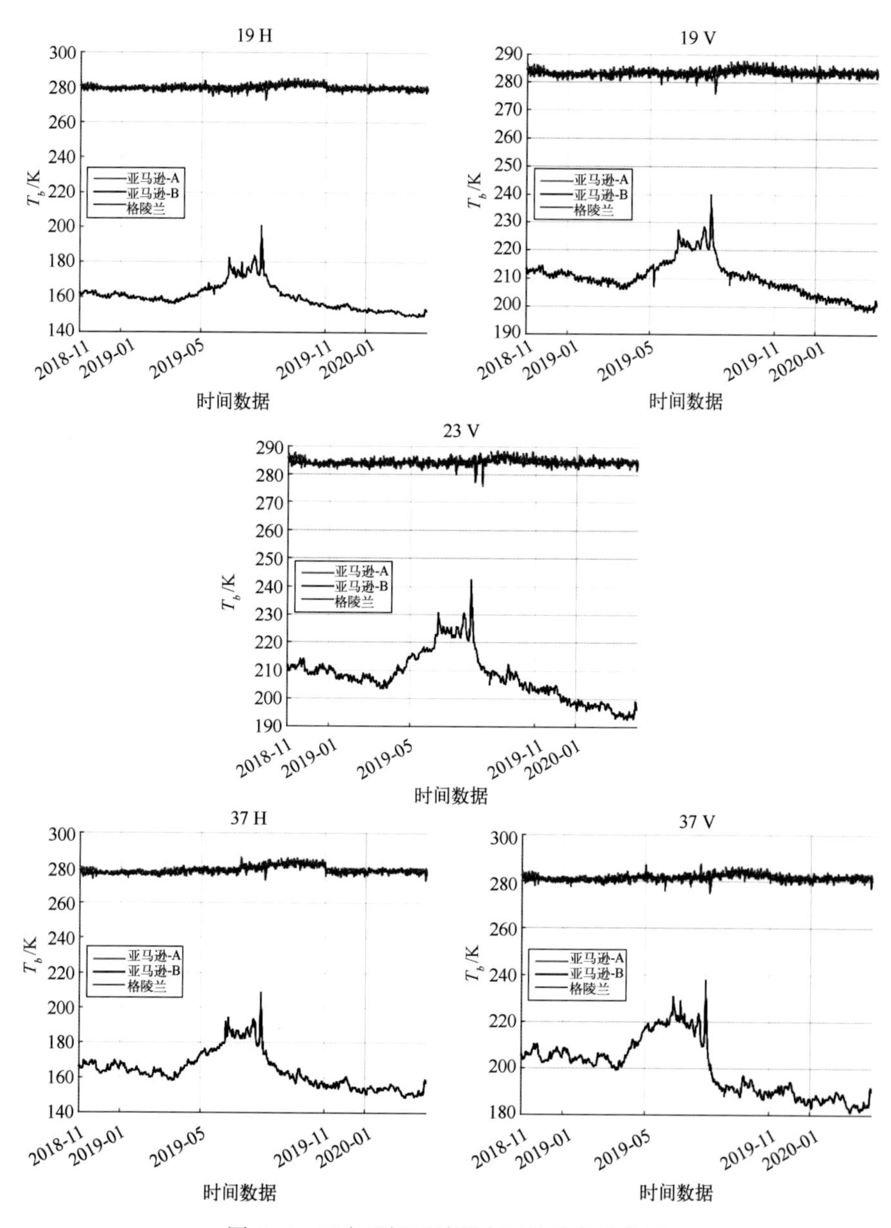


图 4-2　三个目标区域的亮温均值变化曲线

A、B 区域，HY-2B 卫星扫描微波辐射计亮温均值都很稳定，而格陵兰区域，在夏季亮温(即均值)上升，且变化幅度较大，这主要是夏季气温升高，冰盖表面融化引起的。表 4-4 为 HY-2B 的微波辐射计各通道对于三个区域统计的亮温均值和标准差，亚马逊 A、B 区域各通道亮温均值在 280 K 左右，标准差在

1.5~2.8 K 之间，变化较小，说明该微波辐射计性能比较稳定；而格陵兰岛区域亮温变化较大，标准差在 12~15 K 之间，主要由冰盖季节性亮温变化造成的。

**表 4-4　HY-2B 的微波辐射计各通道对于三个区域的亮温均值和标准差**

单位：K

| | | 19V | 19H | 23V | 37V | 37H |
|---|---|---|---|---|---|---|
| 均值 | 亚马逊-A | 283.82 | 280.10 | 284.65 | 282.07 | 279.15 |
| | 亚马逊-B | 283.23 | 279.26 | 284.17 | 281.44 | 278.28 |
| | 格陵兰岛 | 210.23 | 160.15 | 208.00 | 200.29 | 164.23 |
| 标准差 | 亚马逊-A | 1.78 | 1.79 | 1.56 | 1.96 | 2.04 |
| | 亚马逊-B | 2.08 | 2.26 | 1.90 | 2.67 | 2.83 |
| | 格陵兰岛 | 14.25 | 15.61 | 13.31 | 12.19 | 13.23 |

## 4.2.2　数据投影

为了研究极地海冰，NASA 和 NSIDC 提出一个在高纬度海冰覆盖范围内有较小变形的投影平面网格，该网格是通过极地椭球投影方法(正轴等角割方位投影)，横切南北纬度 70°无变形，更高纬度变形率 6%。投影后 25 km 分辨率北极和南极平面栅格大小分别为 304×448 和 316×332，如图 4-3 所示。12.5 km 分辨率北极和南极平面栅格大小分别为 608×896 和 632×664。

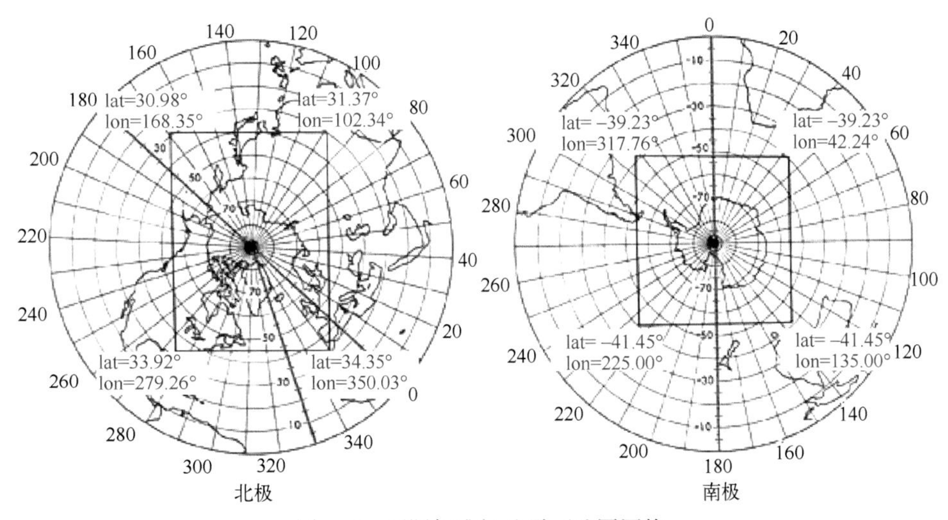


图 4-3　国际标准极地平面地图网格

详细的极地椭球投影方法如下：椭球极投影最大限度地尊重了地球的真实形状，认为地球为椭球，赤道半径为 $a$，椭球短半轴 $b=a(1-f)=a(1-e^2)^{1/2}$，其中 $e$ 为椭球离心率 $e=\left(1-\frac{b^2}{a^2}\right)^{1/2}$，$f$ 为椭球扁率 $f=1-(1-e^2)^{1/2}$，投影正切中心(角度无变形点)经纬度为($\Phi_0$，$\lambda_0$)。

假设待投影经纬度为($\Phi$，$\lambda$)，计算出经纬度($\Phi$，$\lambda$)在椭球极投影下南、北极的坐标位置：

$$x = p\sin(\lambda - \lambda_0) \tag{4-1}$$

$$北极\ y = -p\cos(\lambda - \lambda_0) \tag{4-2}$$

$$南极\ y = p\cos(\lambda - \lambda_0) \tag{4-3}$$

式中，$p=a\,m_c t/t_c$，$c$ 为投影平面横切椭球的无变形点。$p$ 中 $t$ 和 $m$ 分别为：

$$t = \tan(\pi/4 - \Phi/2)/[(1 - e\sin\Phi)/(1 + \sin\Phi)]^{e/2} \tag{4-4}$$

$$m = \cos\Phi/(1 - e2\sin2\Phi)^{1/2} \tag{4-5}$$

根据南、北极重构图左下角位置($x_0$，$y_0$)和投影后的分辨率 $r$，通过以下公式计算得出图像行列号：

$$i = \{[(x + x_0 - r/2)/r] + 1] \tag{4-6}$$

$$j = \text{nline} - \{[(y + y_0 - r/2)/r] + 1\} + 1 \tag{4-7}$$

式中，nline 的值随重采样图像分辨率的变化而变化。

图 4-4 为分别投影后 25 km、12.5 km 不同分辨率的北极平面的亮温均值和观测次数。从图中可以看出，当空间分辨率设置为 25 km 时，观测次数最高接近 30，大部分区域主要集中在 5~20，获得的亮温观测值覆盖较全；但是当空间分辨率设置为 12.5 km 时，观测次数最高只有 10，大部分区域在 5 左右，获得的亮温观测值缺失较多，覆盖率较低。通过对比，我们选择 25 km 重采样分辨率，因此 nline 在北极为 448，在南极为 332。至此我们得到经纬度($\Phi$，$\lambda$)投影到切面切到 70°的重构平面行列号($i$，$j$)，文中选取的是图 4-3 矩形框内极区经纬度的研究区域，故将北极落在 $1\leqslant i\leqslant 304$，$1\leqslant j\leqslant 448$ 范围，南极落在 $1\leqslant i\leqslant 316$，$1\leqslant j\leqslant 332$ 范围的数据作为可利用数据重构到极区。

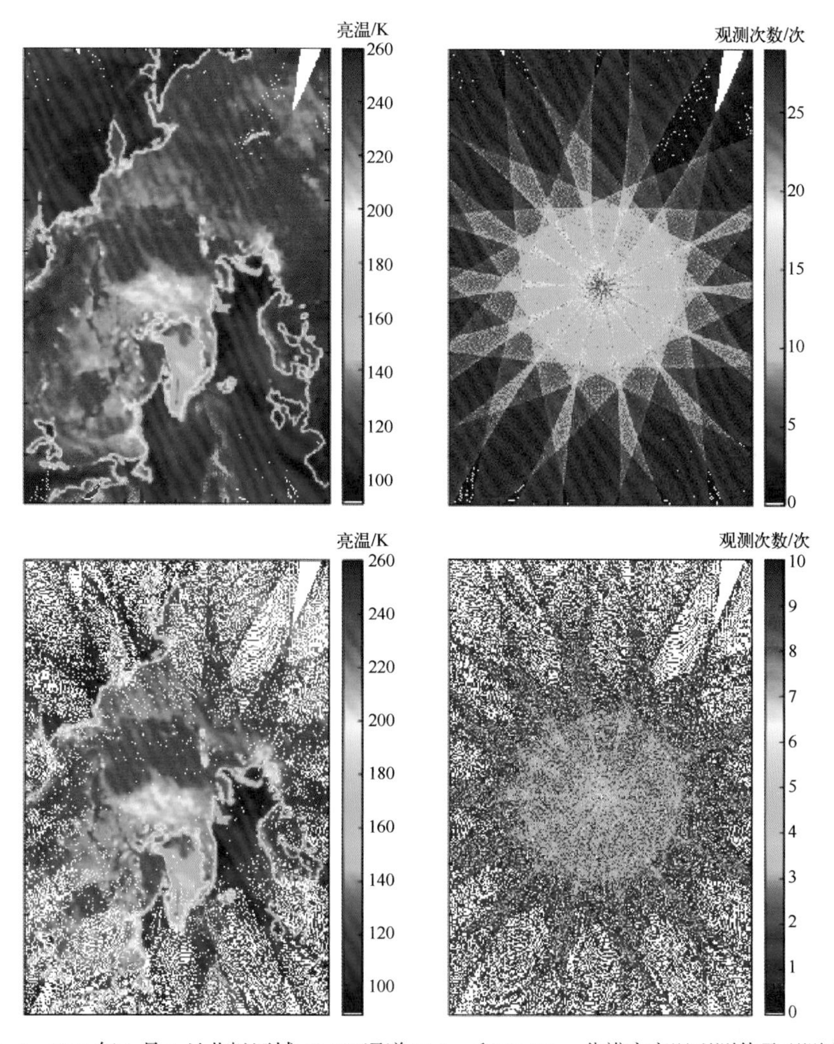


图 4-4　2019 年 1 月 1 日北极区域 18.7H 通道 25 km 和 12.5 km 分辨率亮温观测值及观测次数

## 4.2.3　亮温数据交叉校准

不同辐射计数据获取的时间空间存在差异、传感器参数特征不同以及仪器随时间的衰减等，都会造成同时同地相似传感器获取的亮温数据存在一定的差异，须使用时空匹配方法对两个传感器交叉定标。本研究项目以 F18/SSMIS 亮温为基准，校正 HY-2B 卫星的辐射计亮温数据，这两个传感器的每一刈幅亮温数据的每个采样点都提供了地理位置(经纬度)和观测时间，分别将每一轨 HY-2B、F18 微波辐射计亮温数据按上一节方法在南、北极按照

12.5 km空间分辨率投影到极地立体投影网格中。通过陆地掩模，除去陆地数据对海洋区域的影响。由于F18与HY-2B访问时间差异较大，选取一小时的时间窗口以减小亮温的差异。

为了更精确地计算定标系数，本文每月上中下旬选择3天的数据进行数据匹配，得到12个月的交叉定标系数。图4-5为2019年12月选取5日、15

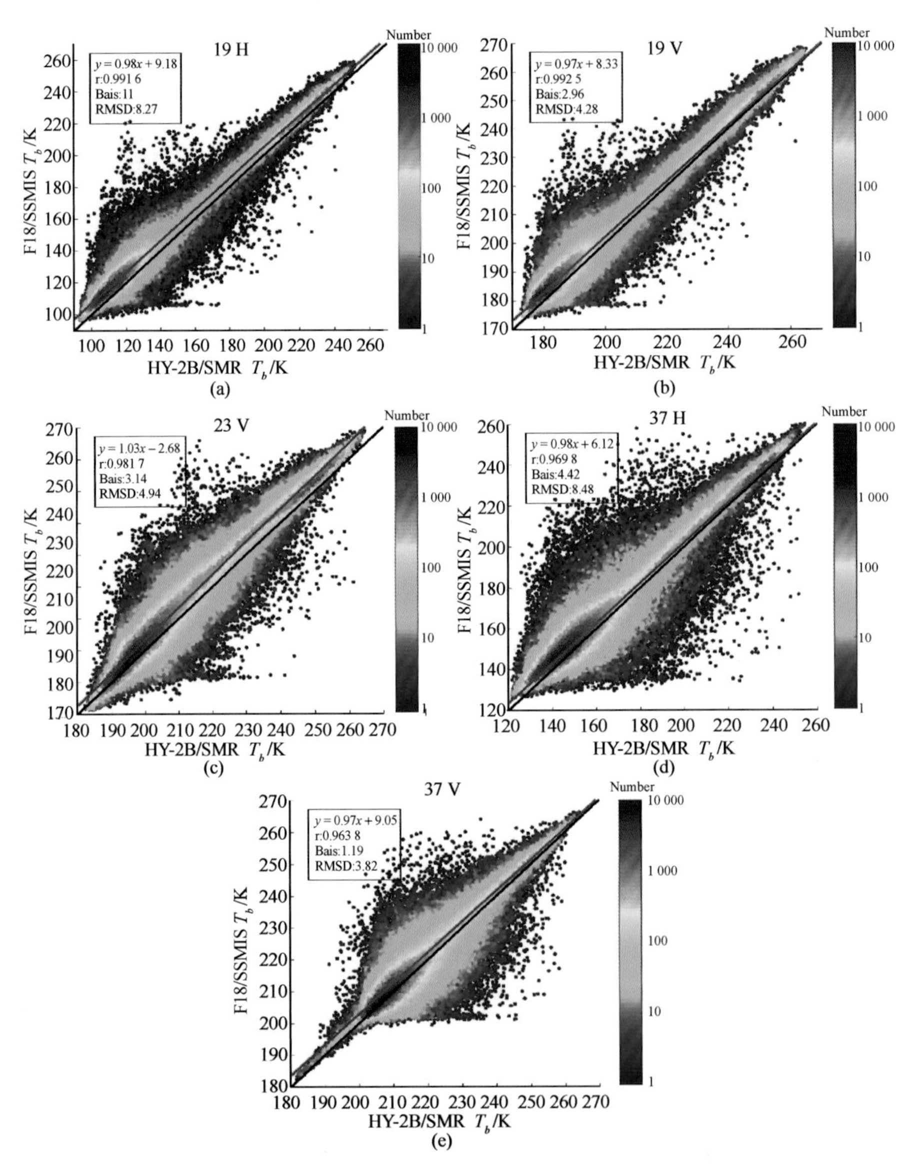


图4-5 2019年12月5日、15日、25日3天的五个通道匹配数据散点图

(a)19H；(b)19V；(c)23V；(d)37H；(e)37V

日、25 日三天的数据进行匹配后的每个通道的散点图，共匹配获取 448 265 对亮温数据，其中横轴为 HY-2B 卫星 SMR 亮温，纵轴为 F18 卫星 SSMIS 亮温，黑色为 1∶1 线，红色为拟合线，数据呈线性分布，无异常数据点。图中也列出了匹配数据的相关系数、偏差、均方根误差和根据匹配数据获得的亮温交叉定标公式。根据匹配数据集，进行线性回归拟合，得到 12 个月的定标系数(表 4-5)。

**表 4-5 交叉定标得到的定标系数**

| 斜率 | | | | | | | | | | | | |
|---|---|---|---|---|---|---|---|---|---|---|---|---|
| 月份 | 1 | 2 | 3 | 4 | 5 | 6 | 7 | 8 | 9 | 10 | 11 | 12 |
| 19H | 0.96 | 0.97 | 0.97 | 0.97 | 0.97 | 0.97 | 0.95 | 0.94 | 0.95 | 0.96 | 0.97 | 0.98 |
| 19V | 0.94 | 0.94 | 0.94 | 0.94 | 0.94 | 0.94 | 0.93 | 0.92 | 0.92 | 0.93 | 0.95 | 0.97 |
| 23V | 0.98 | 0.99 | 0.99 | 0.98 | 0.98 | 0.97 | 0.96 | 0.95 | 0.96 | 0.98 | 0.98 | 1.03 |
| 37H | 1.00 | 1.00 | 1.01 | 1.00 | 1.00 | 1.00 | 0.98 | 0.96 | 0.96 | 0.97 | 1.01 | 0.97 |
| 37V | 0.98 | 0.99 | 0.99 | 0.98 | 0.98 | 0.97 | 0.97 | 0.95 | 0.95 | 0.96 | 0.99 | 0.98 |
| 截距 | | | | | | | | | | | | |
| 月份 | 1 | 2 | 3 | 4 | 5 | 6 | 7 | 8 | 9 | 10 | 11 | 12 |
| 19H | 9.34 | 8.41 | 7.75 | 8.49 | 8.64 | 10.46 | 12.36 | 12.97 | 12.14 | 9.87 | 7.94 | 9.18 |
| 19V | 14.80 | 14.34 | 13.26 | 13.48 | 13.17 | 14.81 | 17.11 | 18.57 | 18.29 | 15.08 | 12.01 | 8.33 |
| 23V | 4.86 | 3.71 | 2.57 | 4.51 | 4.77 | 8.61 | 9.62 | 11.69 | 9.76 | 5.04 | 5.11 | -2.68 |
| 37H | 4.45 | 3.21 | 2.26 | 3.89 | 3.93 | 5.34 | 7.06 | 9.74 | 9.69 | 7.73 | 2.22 | 9.05 |
| 37V | 5.66 | 4.82 | 3.97 | 6.91 | 6.48 | 7.97 | 9.55 | 12.73 | 13.00 | 9.49 | 3.60 | 6.12 |

基于表 4-5 的交叉定标系数，对扫描微波辐射计的每个通道的亮温数据进行校正，图 4-6 为 2020 年 12 月三天不同通道交叉定标前后的 HY-2B/SMR 与 F18/SSMIS 直方图的比较，其中亮温直方图为每个通道步长 1K 匹配后的观测亮温数据量。从图中可以看出，交叉定标后，HY-2B/SMR 的直方图与 F18/SSMIS 直方图曲线重合度更高，19H、19V、23V、37H 和 37V 五个通道的交叉定标前后直方图的相关系数均有所提高，分别为从 0.79 提高到 0.99、从 0.78 提高到 0.99、从 0.94 提高到 0.99、从 0.98 提高到 0.98，从 0.93 提高到 0.99，低频波段的校正效果更明显，垂直极化波段的校正效果要优于水平极化波段。

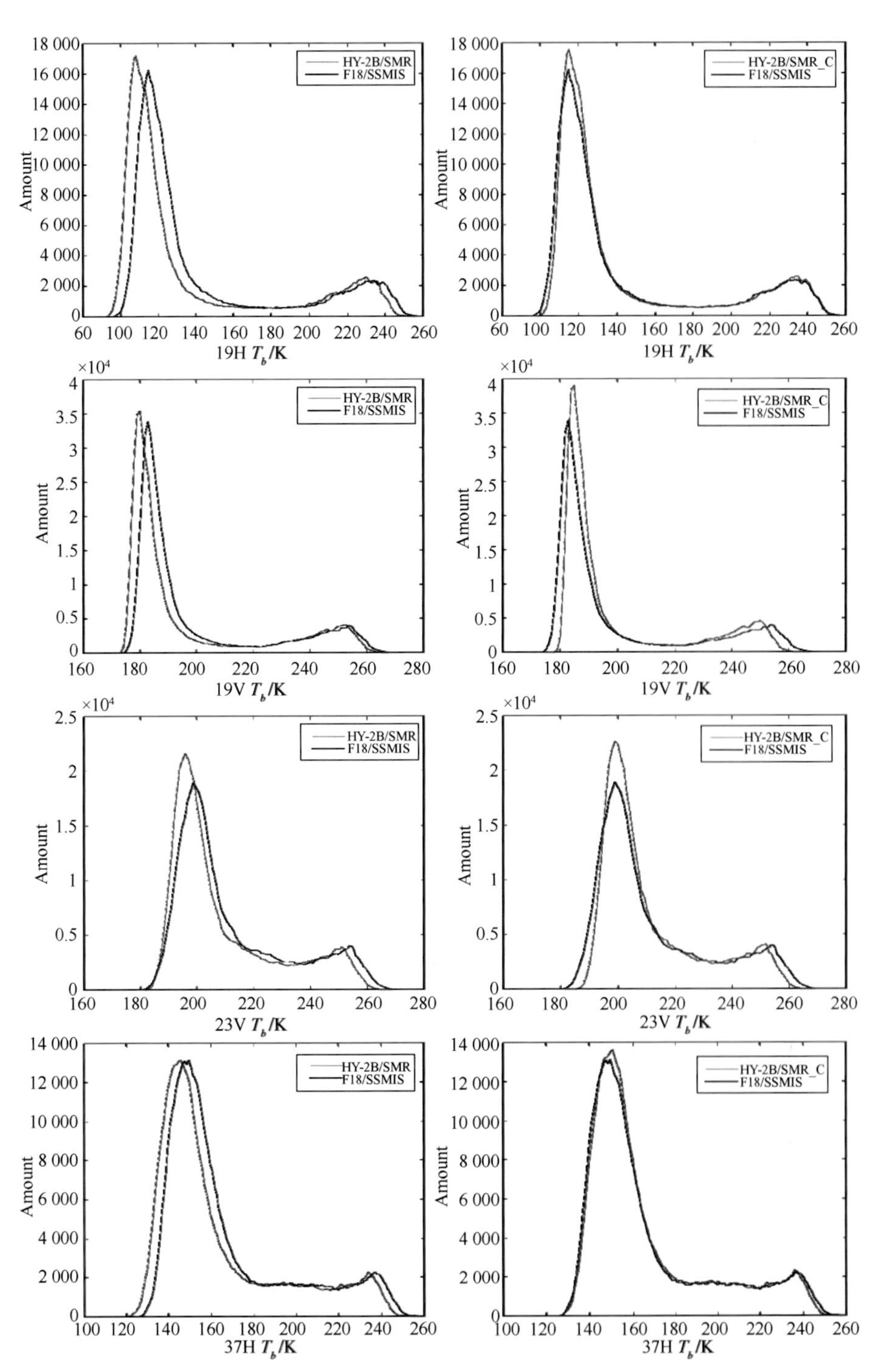


图 4-6　F18/SSMIS、交叉定标前的 HY-2B/SMR 和

交叉定标后的 HY-2B/SMR 亮温直方图(2020 年 12 月)

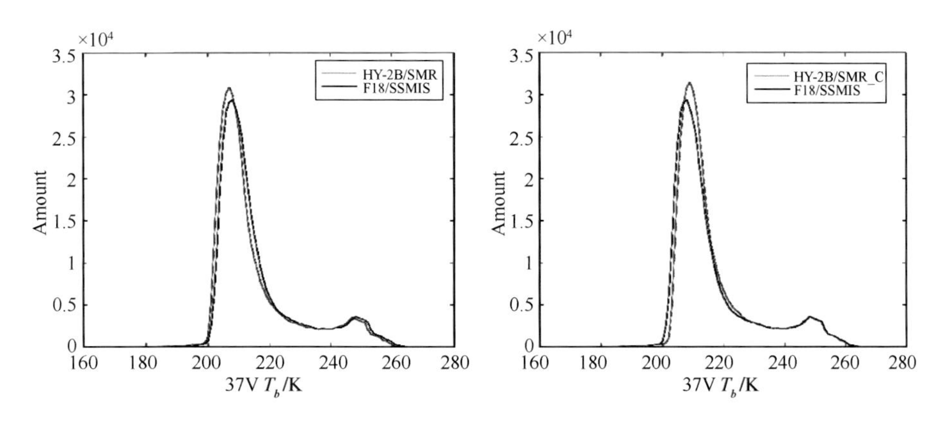


图 4-6　F18/SSMIS、交叉定标前的 HY-2B/SMR 和

交叉定标后的 HY-2B/SMR 亮温直方图(2020 年 12 月)(续图)

左列：F18/SSMIS 和交叉定标前的 HY-2B/SMR 直方图；右列：F18/SSMIS 和交叉定标后的 HY-2B/SMR 直方图。第 1 行：19H 波段；第 2 行：19V 波段；第 3 行：23V 波段；第 4 行：37H 波段；第 5 行：37V 波段。

# 4.3　算法介绍

## 4.3.1　海冰密集度反演

海水与海冰的辐射性质存在较大差异，可以利用辐射计反演海冰密集度。使用 NASA Team 算法，同时可分别反演一年冰、多年冰以及整体海冰的密集度。将每日所有轨道亮温数据投影到 25 km 极地立体投影网格中，然后利用交叉校准后的亮温数据反演每日海冰密集度，如格点有重复观测值，则取平均值。NASA Team 算法使用的通道是 19.3 GHz 水平(H)和垂直(V)极化通道以及垂直极化的 37.0 GHz 通道。对应 HY-2B 微波辐射计的 18.7 GHz 水平(H)和垂直(V)极化，37.0 GHz 垂直(V)极化通道。在忽略大气辐射和外部空间辐射影响的前提下，亮温可以表示为

$$T_b = T_{b,\ OW}(1 - C_T) + T_{b,\ FY}\ C_{FY} + T_{b,\ MY}\ C_{MY}\ T_b$$
$$= T_{b,\ OW}(1 - C_T) + T_{b,\ FY}\ C_{FY} + T_{b,\ MY}\ C_{MY} \qquad (4-8)$$

式中，$T_{b,OW}$、$T_{b,FY}$、$T_{b,MY}$分别为海水、一年冰和多年冰的微波辐射亮温；$C_{FY}$、$C_{MY}$分别为一年冰和多年冰的海冰密集度；$C_T$为总的海冰密集度；$T_b$为微波辐

射计观测的总亮温。

定义极化梯度比(Polarization Gradient Ratio，PR)和光谱梯度比(Spectral Gradient Ratio，GR)：

$$PR = (T_{b,19V} - T_{b,19H})/(T_{b,19V} + T_{b,19H}) \quad (4-9)$$

$$GR = (T_{b,37V} - T_{b,19V})/(T_{b,37V} + T_{b,19V}) \quad (4-10)$$

式中，$T_{b,}$是特定频率和极化下的观测亮温。根据这两个参数，一年冰密集度($C_{FY}$)和多年冰密集度($C_{MY}$)由以下公式计算：

$$C_{FY} = (F_0 + F_1 PR + F_2 GR + F_3 PR \times GR)/D \quad (4-11)$$

$$C_{MY} = (M_0 + M_1 PR + M_2 GR + M_3 PR \times GR)/D \quad (4-12)$$

式中，

$$D = D_0 + D_1 PR + D_2 GR + D_3 PR \times GR \quad (4-13)$$

系数 $F_i$，$M_i$和 $D_i$($i = 0, 1, 2, 3$)是一组9个亮温的函数，这些亮温被称为算法系点(tie point)，是对于19V，19H和37V在已知无冰海面(open water，OW)、一年冰(First year，FY)和多年冰(multi-year，MY)的区域上观察到的亮温特征值，见表4-6。

总冰密集度($C_T$)是一年和多年密集度的总和：

$$C_T = C_{FY} + C_{MY} \quad (4-14)$$

**表4-6　对于开阔水域，北半球(NH)第一年冰(FYI)和多年冰(MYI)以及南半球(SH)冰型A和冰型B的F17系点值冰型A与NH的FYI具有相似的微波特性，但冰型B与MYI比是一种不同的冰型，可能FYI含有重型雪盖**

| 北半球 | F17系点/K | 南半球 | F17系点/K |
|---|---|---|---|
| 19V OW | 184.9 | 19V OW | 184.9 |
| 19H OW | 113.4 | 19H OW | 113.4 |
| 37V OW | 207.1 | 37V OW | 207.1 |
| 19V FYI | 248.4 | 19V Ice Type A | 253.1 |
| 19H FYI | 232.0 | 19H Ice Type A | 237.8 |
| 37V FYI | 242.3 | 37V Ice Type A | 246.6 |
| 19V MYI | 220.7 | 19V Ice Type B | 244.0 |
| 19H MYI | 196.0 | 19H Ice Type B | 211.9 |
| 37V MYI | 188.5 | 37V Ice Type B | 212.6 |

### 4.3.2　天气影响去除

开阔海洋和冰缘上海冰的虚假密集度是由云中液态水、大气水汽、雨水和表面风引起海面粗糙化造成的。尽管冬季极地纬度的这些影响相对较小，但在夏季各纬度地区都会造成严重的天气污染问题。复合天气滤波器是原始 SSM/I GR(37/19) 与基于 22 GHz 和 19 GHz 通道的另一个 GR 滤波器的组合，它有效消除了由于海面风粗糙化、云液态水和降雨造成的大部分杂散密集度。使用 GR(22/19) 的基本原理基于 22 GHz 对水汽的敏感性和将冰边冰温变化的影响降至最低。NT 算法中使用的两种天气滤波器基于以下频谱梯度比：

$$GR(37/19) = (T_{b,\ 37V} - T_{b,\ 19V})/(T_{b,\ 37V} + T_{b,\ 19V}) \tag{4-15}$$

$$GR(22/19) = (T_{b,\ 22V} - T_{b,\ 19V})/(T_{b,\ 22V} + T_{b,\ 19V}) \tag{4-16}$$

具体而言，在 NT 海冰算法的 F17 SSMIS 版本中使用的阈值如下。

(1) 如果 $GR(37/19)>0.05$ NH，或 $GR(37/19)>0.053$ SH，则海冰密集度设为零，主要去除云中液态水影响。

(2) 如果 $GR(22/19)>0.045$，对于任一半球，则海冰密集度设为零，主要去除开阔水域上空水蒸气影响。

HY-2B 中使用回归系数修正后的 19 GHz、37 GHz 和 22 GHz 三个通道的亮温值。对于天气滤波器不能去除的残留天气污染，使用海冰掩模去除，选取 2016 年北极 3 月和南极 9 月反演得到的海冰密集度数据，将北极密集度不小于 0.045，南极不小于 0.025 的最大海冰范围再扩大四个格点生成最大海冰掩模，用于整个数据集中，将最大海冰和陆地以外区域像素值设定为零。

### 4.3.3　陆地效应去除

陆地到海洋溢出 (land-to-ocean spillover) 通常称为“陆地污染”(land contamination)，是指近岸区域陆地比海洋亮温高得多而产生的模糊问题，由传感器天线模式的宽度相对较粗导致。这个问题会导致出现沿着海岸线的假海冰信号。所有仪器的陆地到海洋溢出效应并不相同，因为它们的足迹大小和访问时间不同。后者非常重要，因为陆地表面经历了比海洋表面更大的昼夜温度变化。单单这些差异就会导致虚假的趋势，因此必须进行修正。减少陆地到海洋溢出效应方法的基本原理是在夏季通常出现的没有海冰残留的近海海岸线附近最小观测海冰密集度可能是陆地溢出的结果，所以从图像中减去。为了减少在实际海冰覆盖区域中减去海冰的误差，该技术需要在待校正的图像像素附近存在开阔水域。

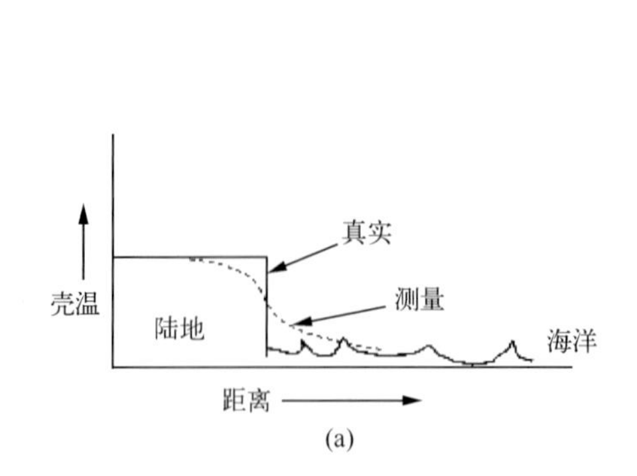


(a)

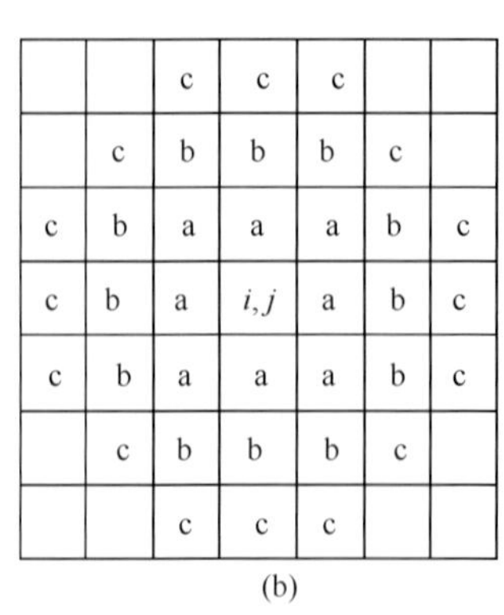

| | | c | c | c | | |
|---|---|---|---|---|---|---|
| | c | b | b | b | c | |
| c | b | a | a | a | b | c |
| c | b | a | $i,j$ | a | b | c |
| c | b | a | a | a | b | c |
| | c | b | b | b | c | |
| | | c | c | c | | |

(b)

图 4-7 陆地溢出效应示意图

(a)示意图说明了微波天线的粗分辨率对海岸线附近亮温的影响；

(b)在程序中使用 7×7 阵列以减少陆地到海洋的溢出效应

通过以下三个步骤来减少陆地到海洋的溢出效应。

(1)创建矩阵 ***M*** 覆盖整个网格，并将每个像素识别为陆地(land)、岸边(shore)、近岸(near-shore)、近海(offshore)或非近海(non-coastal ocean)。陆地像素从陆地/海洋掩模获得。岸边，近岸和近海像素的识别基于图 4-7(b)中所示的方案，其中待识别的像素标记为 $i$，$j$。如果与其相邻的任何像素是陆地，则该像素被认为是岸边像素；如果没有一个 a 像素是陆地，但是至少一个 b 像素是陆地，则是近岸像素；并且如果没有 a 像素或 b 像素是陆地，但是至少有一个 c 像素是陆地，则是近海像素。所有其他海洋像素被认为是非近海。该矩阵 ***M*** 被创建一次并在整个数据集中使用。

(2)创建矩阵 ***CMIN***，在整个网格中逐个像素地表示最小海冰密集度。***CMIN*** 的创建是通过首先构造一个矩阵 ***P*** 来实现的，该矩阵包含给定年份的最小月平均海冰密集度，HY-2B 微波辐射计使用 2016 年 9 月北极和 2 月南极的月平均数据。然后在近海，近岸和岸边像素处调整矩阵。调整如下：①在近海像素处，任何超过 20%的 ***P*** 值均减至 20%；②在近岸像素处，任何超过 40%的 ***P*** 值减少至 40%；③在岸边像素处，任何超过 60%的 ***P*** 值减少到 60%。因不同传感器的陆地溢出效应不同，所以 ***CMIN*** 矩阵不同的传感器需要创建一次，然后在整个数据集中使用。

(3)每日海冰密集度矩阵在开阔水域附近的任何近海，近岸和岸边像素进行调整。具体而言，近海像素的邻域被定义为包含以近海像素为中心的 3×3 框中的其他 8 个像素；近岸像素的邻域被定义为包含以近岸像素为中心的 5×5 框中的其他 24 个像素；岸边像素的邻域被定义为包含以岸边像素为中心的 7×7 框中的另外 48 个像素，如图 4-8 所示。在近海、近岸或岸边像素邻域包含 3 个或更多开阔水域像素(海冰密集度低于 15%)时，近海、近岸或岸边像素的海冰密集度计算为减去矩阵 ***CMIN*** 中该像素的值；该值若负，则密集度设定为 0%。这种陆地溢出校正算法显然是一个粗略的近似，因为污染量不会随时间而保持不变，但是该方案已经被发现可以大大减少网格上的虚假海冰密集度。

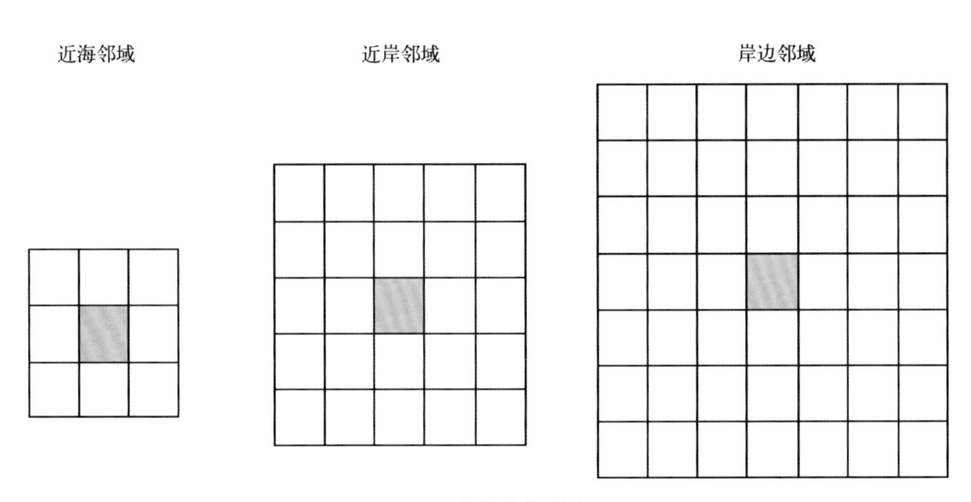


图 4-8　各像素邻域定义

图 4-9 为海冰密集度计算过程中每个步骤处理的结果，其中图 4-9(a)为海冰密集度计算的初步结果，图中在大部分海域有些误判的海冰，海冰密集度小于 20%，在中低纬度有部分误判的较高密集度的海冰，主要是风速较高(10~15 m/s)和降雨(降雨率达到 2 mm/h)引起的；图 4-9(b)为使用 GR(37/19)天气滤波器后的结果，这一滤波器对高纬度海域云中液态水高值区域

(0.1~0.3 mm)引起的误判海冰进行了较好的去除，但是在中纬度区域仍然存在由较高的大气水汽含量(30~45 mm)引起的海冰误判，这一现象使用 GR(22/19)天气滤波器可以得到有效抑制，如图 4-9(c)所示；图 4-9(d)为去除陆地效应后的结果，图 4-9(c)中明显由于陆地效应在岸线区域有误判的海冰，利用上述的去除方法，陆地效应得到了明显的去除，特别是在堪察加半岛、阿拉斯加半岛、斯堪的纳维亚半岛等区域；图 4-9(e)为利用气候态的海冰范围掩膜去除残留的虚假海冰。

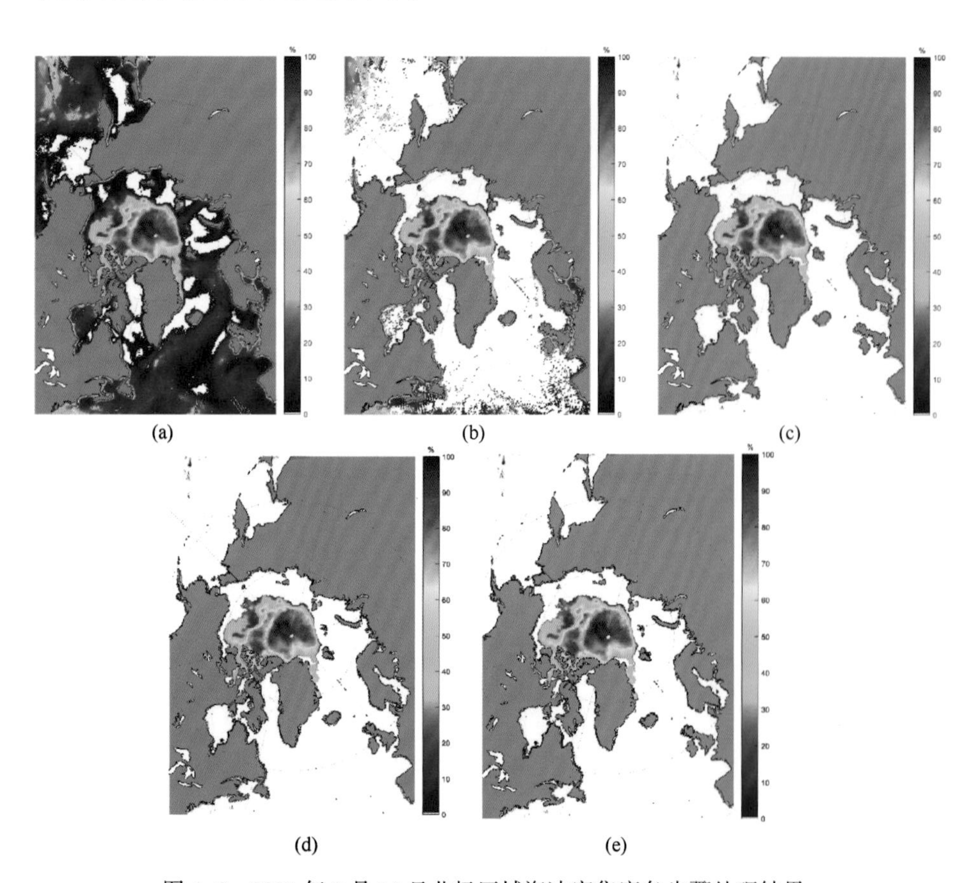


图 4-9　2020 年 8 月 14 日北极区域海冰密集度各步骤处理结果

## 4.4　结果

本节与 NSIDC 发布的同类型产品进行比对来说明方法的有效性，还收集了现场观测的数据和高分辨率 SAR 数据冰水区分结果，分别对本海冰密集度反演的结果进行评估。

### 4.4.1　与 NSIDC 结果比对

为了验证所得到的海冰密集度数据的准确性，比较 HY-2B 扫描微波辐射计反演得到的海冰密集度数据和 NSIDC 海冰密集度产品计算的海冰范围(sea ice extent，SIE)。海冰范围定义为海冰密集度大于 15%的所有观测值的面积统计之和。通过取密集度大于 15%的每个数据元素的面积与冰密集度乘积之和来确定海冰面积。由于重新投影，每个网格所代表的实际面积不同，使用格点面积模板进行计算。计算海冰范围时，北极包括极点范围。2019 年至 2021 年 6 月的南、北极比较结果如图 4-10 所示。

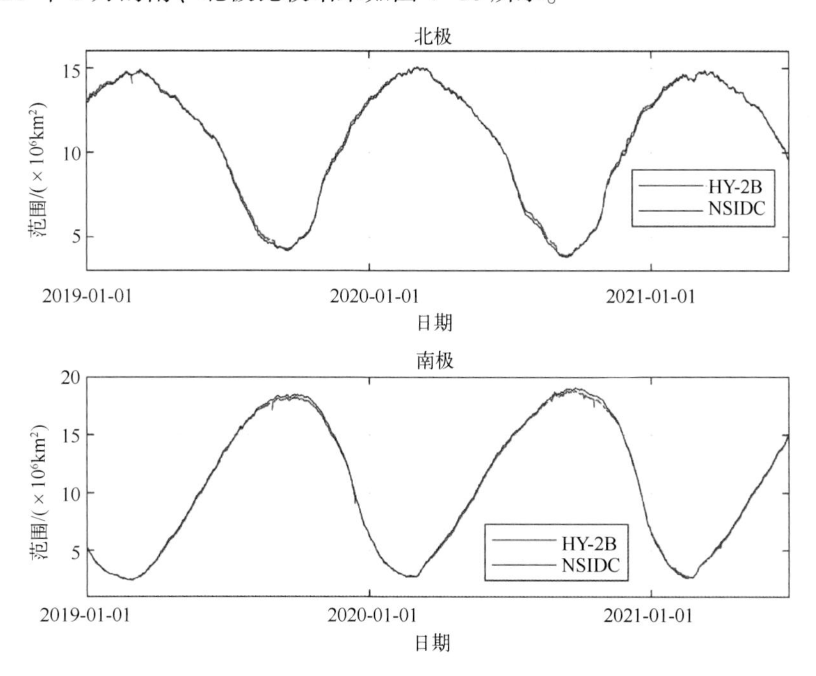


图 4-10　2019—2021 年南、北极海冰范围时间序列比较

从图 4-10 中可以发现，南、北极海冰范围变化趋势与 NSIDC 产品基本一致。北极 12 月至翌年 5 月海冰范围偏低，即冬季偏小；7 月、8 月、9 月偏高，即夏季偏多。由于本方法对冰水交界处、内陆湖等处的海冰低估，造成北极冬季海冰范围偏小；由于天气影响以及陆地污染造成的虚假海冰多出现在夏季，本方法仍有残留的虚假海冰没有去除，造成北极夏季海冰面积、范

围偏多，后续工作将对天气滤波器阈值进行调整。南极海冰范围整体高于NSIDC产品，6月、7月、8月海冰范围偏高。南极陆地没有北极复杂，天气及陆地污染较北极小，且南、北极海冰类型不同、辐射特性不同，高估主要是由亮温校正造成的，后续工作考虑南、北极分别校正。

为了进一步定量化反演得到数据集的准确性，计算上述时间序列HY-2B和NSIDC南、北极海冰范围的日差异百分比，北极7—8月范围差异较大，南极3—4月范围差异较大；HY-2B和NSIDC海冰范围在2019年至2021年6月这一时间序列中北极和南极的平均差异分别为1.15%±1.27%和-1.03%±1.47%，每年趋势一致，说明此方法可以用于后续的数据集产品。

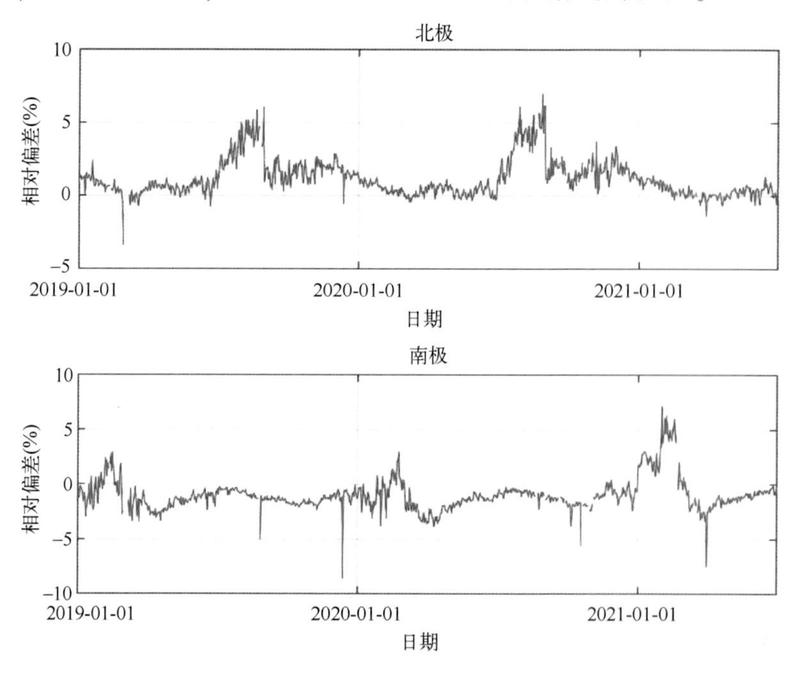


图4-11　2019—2021年南、北极海冰范围差异时间序列比较

### 4.4.2　现场观测评估结果

现场观测的数据包括2018年11月至2021年6月南、北极船舶现场观测的数据，主要来自于Pangaea网站和IceWatch网站。现场观测中包括了对于海冰的人工观测，主要参考了ASPeCt(Antarctica sea ice processes and climate)标准，每小时对海冰密集度、海冰类型、海冰厚度等信息进行人工观测，其

中对海冰密集度的观测为利用 10%为单位估计可视范围内的海冰密集度。本研究工作共收集了北极 1 501 次观测和南极 615 次现场观测。图 4-12 为收集的现场观测数据的空间分布。

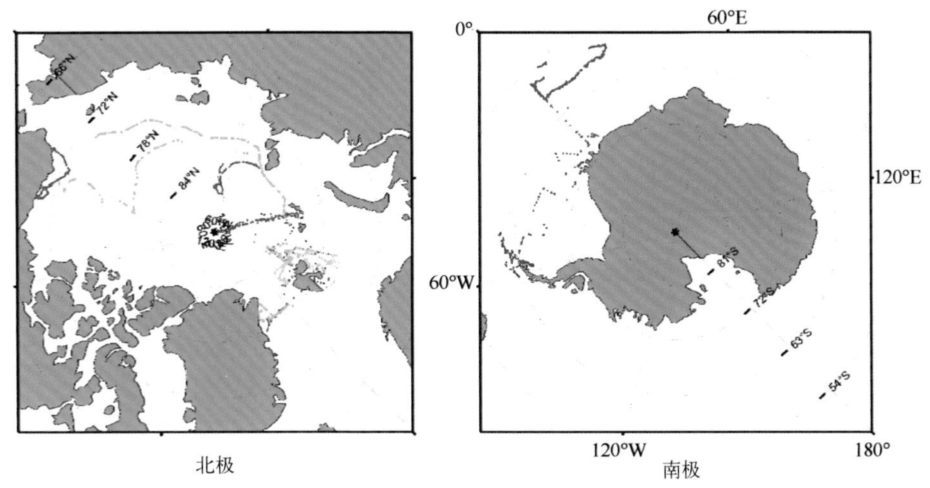


图 4-12　海冰密集度现场观测数据的空间分布

红色：2018 年；蓝色：2019 年；绿色：2020 年；浅蓝色：2021 年

现场观测的海冰密集度数据与星载微波辐射计获取的密集度数据在时间空间上都存在一定的差异，同时观测是基于人工的视觉观测，存在一定的主观性。为了减少人工观测的主观性，我们首先将现场观测数据进行空间上的平均，使现场观测数据与星载微波辐射计数据统一到空间上的 25 km 分辨率上，然后再进行时间上的平均，将每天的数据进行平均。经过上述处理后，我们在北极获取了 184 对匹配数据，在南极获取了 98 对匹配数据。图 4-13 为南、北极的统计分析结果。从图中可以看出，与现场观测数据相比，反演结果均存在低估现象，而北极的平均偏差较大，为 10. 36%，远大于南极 2. 73%的平均偏差，北极匹配数据的相关系数(0. 813)小于南极匹配数据的相关系数(0. 916)，这主要是由于北极匹配数据中主要集中在高密集度冰区，有 107 个现场观测数据的海冰密集度高于 80%。北极与南极匹配数据的标准偏差相差不大，分别为 16. 97%和 15. 25%。总体来说，本研究得到的海冰密集度产品与现场观测数据相比存在低估，这一结果与 Kern 等(2019)和 Alekseeva 等(2019)的研究成果一致，所有匹配数据的平均偏差为 7. 71%，标准偏差为 16. 77%，相关系数为 0. 876。

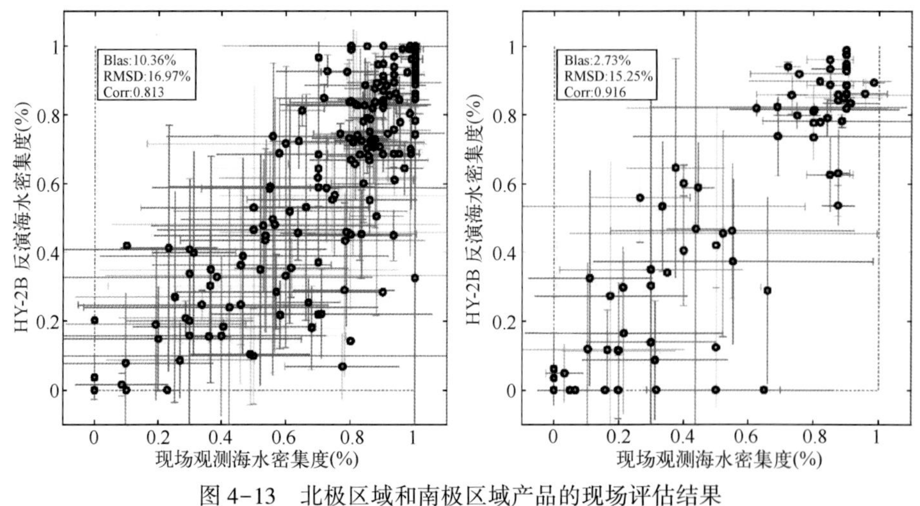


图 4-13　北极区域和南极区域产品的现场评估结果

横轴为现场观测，纵轴为 HY-2B/SMR 的反演结果

## 4.4.3　SAR 评估结果

SAR 数据为利用 Wang 等(2020)的海冰数据集，该数据集是利用 U-net 深度学习网络方法和 Sentinel-1 卫星的超宽刈副模式的双极化数据得到的一个海冰覆盖范围产品，该产品包括了 2019—2020 年共 28 000 景空间分辨率为 400 m 的海冰覆盖范围数据。我们收集了每个月第一天的数据，共 322 景海冰覆盖范围数据，然后统计 25 km×25 km 栅格内的标识为海冰的像素数量，用于评估本项目的辐射计海冰密集度产品。图 4-14 为一景 Sentinel-1 SAR 图像及相应的海冰范围产品。

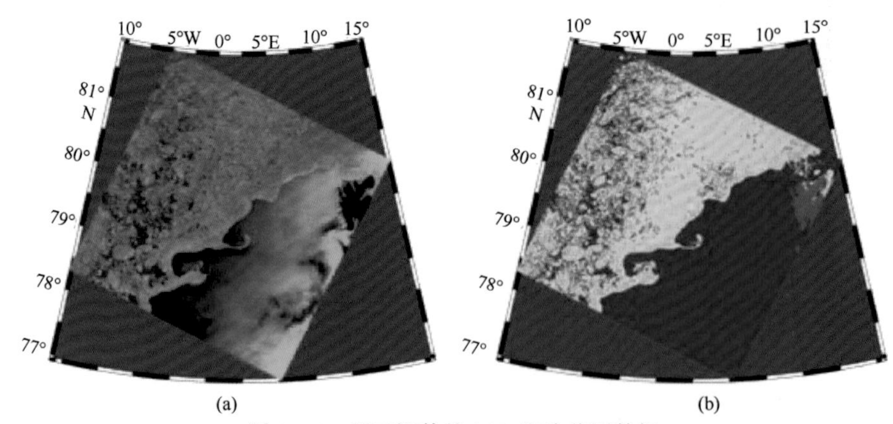


图 4-14　用于评估的 SAR 海冰范围数据

(a)SAR 图像；(b)相应的海冰范围产品

基于每景 SAR 图像海冰范围产品，对应微波辐射计海冰密集度数据的网格，统计计算海冰像素所占的百分比，得到与微波辐射计海冰密集度产品同等空间分辨率的海冰密集度，然后进行统计分析。图 4-15(a)为利用哨兵1SAR 图像得到的空间分辨率为 400 m 的海冰范围，红色为海冰，蓝色为海水；图 4-15(b)为基于 SAR 海冰范围得到的空间分辨率为 25 km 的海冰密集度；图 4-15(c)和(d)为同一区域 HY-2B 和 NSIDC 的海冰密集度产品。

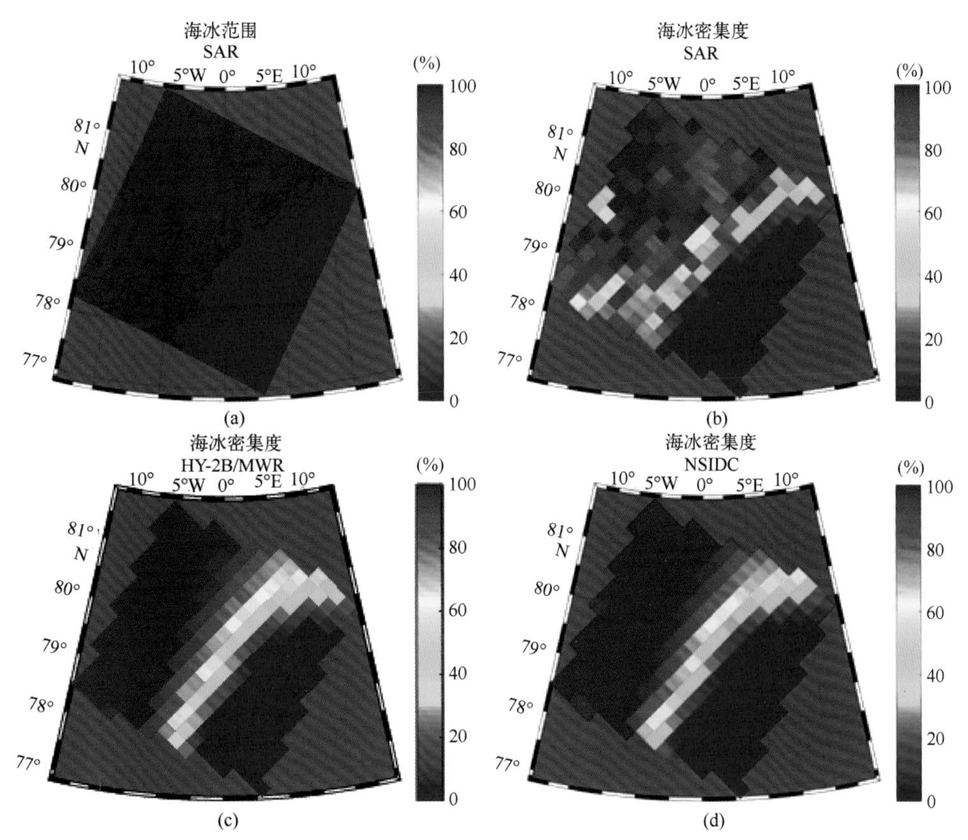


图 4-15　SAR 海冰范围产品(a)、统计得到的海冰密集度(b)及 HY-2B(c)和NSIDC(d)的同一区域海冰密集度产品

在与 HY-2B、NSIDC 的结果进行对比过程中，为了减少陆地的影响，将 25 km×25 km 栅格内包含陆地的像素去除。图 4-16 为 2019 年每月第一天的比较结果，蓝色曲线为偏差，红色曲线为相关性，从图 4-16 中可以看出，冬季的相关系数较高，偏差较低，而在冰雪融化季节，偏差增加，相关系数降低，HY-2B 与 NSIDC 结果较为一致。

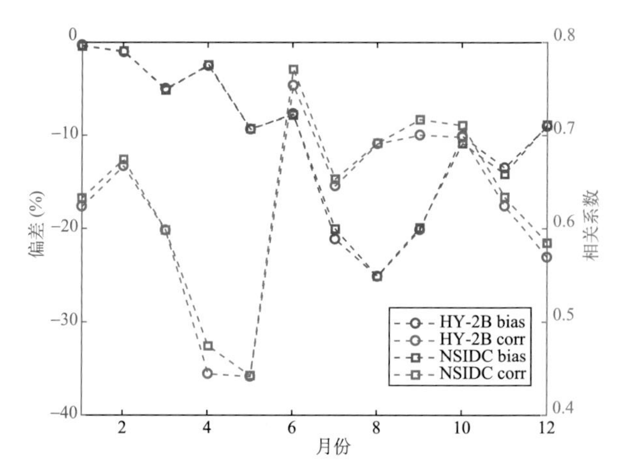


图 4-16　利用 SAR 海冰范围产品评估 HY-2B 和 NSIDC 海冰密集度产品结果

图 4-17 为 2019 年 1 月 1 日和 7 月 1 日分别利用 SAR 数据获取的海冰密

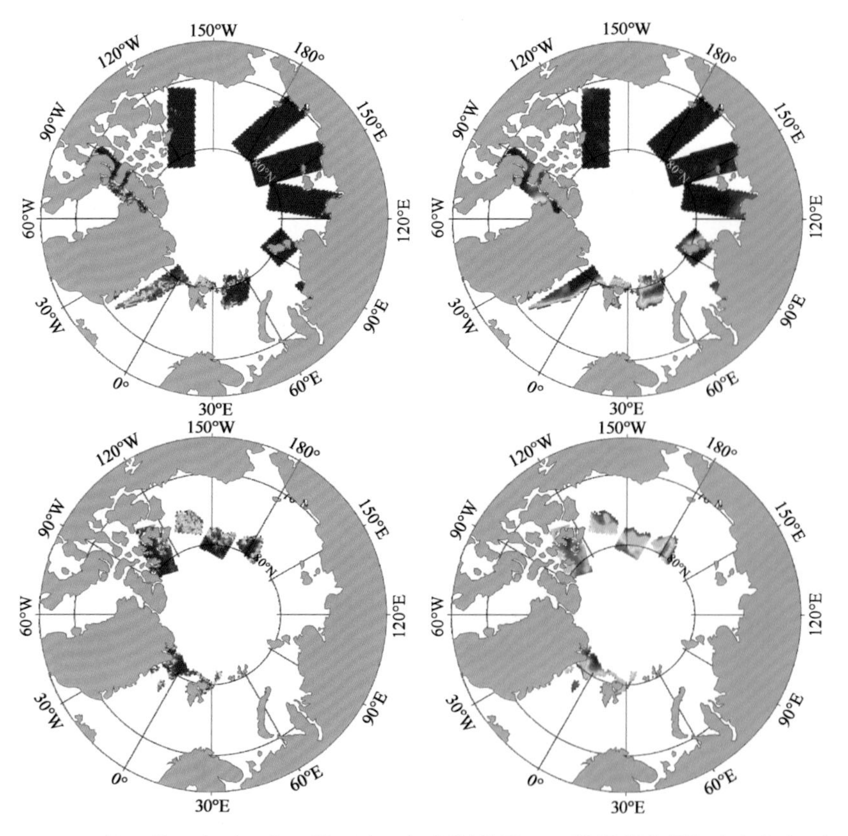


图 4-17　2019 年 1 月 1 日(上)和 7 月 1 日(下)分别利用 SAR 数据获取的海冰密集度(左列)，以及对应区域 HY-2B 数据反演获取的海冰密集度(右列)

集度以及对应区域 HY-2B 数据反演获取的海冰密集度，从图 4-17 中可以看出，在 1 月 1 日结果中海冰密集度差异较高区域主要在格陵兰岛和冰岛周边的海冰边缘区域，HY-2B 结果相对 SAR 结果偏低，两者相关系数为 0.63，平均偏差和标准差分别为-0.32%和 16.73%；在 7 月 1 日的结果中，相对比 SAR 的结果，HY-2B 结果全部偏低，两者相关系数为 0.71，平均偏差和标准差分别为-20.14%和 22.29%，这主要是由于海冰融化季节冰表面积雪融化、融池形成从而使得 HY-2B 观测亮温产生变化，而 SAR 在冰水区分的基础上得到的海冰密集度比辐射计反演的海冰密集度要偏高。另外，NSIDC 相对应的结果与 HY-2B 结果一致，这里不再赘述。

## 4.5　应用示例

### 4.5.1　离岸冰间湖监测

冰间湖在气候变化中扮演着重要角色。传统上，根据冰间湖的形成机制将其分为两类：感热冰间湖（离岸冰间湖）和潜热冰间湖（沿岸冰间湖）。感热冰间湖主要是热力驱动的结果，即由海洋输送到冰间湖的海洋热量足以融化原来的海冰，并且能够阻止新冰的形成。因此，感热冰间湖的形成区域等同于薄冰形成的区域，其面积由促使冰间湖形成的暖水规模所决定。

在利用海冰密集度数据计算冰间湖面积方面，大多数研究选用了海冰密集度 75%作为判定冰间湖的阈值，即将海冰密集度小于 75%的区域作为冰间湖区域，大于 75%的区域则作为冰区，当海冰小于 75%的区域与公开海域联通时，不将该区域统计为冰间湖区域。图 4-18 为 2019 年 8 月 28 日海冰密集度及监测的冰间湖范围，该日冰间湖面积达到 $3.65\times10^5 km^2$。

### 4.5.2　极区海冰变化检测

基于每天获取的两极海冰密集度数据，可以进一步得到月平均的海冰密集度和海冰密集度异常。图 4-19 为 2020 年 9 月极区海冰密集度月异常分布产品，从空间分布上看，南极周边除阿蒙森海、南印度洋海盆区域等部分海域海冰密集度低于历史平均水平外，其余海域均略高于历史平均水平；北极区域中面向东北航道的海冰边缘区域明显低于历史平均水平。

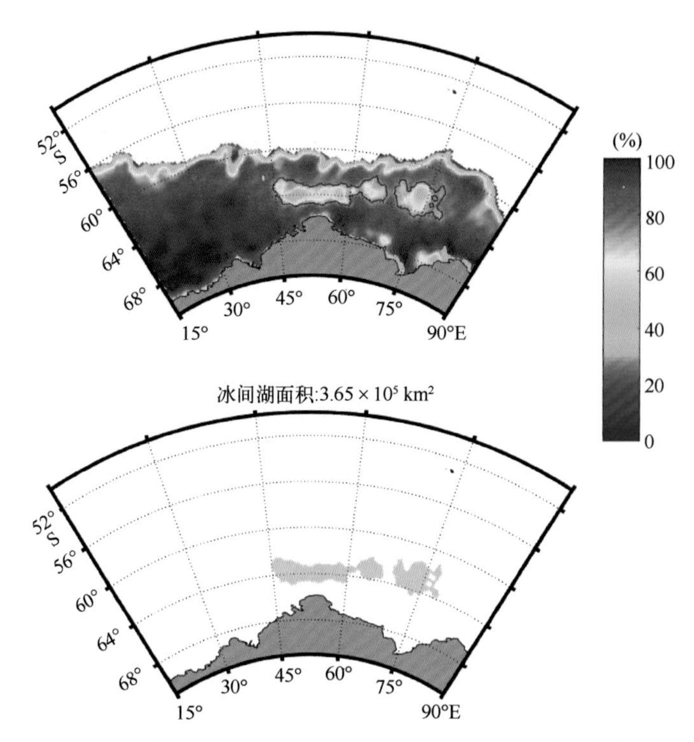


图 4-18　2019 年 8 月 28 日海冰密集度(上)及监测的冰间湖范围(下)

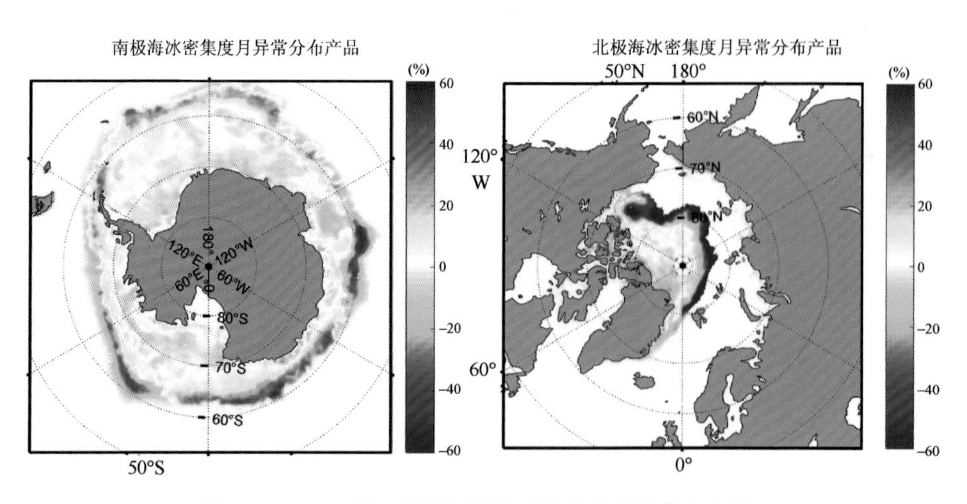


图 4-19　2020 年 9 月极区海冰密集度月异常分布产品

### 4.5.3　2020 年夏季北极航道海冰密集度预测

利用集合调整卡尔曼滤波数据同化(EAKF)方法，将 2019 年 1 月 1 日至 2020 年 5 月 20 日之间的海冰密集度数据和 PIOMAS 海冰厚度数据，同化到自然资源部第一海洋研究所地球系统模式(FIO-ESM)中，得到初始场；基于该初始场，利用 FIO-ESM 开展北极海冰季节预测，得到 2020 年夏季(6 月、7 月、8 月、9 月和 10 月)北极海冰密集度预测结果；并根据历史后报实验情况，进一步经误差订正后，最终得到 2020 年夏季北极海冰密集度预测结果。2020 年夏季北极海冰密集度预测结果见图 4-20(东北航道)和图 4-21(西北航道)。

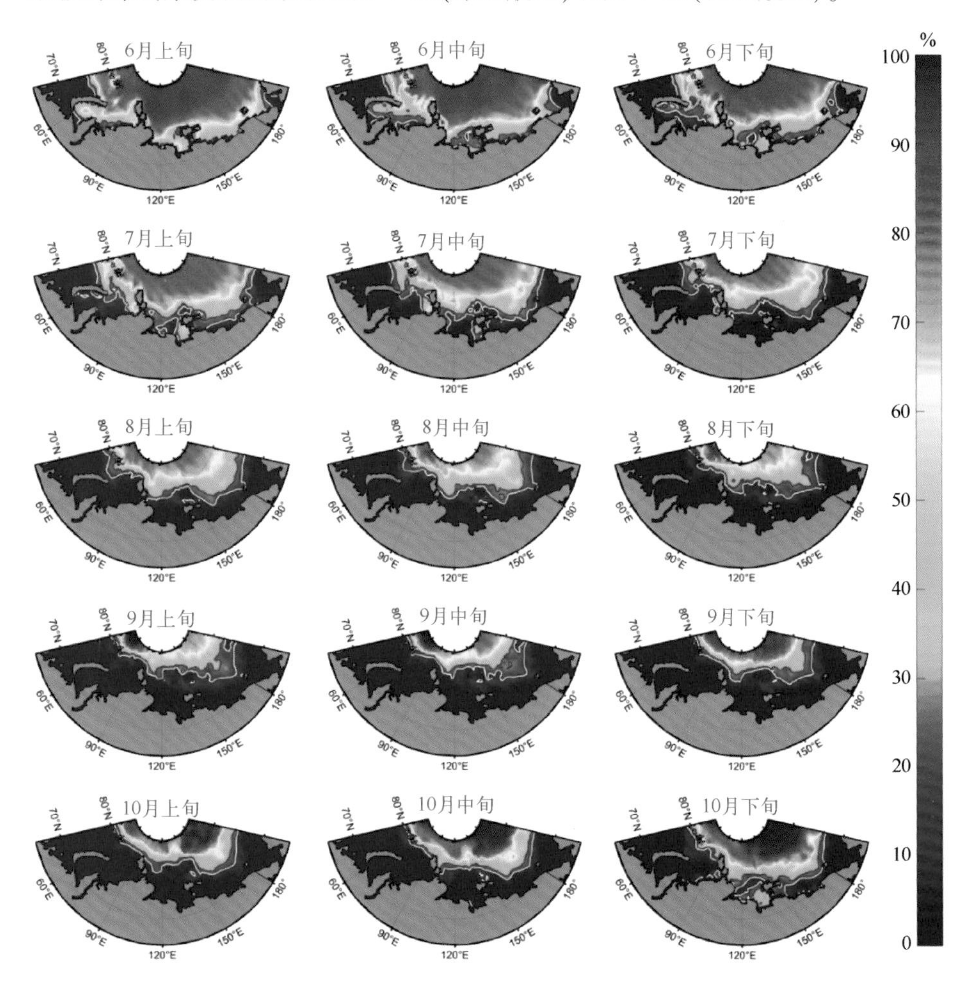


图 4-20　2020 年 6 月、7 月、8 月、9 月和 10 月北极东北航道海冰密集度(单位:%)预测

图中白色曲线为 15%等值线，粉红色曲线为 30%等值线

若将海冰密集度低于30%作为适航标准，预测结果显示：东北航道主要航线7月下旬开通，部分海峡8月上旬完全开通，并一直持续到10月上旬；西北航道南线开通时间为2020年8月中旬至10月上旬，西北航道北线不宜通航。

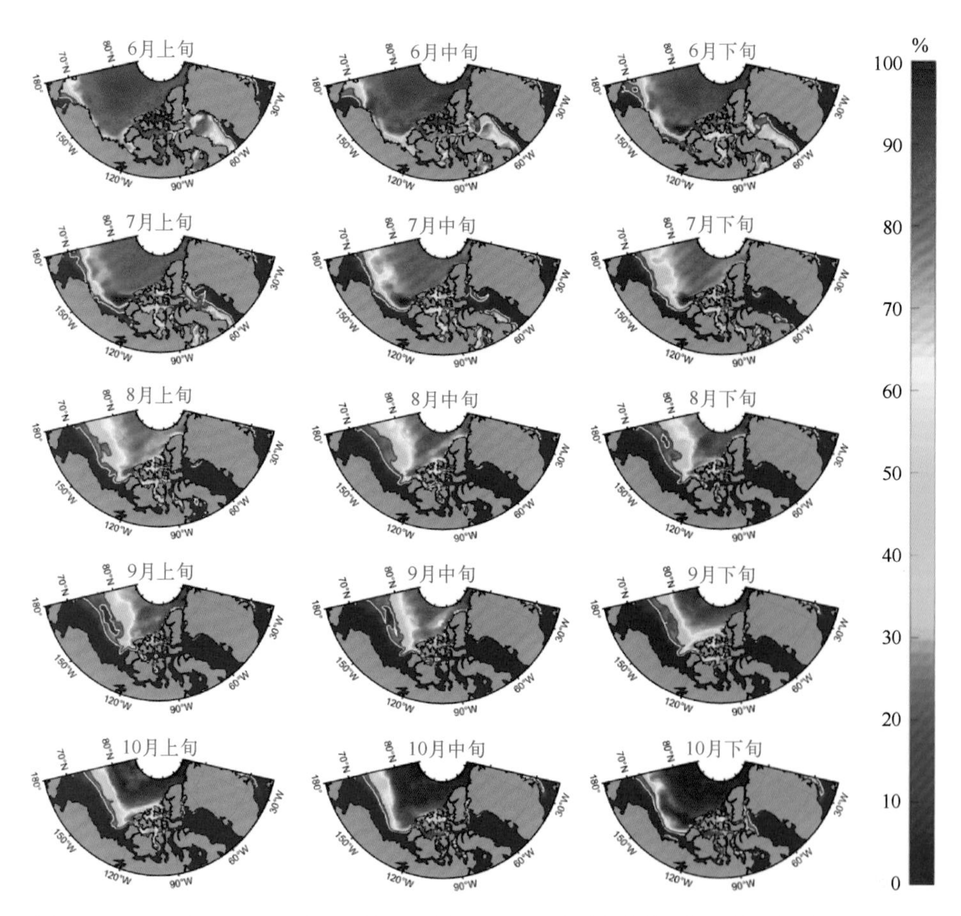


图4-21　2020年6月、7月、8月、9月和10月北极西北航道海冰密集度(单位:%)预测

图中白色曲线为15%等值线，粉红色曲线为30%等值线

## 4.6　小结

对于气候研究以及长时间序列地球物理量的观测，数据的一致性非常重要。本章利用了HY-2B卫星扫描微波辐射计反演极区海冰密集度的方法，得到与NSIDC产品一致性较强的海冰密集度数据集，并利用现场观测数据和

SAR 数据初步验证了所得结果，主要结论如下。

（1）本方法关键在于将 2019 年 F18 微波辐射计和 HY-2B 扫描微波辐射计各通道亮温数据投影到极地立体投影网格中，剔除观测异常值及陆地区域数据，使用 1 小时时间分辨率和 25 km 空间分辨率的时空匹配方法得到匹配数据，选取每月 3 天匹配数据线性回归计算给出各通道每月的回归系数，并根据这些回归系数对 HY-2B 微波辐射计亮温数据进行修正。

（2）天气变化对反演得到的海冰密集度数据的准确性影响很大，利用 GR（37/19）和 GR（22/19）两个天气滤波器有效去除了开阔海域上空大气水汽、云中液态水、降雨等现象造成的杂乱海冰密集度。对于天气滤波器不能有效除去的区域，使用海冰掩模对开阔水域残留的杂散海冰进行修正。陆地污染效应是造成海冰密集度数据集误差的主要原因。生成五种类型海岸模板以及计算适用于微波辐射计的南、北两极夏季最小密集度模板，对陆地污染现象造成的大量虚假海冰进行了有效的纠正，但在湖泊地区存在过度纠正的现象。

（3）根据本方法反演南、北极海冰密集度并分别计算海冰范围，统计分析、验证数据集的准确性，海冰范围变化趋势与 NSIDC 产品基本一致；与现场观测数据相比，反演结果均存在低估现象，而北极的平均偏差较大，为 10.36%，远大于南极 2.73%的平均偏差，北极匹配数据的相关系数（0.813）小于南极匹配数据的相关系数（0.916），北极与南极匹配数据的标准偏差相差不大，分别为 16.97%和 15.25%。

（4）本章研究结果为发布我国自主卫星的极区海冰密集度业务化产品奠定了基础，制作的产品可保障面临中断的近 40 年极区海冰记录的连续性。

# 第5章　HY-2B微波散射计海冰遥感

星载微波散射计通过向地球表面发射电磁波信号，定量测量地表目标的后向散射系数($\sigma_0$)。不同的地表类型(海水、一年冰、多年冰)具有不同的后向散射特性。基于此，微波散射计数据可用于极地海冰海水判别和海冰类型(一年冰和多年冰)识别。我国HY-2A和HY-2B卫星微波散射计在南、北极地区的重访频次较高，在极地海冰遥感监测中具有重要的应用价值。

## 5.1　国内外研究进展

微波散射计遥感技术是目前人类获取全球海面风场观测资料的最主要手段。随着微波散射计的发展和人们对海冰微波散射机制的不断研究，微波散射计数据在极地海冰遥感方面的研究和应用也受到越来越多的关注和研究(Bi et al., 2020; Long, 2016; Zhang et al., 2019)。20世纪90年代有多个搭载微波散射计的卫星成功发射并运行在极地轨道上，提供了大量极地海冰雷达观测数据。在此背景下，对海冰微波散射机制的研究开始涌现(Gohin, 1995; Gohin et al., 1994)，微波散射计也逐渐成为极地海冰监测的重要手段之一。在海冰海水判别方面，根据微波散射计的不同波段和观测方式，诸多海冰识别参数被开发和应用。

欧洲ERS-1卫星发射运行后不久，法国海洋开发研究所研究人员就利用该卫星上搭载的C波段散射计AMI数据进行了海冰判别研究(Gohin et al., 1994)。AMI散射计采用三根固定天线，天线方位角与卫星前进方向分别呈45°、90°和135°。2001年，荷兰皇家气象研究所(KNMI)研究人员基于ERS散射计数据提出了使用海冰地球物理模式函数进行海冰海水判别的方法(Haan et al., 2001)。2012年，KNMI研究人员基于欧洲MetOp系列卫星搭载的ASCAT散射计数据进一步发展了该方法，提出了贝叶斯海冰海水判别方法。

在欧洲气象卫星开发组织(EUMETSAT)海洋海冰应用中心(OSI SAF)支持下，Breivik 等(2012)提出了主被动(微波辐射计和微波散射计)遥感数据结合的方式进行海冰遥感，并且应用于业务化生产和发布海冰范围、海冰类型等海冰遥感产品。

美国 Ku 波段散射计 NSCAT(NASA Scatterometer)采用固定天线且具有较大观测入射角范围，于 1996 年搭载在日本 ADEOS 卫星发射运行。基于 NSCAT 散射计数据，Remund 和 Long 最早提出了自动区分海冰和开阔海水的算法(Remund et al., 1997; Remund et al., 1999)，即 RL-N 算法。该算法判别海冰和开阔海水所使用的特征参量主要是极化比和后向散射系数($\sigma_0$)随入射角的变化率($B_V$)。其中，极化比定义为入射角为(或等效)40°时 VV 极化和 HH 极化后向散射系数的比值(Long et al., 1993)。为了使该算法能够用于固定观测入射角类型的 Ku 波段散射计数据(如 QuikSCAT/SeaWinds)，极化比可以采用固定入射角条件下 VV 极化和 HH 极化$\sigma_0$的比值。法国海洋开发研究所(IFREMER)研究人员提出了另一种形式的极化比，即 HH 极化和 VV 极化$\sigma_0$的差值与求和的比值(Ezraty et al., 2001)。挪威气象研究机构人员利用上述 IFREMER 提出的极化比定义，将极化比阈值设定为-0.02 并对 QuikSCAT/SeaWinds 数据进行了海冰和开阔海水的判别研究，结果与高分辨率合成孔径雷达 RADARSAT 图像以及先进甚高分辨率辐射计(Advanced Very High Resolution Radiometer, AVHRR)图像中海冰边缘线进行了比较，分析认为该算法可以检测到较低海冰密集度(约 10%)的海冰边界(Haarpaintner et al., 2004)。

2014 年，Remund 和 Long 在之前 RL-N 算法基础上提出了一种更适用于 QuikSCAT/SeaWinds 数据的海冰海水识别算法(Remund et al., 2014)，该算法将常用的四个特征参数(极化比、HH 极化测量值、VV 极化测量值方差、HH 极化测量值方差)组合构成一个四维特征矢量。针对旋转天线类型的散射计(如 QuikSCAT)，KNMI 亦提出了通过建立海冰地球物理模式函数的贝叶斯海冰识别算法(Belmonte et al., 2009)。基于我国 HY-2A 微波散射计数据，赵朝方等(2019)采用贝叶斯算法、线性判别算法、支持向量机算法、基于主成分分析的 BP 神经网络算法对极地地区的海冰进行检测研究，该研究也证明了

HY-2A 微波散射计数据具有良好的海冰检测能力。

在海冰类型分类方面，由于仅使用微波散射计数据很难区分较薄的新冰和年轻冰(<30 cm)(Brath et al., 2013)，基于散射计开展的海冰分类研究主要针对一年冰(0.3~1.2 m)和厚度较大的多年冰(>1.2 m)的区分。多年冰盐度比一年冰低，孔隙也相对较多(Tucker et al., 1992)，这些差异增强了多年冰的体散射，而且 Ku 波段散射计对体散射敏感，致使多年冰具有更强的后向散射强度。基于上述散射的差异，Swan 和 Long(2012)利用 2003—2009 年的 QuikSCAT 数据，采用五次多项式拟合了多年冰和一年冰之间的日均垂直极化后向散射系数直方图的阈值边界，并基于此动态阈值对北极海冰进行了分类。Lindell 和 Long(2016a)基于以上研究修正了因海浪和浮浪入侵导致的边缘冰带(marginal ice zone, MIZ)的错误分类，并利用 OSCAT(OceanSat Scatterometer)散射计数据将北极冰类型数据记录扩展到 2014 年。对于 C 波段散射计，虽然其微波信号对多年冰和一年冰的体散射特征差异并不明显，但 Lindell 和 Long(2016b)结合 ASCAT 后向散射系数以及 SSMIS 37GHz 亮温数据推导出了基于多源高斯分布的一个贝叶斯估计器，并利用该贝叶斯估计器对北极多年冰和一年冰进行了分类，其分类结果与 Ku 波段 OSCAT 散射计海冰分类产品具有良好的一致性。

## 5.2 研究数据及特征参量介绍

### 5.2.1 研究数据

#### 5.2.1.1 HY-2 系列微波散射计观测数据介绍

我国 HY-2 系列微波散射计载荷设计与美国 QuikSCAT/SeaWinds 卫星散射计大致相同，采用了 Ku 波段笔形波束旋转扫描方式，内外两个波束交替观测。内波束采用 HH 极化方式，观测入射角约为 41.5°，外波束采用了 VV 极化方式，观测入射角约为 48.5°。笔形波束在地面的“足印”大小约为 25 km×32 km(方位向×距离向)，而本章研究中海冰网格单元的大小约为 25 km×25 km。迄今，我国 HY-2 系列卫星包括 HY-2A、HY-2B、HY-2C 和 HY-2D。其中 HY-2C 和 HY-2D 运行在低倾轨道而非极地轨道，这主要为了提升全球海面覆盖能力，但对极区覆盖能力非常有限。

国家卫星海洋应用中心承担我国 HY-2 系列微波散射计数据的生产处理，发布的 L1 级产品包含了“足印”分辨率的$\sigma_0$数据及对应的地理位置、观测时间、观测几何等信息。本章研究使用 L1B 级产品 V20 版本数据并且未对$\sigma_0$数据应用定标系数。HY-2B 卫星散射计内波束和外波束在北极和南极单日观测覆盖情况如图 5-1 所示，观测日期为 2021 年 1 月 1 日。HY-2B 卫星运行在极地轨道，轨道倾角约为 99. 3°，但不能覆盖极地点及附近区域，这也是多数海洋或气象极地轨道卫星共同的特点。卫星散射计外波束(VV 极化)斜视角度比

图 5-1　HY-2B 卫星散射计内波束(上)和外波束(下)在北极(左)和南极(右)单日观测覆盖情况

内波束大，相应地面刈幅较宽，极区覆盖盲区较小。总体而言，HY-2B 微波散射计对较高纬度区域的覆盖频次较多。由此可见，HY-2 或联合其他在轨运行卫星散射计数据在极地海冰监测方面具有很大的应用潜力。

#### 5.2.1.2 NOAA/NSIDC 海冰密集度 CDR 数据

该数据集是基于被动微波遥感数据得到的海冰密集度气候数据集(climate data record，CDR)。该数据集是两种主流 SIC 反演算法 NT(NASA Team)算法和 BT(NASA Bootstrap)反演结果的融合结果。该数据集提供自 1978 年 10 月 25 日以来南、北极 25 km×25 km 网格大小的每日和每月海冰密集度数据。本章研究使用该数据集的最新版本 V4(https://nsidc.org/data/G02202/versions/4)。

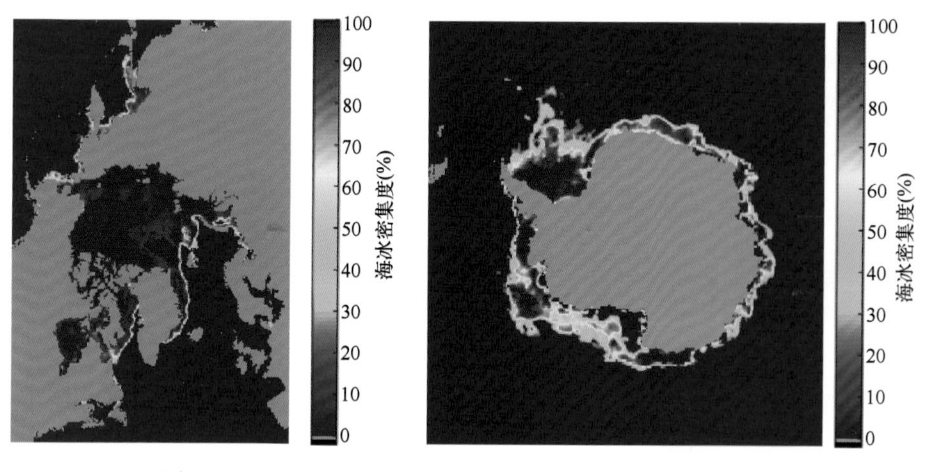


图 5-2　2021 年 1 月 1 日北极(左)和南极(右)海冰密集度

### 5.2.2 特征参量

海面在风的驱使下形成波浪，其中厘米级尺度的波浪决定着海面的雷达后向散射特性。而海冰的后向散射特性为表面散射和体散射的综合贡献，前者主要来自冰脊、积雪等粗糙表面的散射，而后者主要是来自气泡、卤水和雪粒的散射(Yueh et al.，1997)。海冰和海水之间物理性质和散射特性存在不同程度的差异，使得利用不同波段、极化方式、入射角、方位角等观测条件下得到的后向散射系数可以识别海冰和海水。不同冰龄、不同地区的海冰的散射特性也存在差异。由于多年冰内孔隙较多，其中的气泡使多年冰的体散射比一年冰强；一年冰盐度相对较高，对电磁波吸收较多、反向散射较弱。基于一年冰和多年冰之间散射特性的差异，可以进一步识别海冰类型(一年冰或多年冰)。

基于海冰和海水散射特性和 HY-2 卫星散射计观测方式，国内外学者提出了多种特征参量用于冰水识别或海冰类型识别。归纳起来，主要包括 5 种：①水平极化后向散射系数(记作 $\sigma^0_{hh}$)；②垂直极化后向散射系数(记作 $\sigma^0_{vv}$)；③水平极化后向散射系数标准差($\Delta\sigma^0_{hh}$)；④垂直极化后向散射系数标准差($\Delta\sigma^0_{vv}$)；⑤极化比($\gamma_{vh}$)。

#### 5.2.1.1　后向散射系数

以 2021 年 1 月 1 日 HY-2B 卫星散射计数据为例，图 5-3 给出了 HY-2B 卫星散射计 HH 极化和 VV 极化在北极和南极测量地表后向散射系数的日平均图，当日海冰信息如图 5-2 所示。总体而言，陆地和海冰的后向散射系数大于海水，同种地表类型(陆地、海冰或海水)的后向散射特性也存在显著的空间差异。图 5-3 中可以看到明显的刈幅边缘且出现在低纬度或海水区域，这主要是两个方面的原因造成的。一方面，单日内不同轨道之间的观测时间差大于 60 分钟且观测方位角也有较大不同，而海面后向散射特性随时间和观测方位变化的幅度较大，导致取平均值后刈幅边缘出现显著的跳变现象。另一方面，这种情况主要出现在观测覆盖频次较低的区域，观测时间和方位角在观测频次高的区域具有较好的多样性，导致日平均后向散射系数的空间分布较为平滑。

基于 2021 年 1 月 1 日至 3 月 31 日期间 HY-2B 卫星散射计日平均后向散射系数，分别统计海冰和海水 $\sigma^0_{hh}$ 和 $\sigma^0_{vv}$ 在北极和南极的概率密度函数，结果如图 5-4 所示，统计过程中海冰信息选用了 NOAA/NSIDC 海冰密集度 CDR 数据。从图 5-3 中可以看出，由于受风浪影响，海表面海面后向散射特性变化的幅度较大。相比之下，海冰后向散射特性变化的幅度较小，主要集中在-20 dB 和-3 dB 之间；海冰后向散射系数小于-20 dB 的概率不足 1%，如图5-4 所示。但在较高风速条件下(大于 9 m/s)，海面和海冰的后向散射系数较为接近。比较海冰和海水 $\sigma_{hh}^0$(或 $\sigma_{vv}^0$)在北极和南极的概率密度函数可以发现，两者在南极的差异较大(更易于区分)，总体上南极海冰的后向散射强度大于北极海冰。北极海冰后向散射系数的概率密度函数呈“双峰”分布，这主要是因为一年冰和多年冰后向散射特性和面积存在差异所致。此外，由于相同海面情况下 $\sigma_{hh}^0$ 比 $\sigma_{vv}^0$ 数值较低，更偏离海冰的后向散射系数。

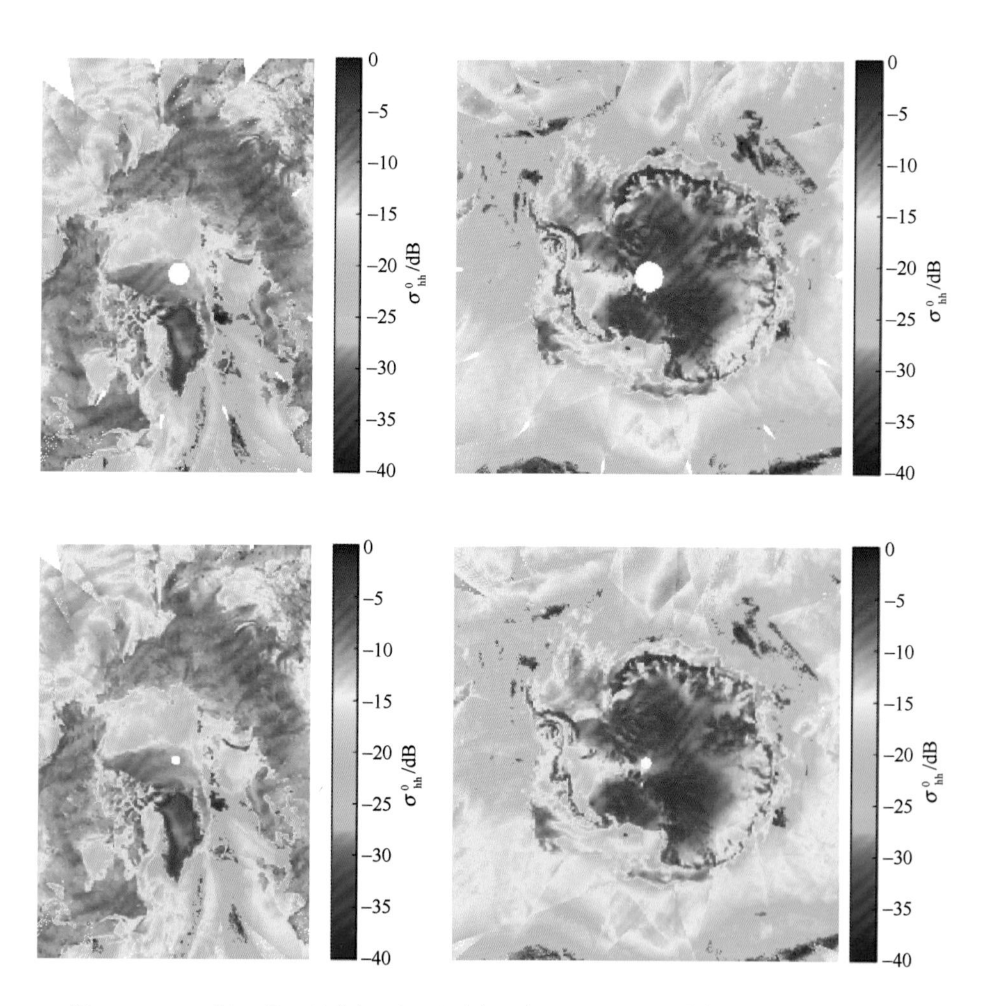


图 5-3　2021 年 1 月 1 日北极(左)和南极(右)HY-2B 卫星散射计 HH 极化(上)和 VV 极化(下)测量地表后向散射系数的日平均

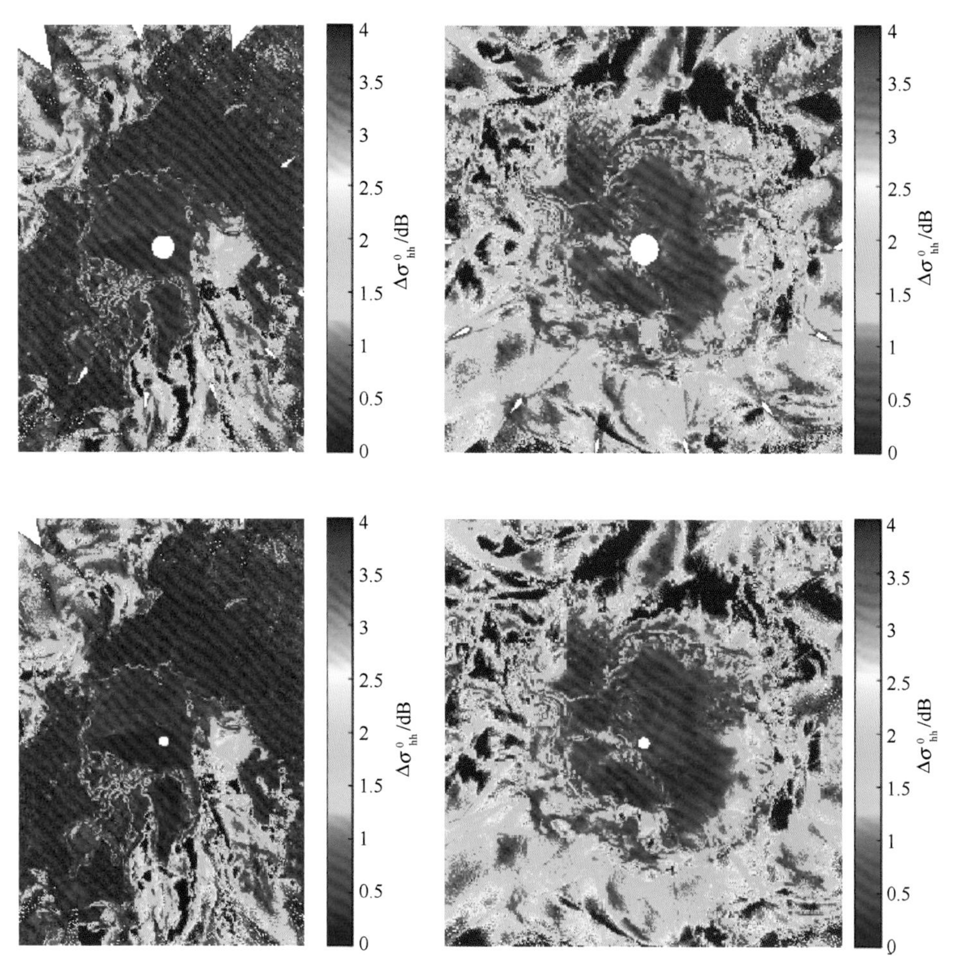


图 5-4　HY-2B 卫星散射计特征参量 $\sigma^0_{hh}$(上)和 $\sigma^0_{vv}$(下)在北极(左)和南极(右)区域海冰或海水的概率密度函数

#### 5.2.2.2　标准差

根据卫星散射计在极地网格单元内的多次观测，可以使用下面的公式计算 $\sigma^0_{hh}$ 和 $\sigma^0_{vv}$ 的标准差 $\Delta\sigma^0_{hh}$ 和 $\Delta\sigma^0_{vv}$：

$$\Delta \sigma^0 = \sqrt{\frac{1}{N}\sum_{i=1}^{N}(\sigma^0_i)^2 - \left(\frac{1}{N}\sum_{i=1}^{N}\sigma^0_i\right)^2}$$

式中，$N$ 为 VV 极化或 HH 极化总观测个数；$i$ 为观测序号。海洋动力环境变化、观测方位角变化、海冰漂移等是影响网格单元后向散射系数标准差的主要因素。即使在相同海面情况下(如海面风速为 10 m/s)，不同方位测量结果的差异显著(顺风和侧风观测结果之差约为 5 dB)。有学者基于 ERS-1/AMI 和 ADEOS/NSCAT 卫星散射计数据研究表明，无论是 C 波段还是 Ku 波段海冰后向散射系数随观测方位角变化的幅度小于 1 dB(Remund et al.，1997，1998)。由此可见，使用多源卫星散射计联合进行极地海冰监测具有很大优势。

以 2021 年 1 月 1 日 HY-2B 卫星散射计数据为例，图 5-5 给出了 HY-2B 卫星散射计 HH 极化和 VV 极化在北极和南极测量地表后向散射系数的标准差。结合图 5-2 给出的海冰信息可以看到，总体上海面后向散射系数标准差的数值范围大于海冰、空间差异大于海冰，并在一定程度上展现了海冰海水边缘线、海水陆地边缘线以及海冰陆地边缘线。

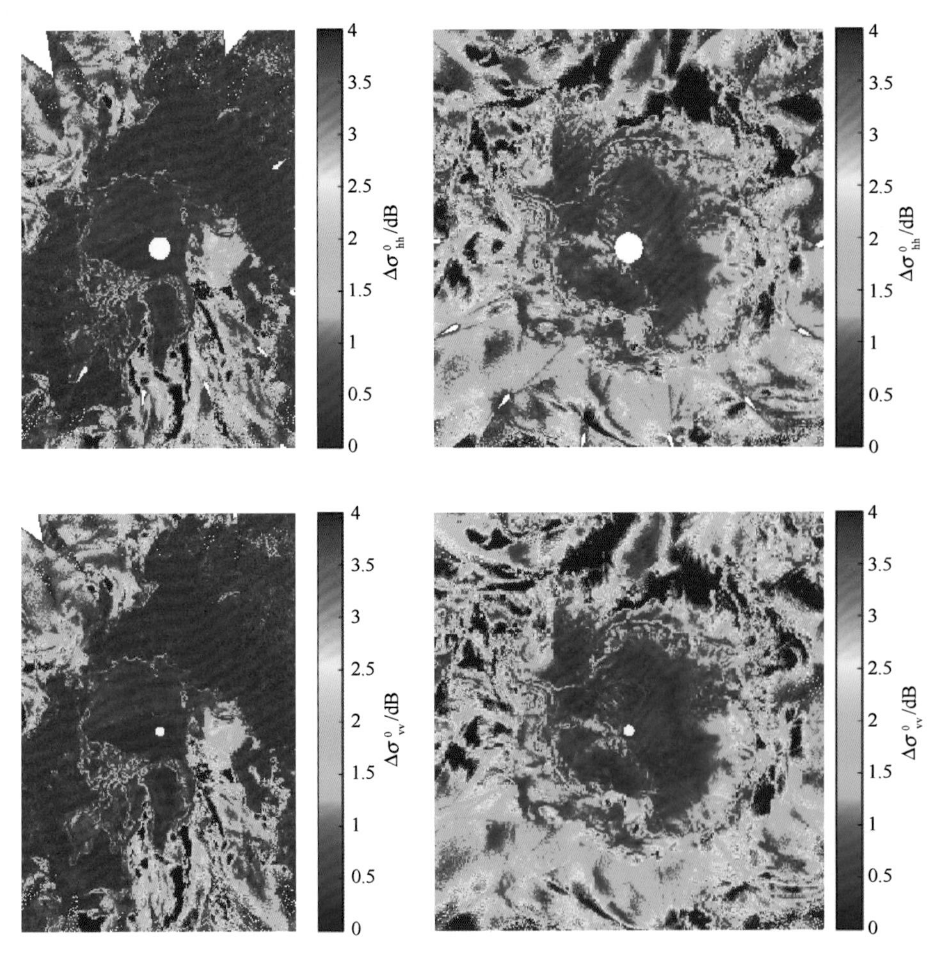


图 5-5　2021 年 1 月 1 日北极(左)和南极(右)HY-2B 卫星散射计 HH 极化(上)和 VV 极化(下)测量地表后向散射系数的标准差

基于 2021 年 1 月 1 日至 3 月 31 日期间 HY-2B 卫星散射计日平均后向散射系数，分别统计海冰和海水 $\Delta\sigma^0_{hh}$ 和 $\Delta\sigma^0_{vv}$ 在北极和南极的概率密度函数，结果如图 5-6 所示。统计过程中海冰信息选用了 NOAA/NSIDC 海冰密集度 CDR 数据。可以看到，海冰 $\Delta\sigma^0_{hh}$ 或 $\Delta\sigma^0_{vv}$ 的概率密度函数的峰值约为 0.5 dB，而海水的峰值约为 1.6 dB；北极海冰后向散射系数标准差的分布比南极更为集中，北极（南极）海冰后向散射系数标准差小于 1 dB 的概率约为 92%（73%）。

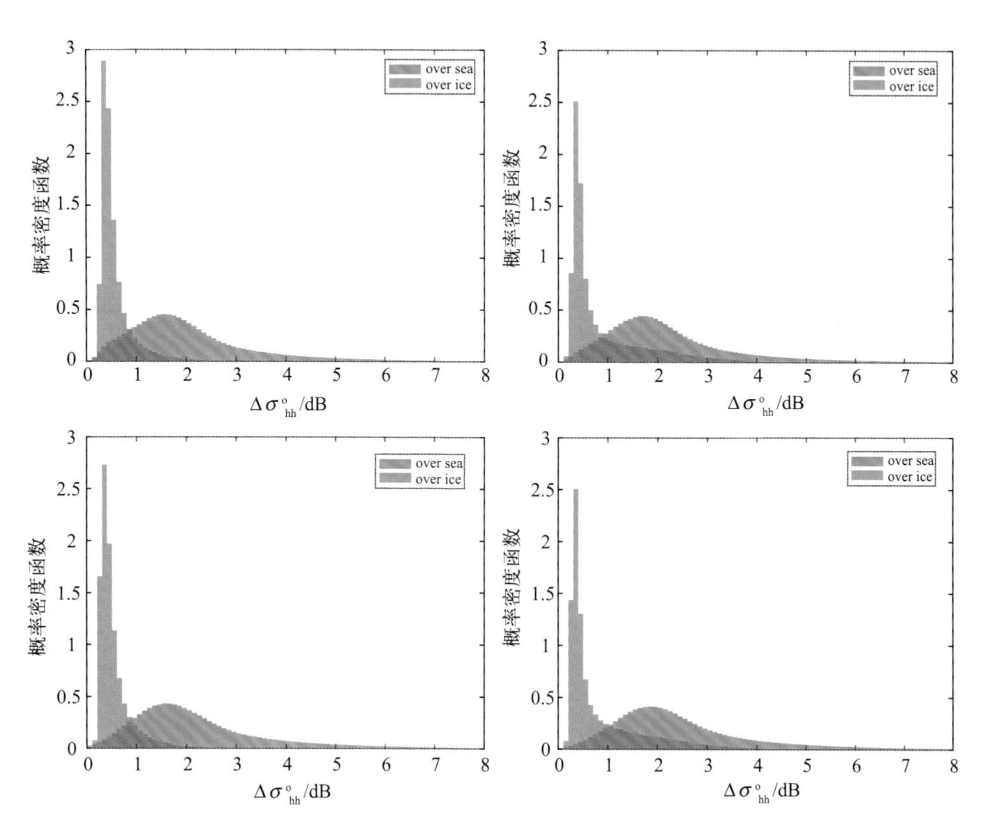


图 5-6　HY-2B 卫星散射计特征参量 $\Delta\sigma^0_{hh}$（上）和 $\Delta\sigma^0_{vv}$（下）在北极（左）和南极（右）海冰或海水区域的概率密度函数

#### 5.2.2.3　极化比

根据卫星散射计 HH 极化或 VV 极化在极地网格单元内多次测量后向散射系数的日平均值（即 $\sigma^0_{hh}$ 和 $\sigma^0_{vv}$），本章研究中定义极化比（$\gamma_{vh}$）为日均后向散射系数 $\sigma^0_{vv}$ 与 $\sigma^0_{hh}$ 的比值，即

$$\gamma_{vh} = \sigma_{vv}^{0}/\sigma_{hh}^{0}$$

式中，$\sigma^0$为自然值空间。若在对数空间(即 dB 值)，则$\gamma_{vh}$等价于$\sigma_{vv}^{0}$和$\sigma_{hh}^{0}$的差值。极化比主要表达了海冰或海水后向散射特性在不同极化方式的差异。

以 2021 年 1 月 1 日 HY-2B 卫星散射计数据为例，图 5-7 给出了 HY-2B 卫星散射计在北极和南极测量地表后向散射系数的极化比。海面的极化比主要表现为正值，而海冰的极化比接近于零但偏向负值。极化比较为清楚地展现了海冰海水边缘线、海水陆地边缘线以及海冰陆地边缘线。图 5-7 中可以看到明显的窄条形状的极化比空间突变区域，这主要是因为每轨刈幅外侧仅有 VV 极化观测使得一些网格单元内 VV 极化和 HH 极化观测个数、观测方位角等差异较大所致；此外，北极陆地表面极化比接近于零，但南极陆地表面的极化比主要表现为正值。

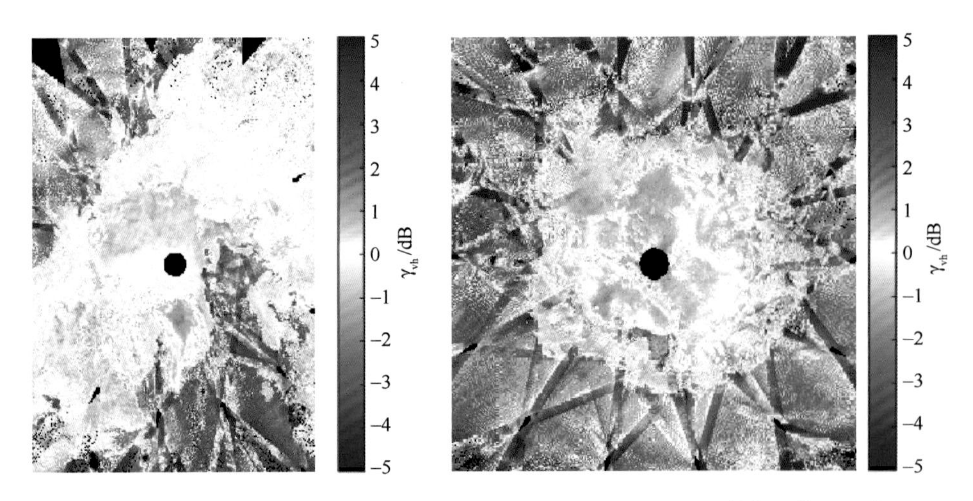


图 5-7　HY-2B 卫星散射计在北极(左)和南极(右)测量地表后向散射系数的极化比

基于 2021 年 1 月 1 日至 3 月 31 日期间 HY-2B 卫星散射计数据，分别统计海冰和海水极化比在北极和南极的概率密度函数，结果如图 5-8 所示。统计过程中海冰信息选用了 NOAA/NSIDC 海冰密集度 CDR 数据。

平静的海表面光滑且具有导电性，垂直极化和水平极化后向散射特性不同且通常前者强度较大；冰或雪多为随机粗糙表面，入射电磁波被多次反射导致水平极化或垂直极化特性减弱，即垂直极化和水平极化后向散射强度非常接近(Remund et al., 1997)。由图 5-8 可以看到，海冰$\gamma_{vh}$的概率密度函数的峰值约为-0.5 dB，而海水的峰值约为 1.5 dB。由于本研究使用的 HY-2B 卫星散射计$\sigma^0$数据未进行绝对定标，在海面风场反演应用中通常需进行$\sigma^0$数据的整体偏差校正，但这种偏差校正并不会影响本研究特征参量的分类效果。

此外，若选取极化比为海冰海水分类特征参量，则 $\sigma^0_{hh}$ 和 $\sigma^0_{vv}$ 选其一作为特征参量以避免信息冗余。两者在海冰区域观测值接近，但是在开阔海水区域 $\sigma^0_{hh}$ 数值较低，即 $\sigma^0_{hh}$ 对海冰和开阔海水的区分度较强。基于此，多数海冰监测算法中选用 $\sigma^0_{hh}$ 和$\gamma_{vh}$作为特征参量。

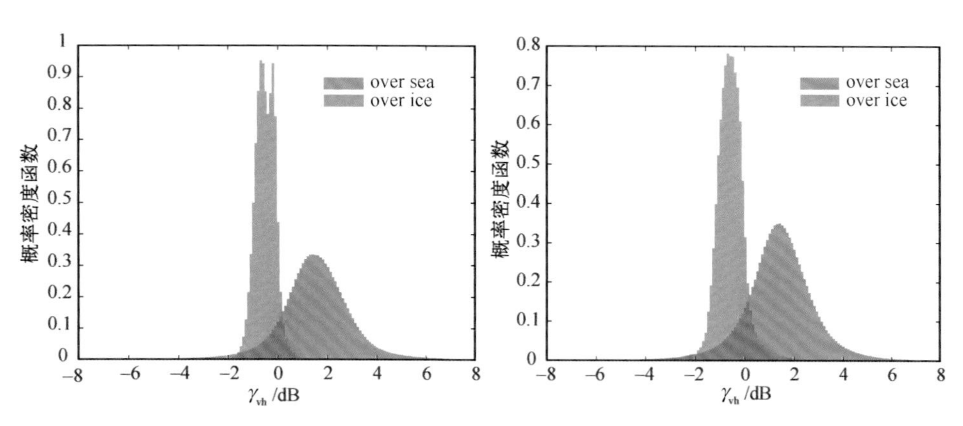


图 5-8　HY-2B 卫星散射计特征参量$\gamma_{vh}$在北极(左)和南极(右)海冰或海水区域的概率密度函数

## 5.3　支持向量机(SVM)方法

支持向量机(SVM)是基于统计理论机器学习算法，如今被广泛应用到遥感图像分类应用领域，可以较好地解决线性不可分情况。本节利用 SVM 方法建立一种非线性的海冰/海水分类模型和北极一年冰/多年冰分类模型。SVM 方法是将 [$\gamma_{vh}$，$\sigma^0_{hh}$，$\sigma^0_{vv}$，$\Delta\sigma^0_{hh}$，$\Delta\sigma^0_{vv}$] 五维参数样本，通过核函数映射到高维空间，在高维空间上寻找一个最优超平面来实现冰水区分和一年冰/多年冰的区分。假设有 $n$ 组训练样本数据，每一组样本数据可以表示为五维参数矢量$\boldsymbol{x}_i$，即 [$\gamma_{vh}$，$\sigma^0_{hh}$，$\sigma^0_{vv}$，$\Delta\sigma^0_{hh}$，$\Delta\sigma^0_{vv}$]。用 $\varphi$ 表示将样本映射到高维空间的一个非线性变换。假设在高维空间中是线性可分的，那么这个最优超平面为

$$\boldsymbol{w}T \times \varphi(\boldsymbol{x}_i) + \boldsymbol{b} = 0 \qquad (i = 1, \cdots, n) \tag{5-1}$$

式中，$\boldsymbol{w}$ 为权重向量；$\boldsymbol{b}$ 为偏移向量。冰水两个类别之间的距离为 $2/\|w\|$，那

么分类问题就转换成了带有约束条件的最小值问题，即

$$\min \|w\|^2/2$$

约束条件为

$$y_i([\boldsymbol{w}T \times \varphi(\boldsymbol{x}_i)] + \boldsymbol{b}) \geqslant 1 \qquad (i=1,\ \cdots,\ n)$$

式中，$y$ 为类别标签；$y_i$为 $y$ 的第 $i$ 个分量。冰水区分仅有海冰和海水两个类别，即 $y$ 设置为+1 和−1。这个公式可以使用拉格朗日乘数法来求解。即先对每条约束添加拉格朗日乘子$\beta_i \geqslant 0$，则该问题的拉格朗日函数可表示为

$$L(\boldsymbol{w},\ \boldsymbol{b},\ \beta) = \frac{1}{2}\|w\|^2 + \sum_{i=1}^{n} \beta_i\{1 - y_i[\boldsymbol{w}T \times \varphi(\boldsymbol{x}_i) + b]\} \qquad (i=1,\ \cdots,\ n)$$

用序列最小优化算法(SMO)可得 $w$ 的最优解 $w^*$：

$$w^* = \sum_{i=1}^{n} \boldsymbol{\beta}_i^*\ y_i \boldsymbol{\varphi}(\boldsymbol{x}_i) \qquad (i=1,\ \cdots,\ n)$$

得到$w^*$后可代入式(5-1)得到 $\boldsymbol{b}$ 的最优解$\boldsymbol{b}^*$。则对于任意测试样本点 $m$，其决策函数可以写为

$$f(m) = \mathrm{sign}\left\{\left[\sum_{i=1}^{n} \boldsymbol{\beta}_i^*\ y_i\ \boldsymbol{\varphi}T(\boldsymbol{x}_i)\right]\boldsymbol{\varphi}(m) + \boldsymbol{b}^*\right\} \qquad (i=1,\ \cdots,\ n)$$

式中，$m$ 为投影后测试样本参数；$\boldsymbol{\varphi}T(\boldsymbol{x}_i)\boldsymbol{\varphi}(m)$即为投影后测试样本点与训练样本的内积，由于直接计算这个内积比较困难，所以用核函数代替内积：

$$\sum_{i=1}^{n} \boldsymbol{\beta}_i^*\ y_i \boldsymbol{K}(\boldsymbol{x}_i,\ m) + \boldsymbol{b}^* = 0 \qquad (i=1,\ \cdots,\ n)$$

本文使用高斯核函数，可以表示为

$$\boldsymbol{K}(\boldsymbol{x}_i,\ m) = \exp\left(\frac{-\|\boldsymbol{x}_i - m\|^2}{2\sigma^2}\right) \qquad (i=1,\ \cdots,\ n)$$

式中，$\sigma$ 为达到率，即函数值跌落到 0 的速度参数。

基于这个原则，本章利用[$\gamma_{\mathrm{vh}}$，$\sigma^0_{\mathrm{hh}}$，$\sigma^0_{\mathrm{vv}}$，$\Delta\sigma^0_{\mathrm{hh}}$，$\Delta\sigma^0_{\mathrm{vv}}$]五维参数样本进行极地海冰检测和北极一年冰/多年冰分类，其中高斯核函数中的 $\sigma$ 设为 1。

## 5.4 海冰范围识别

冰水识别的类别标签是基于海冰密集度数据制作的，将海冰密集度大于等于 30%的区域标识为海冰，将海冰密集度等于 0%的区域标识为海水，由于海冰散射特性存在比较明显的季节变化，所以建立了每月的 SVM 冰水区分模型，用于后续获取每天的南、北极海冰范围识别结果。图 5-9 为基于 2021 年

1 月 1 日 HY-2B 卫星散射计数据得到的南、北极海冰监测结果(左列)及同一天 OSI SAF 发布的监测结果(右列)，左列图中深蓝色为海水、白色为海冰，陆地为灰色；右列图中蓝色为海水，浅蓝色为稀疏冰区(open ice)，白色为密集冰区(closed ice)，深蓝色为无法分类区域。从图中可以看出：利用 HY-2B 卫星散射计数据得到的海冰覆盖区域与 OSI SAF 结果中的稀疏冰区和密集冰区总体上较为一致，而在南极的监测结果中，阿蒙森海部分稀疏海冰区域被错误地识别为海水区域。

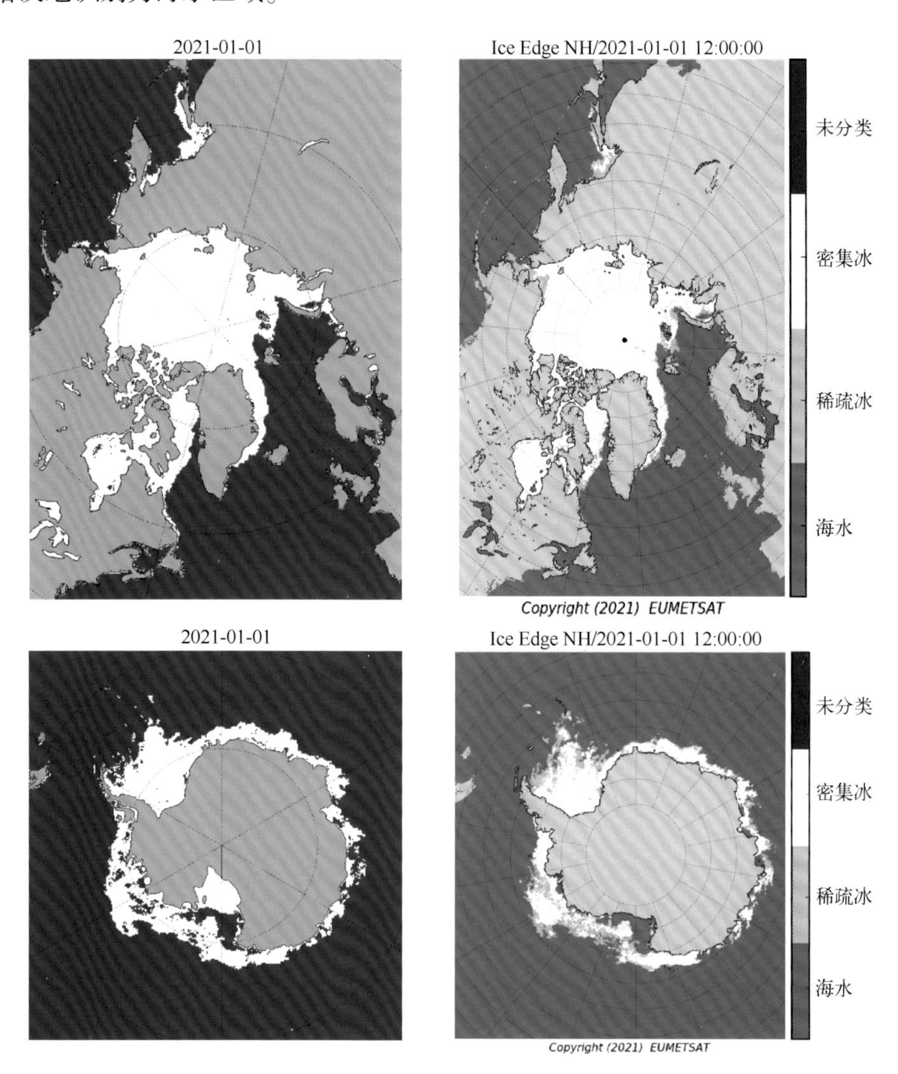


图 5-9　2021 年 1 月 1 日 HY-2B 卫星散射计数据得到的南极(下)、北极(上)海冰监测结果(左列)及 OSI SAF 发布的监测结果(右列)

海冰范围是统计分析南、北极海冰变化的常用参数，通常是基于海冰密集度产品，统计计算密集度高于某一特定阈值的海冰覆盖面积和。图 5-10 为 2019—2021 年 3 年时间期间利用 HY-2B 散射计数据和利用 NSIDC 海冰密集度 CDR 数据及 30%密集度阈值得到的南、北极海冰范围变化曲线，从图中可以看出，基于两个数据统计得到的南、北极海冰范围具有较好的一致性，南、北极的相关性均高于 0.99。两极海冰均呈现明显的季节性变化，北极区域在 2—3 月海冰范围最大，然后进入海冰消融期，9 月达到年度最低值，然后进入海冰冻结期；南极正好相反，在 2—3 月海冰范围达到年度最低值，9—10 月达到年度最高值。相对于利用海冰密集度得到的海冰范围，利用 HY-2B 散射计数据计算的海冰范围结果偏小，北极结果的偏差和标准差为$(-2.99\pm 2.83)\times10^5\ km^2$，南极结果的偏差和标准差为$(-4.76\pm3.16)\times10^5\ km^2$。

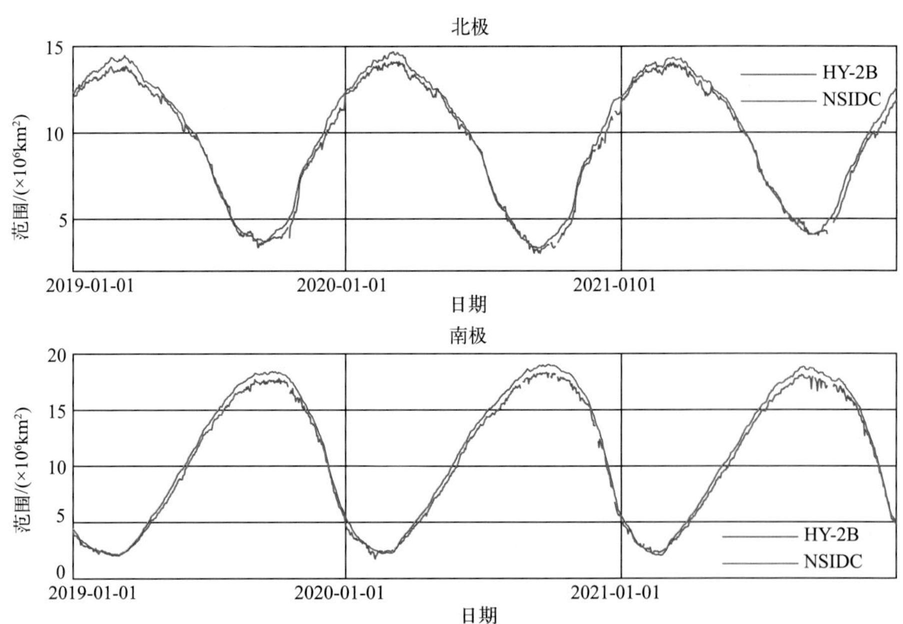


图 5-10　2019—2021 年基于 HY-2B 散射计数据和利用 NSIDC 海冰密集度 CDR 数据及 30%密集度阈值得到的南、北极海冰范围变化曲线

## 5.5　海冰类型识别

利用散射计后向散射测量可以对冬季和春季(11 月到翌年 4 月)北极区域的海冰进行一年冰和多年冰的区分。图 5-11 为 2019 年全年北极海冰区域的

$\sigma_{\mathrm{H}}^{0}$直方图，从图 5-11 中可以看出，$\sigma_{\mathrm{H}}^{0}$在-7 附近有一个小的直方图峰值对应于多年冰，-17~-19 的直方图峰值对应一年冰，从 3 月下旬海冰融化开始，多年冰对应的直方图峰值逐渐减小，5 月底多年冰对应的直方图峰值完全消失；自 9 月起多年冰对应的直方图峰值又开始出现。

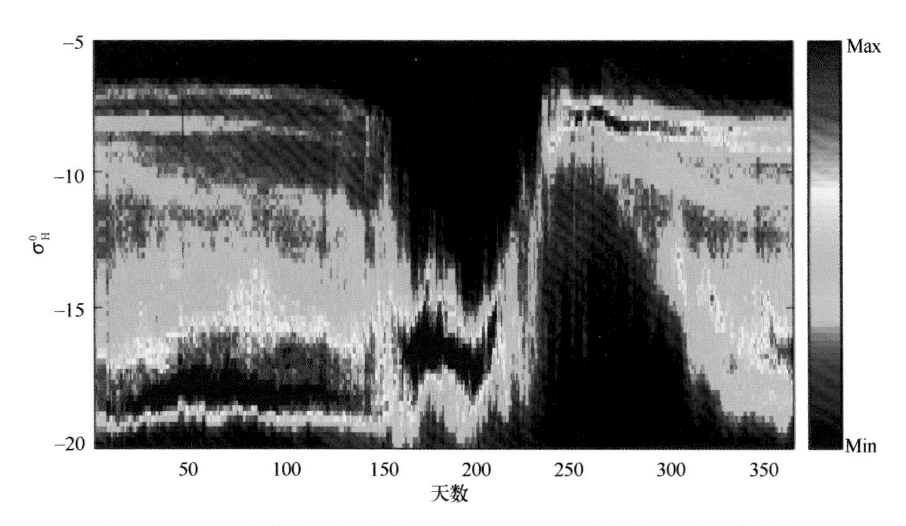


图 5-11　2019 年全年北极海冰区域 HY-2B 卫星散射计观测的 $\sigma_{\mathrm{H}}^{0}$直方图

选择(72°—76°N，158°—177°E)和(75°—80°N，115°—134°E)为一年冰特征区域，选择(83°—86°N，120°—150°W)为多年冰特征区域，利用 2019 年 11—12 月的观测数据建立 SVM 北极海冰类型区分模型，用于后续获取每天的北极海冰类型识别结果。

图 5-12 为 2021 年 1 月 1 日 HY-2B 卫星散射计数据得到的北极海冰类型区分结果(左列)及同一天 OSI SAF 发布的监测结果(右列)，左列图中深蓝色为海水、浅蓝色为一年冰、白色为多年冰，陆地为灰色；右列图中蓝色为海水、深绿色为一年冰、浅绿色为多年冰区域。从图 5-12 中可以看出，两者的海冰分类结果较为一致。

图 5-13 显示了 2019—2021 年每年的 1—4 月和 10—12 月每月 15 日的北极海冰类型区分结果。从图 5-13 中可以看出，大部分多年冰主要集中在偏靠加拿大群岛和格陵兰岛海域，不同月份的多年冰分布面积有一定变化，在洋流作用下，从弗拉姆海峡向外输运的海冰中存在多年冰。多年冰的年际变化需要更长时间序列的数据。

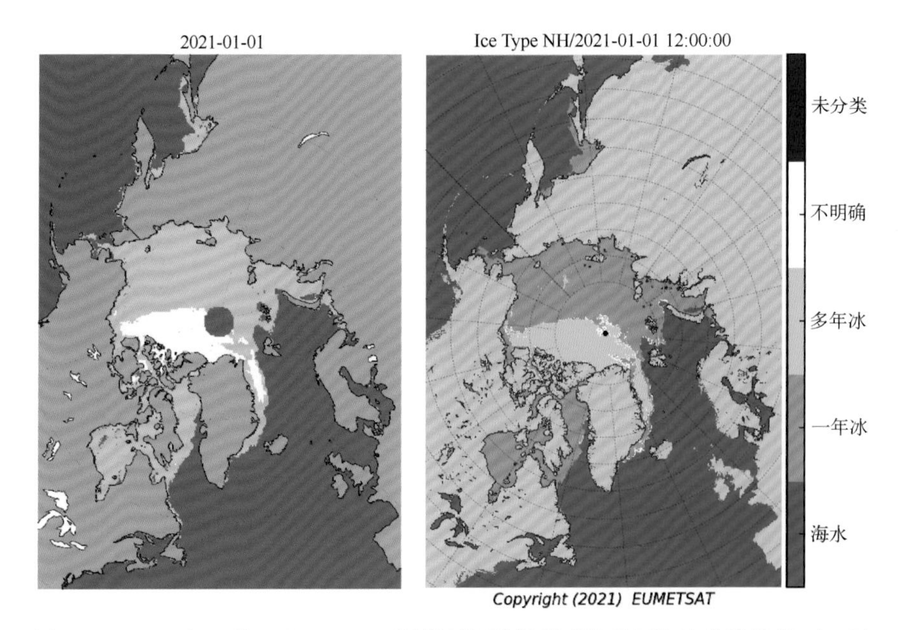


图 5-12 2021 年 1 月 1 日 HY-2B 卫星散射计数据得到的北极海冰分类结果(左)及 OSI SAF 发布的监测结果(右)

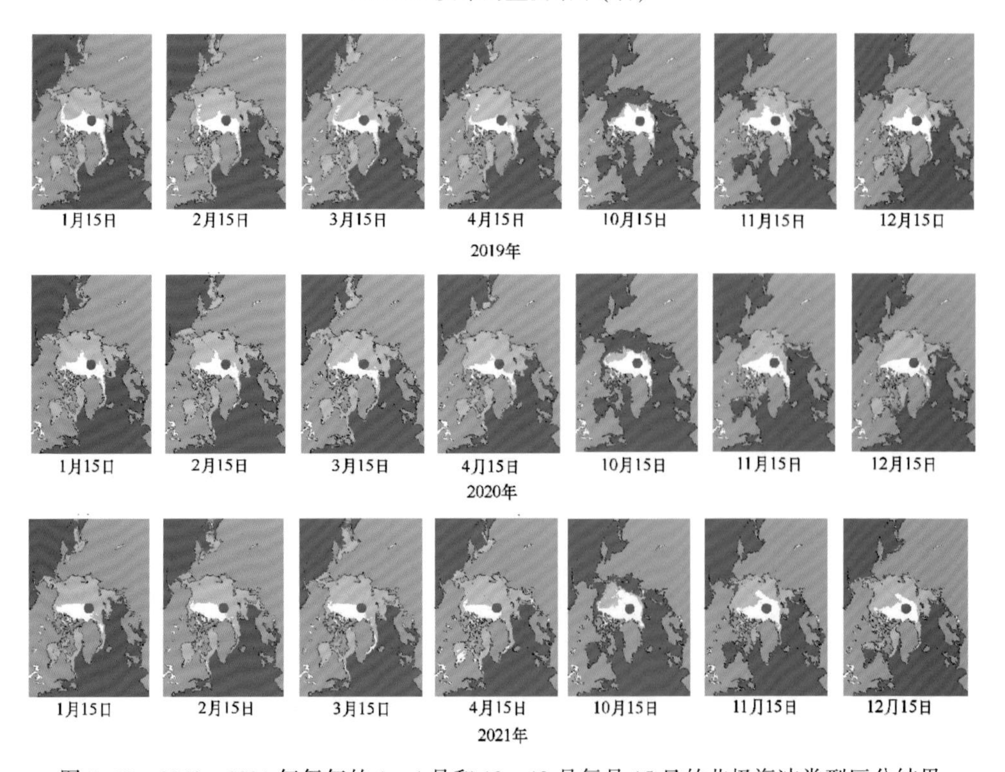


图 5-13 2019—2021 年每年的 1—4 月和 10—12 月每月 15 日的北极海冰类型区分结果

## 5.6　小结

本章对 HY-2B 卫星微波散射计数据在极区海冰监测和类型识别的反演方法开展了研究。针对不同地物(海水、一年冰和多年冰)，对后向散射系数、标准差和极化比等特征参量进行了变化分析；基于 SVM 方法，建立了冰水区分和北极海冰类型区分模型，并与同类产品进行了比较，主要结论如下。

(1)受风浪影响，海表面海面后向散射特性变化的幅度较大，而海冰后向散射特性变化的幅度较小。但在较高风速条件下(大于 9 m/s)，海面和海冰的后向散射系数较为接近。南极海冰的后向散射强度大于北极海冰，海冰和海水的后向散射特性的差异较大(更易于区分)。北极海冰后向散射系数的概率密度函数呈“双峰”分布，这主要是因为一年冰和多年冰后向散射特性和面积存在差异。

(2) 本章研究得到的南、北极海冰识别结果和北极海冰类型结果与 OSI SAF 发布的同类产品具有较好的一致性。利用本章研究的海冰识别结果和利用 NSIDC 海冰密集度 CDR 数据及 30%密集度阈值统计得到的南、北极海冰范围变化具有较好的一致性，南、北极的相关性均高于 0.99，利用 HY-2B 散射计数据计算的海冰范围结果偏小，北极结果的偏差和标准差为($-2.99\pm2.83)\times10^5$ km$^2$，南极结果的偏差和标准差为($-4.76\pm3.16)\times10^5$ km$^2$。

# 第 6 章　HY-2B 高度计海冰厚度反演

海冰是北极环境的重要组成要素，海冰的消融会对全球气候产生极大的影响，因此海冰厚度的研究对人类和社会均具有至关重要的作用。遥感技术的发展推动了大规模的极地探测研究，高度计的应用已成为其中的重要手段。国产 HY-2 高度计的发射使得利用国产自主数据监测北极成为了可能。

为实现基于 HY-2 高度计的海冰厚度精确反演，其中包括三个重要的步骤：①区分海冰的类型；②获取海冰雷达干舷高度；③选取合适的冰雪模型进行海冰厚度反演。对于海冰分类来说，其中最首要的任务是提取适宜的高度计波形特征对不同的海冰类型进行描述。对于海冰雷达干舷高度反演来说，其中最重要的环节就是对高度计波形进行重跟踪校正处理。对于海冰厚度反演来说，需要选择合适的积雪模型、海冰密度进行海冰厚度反演。为探索国产高度计在对极地进行海冰厚度反演时的能力，本章将以 HY-2B 卫星为例，针对以上三个问题进行细致描述，并在本章最后给出北极高度计海冰厚度反演结果。

## 6.1　国内外研究进展

### 6.1.1　海冰分类的国内外研究进展

在卫星高度计海冰类型识别算法研究方面，可分为三大类：一是区分海冰和开阔水域(open water，OW)；二是对海冰类型进行区分；三是对海冰与冰间水道(LEAD)进行区分。

在海冰和海水的识别方面，早在 1980 年，Dwyer 等(1980)就提供了卫星测高计实现海冰与海水区分的有效方法，不但能使用 GEOS-3 卫星测高数据确定海冰边界的工作，并且发现了在海冰区域内，测高后向散射特性与开阔水域形成鲜明对比。Müller 等(2017)基于 K-medoids 分区聚类和使用 K 最近邻法(K-Nearest Neighbor，KNN)分类算法，开发了一种无监督分类方法，通过提取的六个波形特征，对 ENVISAT 和 SARAL 进行冰水识别。2019 年，Jiang 等(2019)使用阈值分割法，K 最近邻法(KNN)和支持向量机(support vector machine，SVM)三种算法对双波段 HY-2A/B 数据的自动增益控制(automatic gain control，AGC)和脉冲峰值(pulse peakiness，PP)两个波形特征进行处理，用来区分海冰和 OW 区域。通过 Jiang 实验可以发现，基于阈值分割法的分类精度最高，OW 分类精度最高可以达到 98.36%，海冰的分类精度最高为 92.84%。使用 PP 值用于分类时，其分类精度远高于 AGC 特征。但文章使用的分类参数较少，且未对海冰类型进行进一步细分，仅对海冰与海水间进行了识别，未进一步对一年冰(First-year ice，FYI)与多年冰(Multi-year ice，MYI)等更多海冰类型进行详细区分。

在对海冰类型进行识别方面，Zygmuntowska 等(2013)在北极海域利用 CryoSat-2(CS-2)高度计数据，通过使用贝叶斯分类器和波形功率最大值(maximum power，MAX)、后缘宽度(trailing edge width，TEW)和 PP 三个波形特征对 FYI 与 MYI 两种海冰进行了识别，将识别结果与基于同时期 ENVISAT 影像的海冰分类结果进行对比，平均海冰分类精度可达到 80%左右。Rinne 等(2016)利用 CS-2 高度计数据，采用 KNN 算法和前缘宽度(leading edge width，LEW)、PP、栈标准差(stack standard deviation，SSD)和后缘比(late tail to peak power ratio，LTPP)四个波形特征，对北极区域的 OW、薄一年冰(Thin First-year ice，TFYI)、FYI 和 MYI 四类海冰进行了分类实验，与同期俄罗斯发布的北极冰况图相比，该算法的识别精度约为 82%。沈校熠等(2018)通过选取六个分类器，提取了前缘宽度、后缘宽度、栈标准差、后向散射系数(Sigma0)、MAX 和 PP 共六种波形参数，共生成 63 组波形特征组合，实现了对北极区域 FYI、MYI 和 OW 三类海冰的区分，最终三类海冰的平均分类精度达到了 91.45%。

在检测冰间水道方面，Laxon(1994)根据 ERS-1 卫星高度计波形的最大功率，脉冲峰值确定了一个参数，该参数可用于绘制北极地区的冰间水道信息。Peacock 等(2004)继承 Laxon 的工作，使用 PP 波形特征对冰间水道进行检索。

Connor 等(2009)提取了 ENVISAT 高度计中的 PP 波形特征来找到冰间水道信息，以便估算海冰干舷；Laxon 等(2013)利用 PP 和 SSD 两种波形特征对 ENVISAT 高度计进行 LEAD 和海冰的识别，但未实现对海水的识别，因为该研究中大面积的开阔水域是通过 SAR 图像数据掩膜完成的。Röhrs 等(2012)使用 CS-2 高度计波形的最大功率阈值来识别冰间水道。Lee 等(2018)提出了一种波形混合算法检测来自 CS-2 数据中的 LEAD。王立伟等(2015)结合 PP、SSD 等三个波形特征参数和海冰密集度，基于 CS-2 高度计完成了对海冰和 LEAD 的有效识别。焦慧等(2018)结合波形 SKEW、KURT 特征与 SSD、PP、左脉冲峰值(left pulse peakiness，PPL)共五个波形参数对 CS-2 进行 LEAD 识别。

总结国内外海冰分类研究可知，国外对于北极海冰分类的研究较早，自 ERS-1/2 卫星发射以来，已有诸多成果产生。而国内海冰的研究多集中于 CS-2 等高度计数据，对国产 HY-2 的研究十分罕见。

### 6.1.2 海冰干舷反演的国内外研究进展

波形重跟踪计算就是校正实际跟踪点与卫星高度计预设跟踪点之间的距离差的过程，也是海冰雷达干舷反演时的必须步骤。波形重跟踪的结果直接影响了海冰雷达干舷反演的精度，对于冰间水道和海冰波形，可能会采用不同的重跟踪算法。

在基于卫星高度计的波形重跟踪算法方面，国内外已有诸多实验。Peacock 等(2004)利用重心偏移法(Offset Centre of Gravity，OCOG)(Bamber et al.，1994)，将冰间水道的重跟踪阈值设置在波形前缘处波形最大功率的50%处，而对于海冰波形则采用与之相同的阈值设置，实现了对ERS-2 卫星高度计的重跟踪运算。与之类似，Laxon 等(2013)进行研究时，同样将重跟踪点设置在波形前缘处波形最大功率的 50%处。Giles 等(2007)对于海冰波形采用 50%阈值法进行波形重跟踪校正，而对于冰间水道的波形，利用高斯指数函数进行拟合，并将其波形的峰值处设置为波形重跟踪点。在该研究中，冰间水道和海冰的重跟踪阈值设置有所差别，且使用了完全不同的重跟踪算法，与 Peacock 等(2004)使用的方法有着较大差异。Helm

等(2014)使用了基于重心门偏移法改进的波形重跟踪方法 TFMRA(Threshold First Maximum Retracker Algorithm)用在了 CS-2 数据中。对于 CS-2 不同的测量模式，Helm 等分别将海冰的重跟踪点设为 25%与 40%。Ricker 等(2014)对 CS-2 的波形进行 10 倍过采样处理，之后将波形进行滑动平均处理，随后将波形重跟踪点设置在波形前缘处波形最大功率的 40%处，反演得到的海冰干舷高度与实测数据平均仅相差 8.6 cm。Kurtz 等(2014)提出一种包含后向散射系数(Sigma0)和表面粗糙度等变量的物理模型进行波形重跟踪，其重跟踪校正结果远优于传统的阈值法(阈值设置为 50%)，与同期机载实测数据相比，海冰干舷高度的平均差值由 14.4 cm 提高至 1.9 cm。NASA 戈达德太空飞行中心采用九个波形参量来拟合波形并设置重跟踪点的位置(Rose，2013；Davis，1997；Jensen，1999)，在重跟踪计算时使用了 OCOG 算法，将重跟踪阈值设置为 OCOG 振幅的 0.25 倍处。Gao 等(2019)对比分析了 TFMRA 算法、OCOG 算法、基于物理的 SAR 两步重跟踪(two-step SAR physical-based retracker)这三种波形重跟踪方法在Sentinel-3 中的重跟踪效果，发现使用三个跟踪器的结果没有显著差异，但是使用 DEM 信息选择波形部分极大地改善了重跟踪结果，与 Ebro 水库和 Ribarroja 水库的现场测量结果吻合良好。国内的沈校熠(2018)采用贝塞尔曲线拟合 CS-2 高度计波形，针对冰间水道和海冰两种地物波形，分别将重跟踪点设置在拟合波形前缘处拟合波形最大值的 70%和 50%处进行海冰干舷高度反演，精度优于常用的阀值法和 CS-2 二级产品法。

对南极的海冰干舷反演同样值得参考，Schwegmann 等(2016)使用阈值为 50%的 OCOG 算法对 ENVISAT 的海冰波形进行重跟踪，冰间水道使用 Gile 的算法进行重跟踪处理。同时 Schwegmann et al. 也对 CS-2 波形进行了处理，使用 TFMRA 算法对海冰进行重跟踪计算，重跟踪点被设为了 40%。Paul 等(2018)使用了 TFMRA 算法对 CS-2 与 ENVISAT 两个卫星高度计进行重跟踪处理，并对比了二者在南、北极的干舷反演结果。对于 CS-2 的海冰和冰间水道的波形来说，TFMRA 算法的阈值均被设为 50%。但使用固定阈值会错误估计 ENVISAT 反演的海冰雷达干舷高度，因此推出了基于 ENVISAT 高度计海冰的自适应阈值，且冰间水道的阈值被设置于 95%处。

### 6.1.3 海冰厚度反演的国内外研究进展

在基于卫星高度计的海冰厚度反演方面，国外，Kwok 等(2020)反演海冰厚度时使用了欧洲中期气象预报中心(European Centre for Medium-Range Weather Forecasts，ECMWF)发布的积雪厚度数据，海水密度取值为 1 024 $kg/m^3$，海冰密度取值为 925 $kg/m^3$。Kurtz 等(2014)反演海冰厚度时，对于一年冰，使用 AMSR-E 微波辐射计测得的积雪厚度数据；对于多年冰，采用 Warren 等实测的积雪厚度数据，海水密度取值为 1 024 $kg/m^3$，海冰密度取值为 915 $kg/m^3$，积雪密度取值为 320 $kg/m^3$。Laxon 等(2013)采用 Warren 等(1999)实测的积雪数据进行海冰厚度的反演，对于一年冰和多年冰海冰密度分别取值为 916.7 $kg/m^3$ 和 882 $kg/m^3$。Xia 等(2018)分析了使用经验公式与静力平衡公式两种方法反演的海冰厚度效果，发现经验公式法与实测的海冰厚度数据更吻合，但不同的北极区域需要使用不同的经验公式，而静力平衡公式方法相对而言比较固定。Ricker 等(2014)提出利用加权平均法和最优插值方法将 CryoSat-2 和 SMOS 数据融合使用，反演得到了 CS2-SMOS 融合海冰厚度数据产品，该数据产品能够对整个北极进行每周的海冰厚度估算，并用实测数据证明 CS2-SMOS 融合海冰厚度产品可以提高薄冰区的厚度反演精度。Sallila 等(2019)评估了当代六种基于卫星数据反演的北极海冰厚度产品，发现仅由 CryoSat-2 数据反演的四种北极海冰厚度产品之间具有一致性，且与实测数据具有较好的相关性，由 CryoSat-2 和 SMOS 数据融合反演的 CS2-SMOS 海冰厚度产品反演薄冰最可靠，比仅由 CryoSat-2 数据反演的北极海冰厚度薄 0.2 m。

国内，季青等(2016)总结了海冰厚度研究者们常用的积雪厚度数据的主要来源和积雪密度、海冰密度、海水密度的取值范围，并通过数据模型的敏感性分析认为，积雪厚度与海冰密度对海冰厚度值的准确估算具有较大的影响，海水密度与积雪密度的影响相对较小，另外其还基于 CryoSat-2 高度计数据，将四种常用的海冰厚度反演方法反演的海冰厚度与实测数据进行对比评估，发现四种方法反演的海冰厚度结果虽然数值结果差异较大，但在空间分布上还是一致的。李冰洁等(2019)收集了 2000—2015 年的实测北极海冰密度数据，并利用克里金插值方法得到了整个北极地区的海冰密度，并将其用于北极海冰厚度反演，得出基于实测并空间插值后的海冰密度反演的海冰厚度比海冰密度固定值反演的海冰厚度精度更高的结论。

## 6.2　数据介绍

为实现对海冰厚度的反演工作，以下 5 种产品被用于本章的实验中。其中 6.2.1 节至 6.2.3 节描述了海冰分类时所需的产品，6.2.4 节介绍海冰的雷达干舷反演中的必要信息，6.2.5 节则介绍了积雪厚度数据，这是利用浮体法进行海冰厚度反演时不可或缺的要素。

### 6.2.1　AARI 冰况图产品

AARI 冰况图是俄罗斯北极和南极研究所(Arctic and Antarctic Research Institute，AARI)发布的北极海冰类型产品数据，除北半球夏季外，每周提供一景北极宽幅海冰类型的分布情况，囊括了极地大部分海冰类型情况，也是国内外学者常用于极地冰情研究的参考。它们是由诸多卫星数据(可见光、红外和 SAR 影像)以及沿海站和船舶的报告制成的。AARI 冰况图的原始数据提供了六类海冰，包括尼罗冰、初期冰、FYI、MYI、沿岸固定冰和 OW。

由于会对分类造成影响，海岸附近的 HY-2B 数据被丢弃，本章也删除了 AARI 冰图中的沿岸固定冰部分。按照 Rinne 等(2016)的处理方法，本章根据冰的生长阶段，采用了三种冰的分类：TFYI(<70 cm，WMO 类别为尼罗冰、灰冰、灰白冰和薄冰)、FYI(>70 cm，WMO 类别为中初冰和厚初冰)和 MYI(WMO 类别为老冰)。图 6-1 为预处理后的 2019 年 12 月 10 日的 AARI 北极冰况图，图中仅保留有 OW、TFYI、FYI 及 MYI 四种冰类型，并且删除了沿岸固定冰部分。

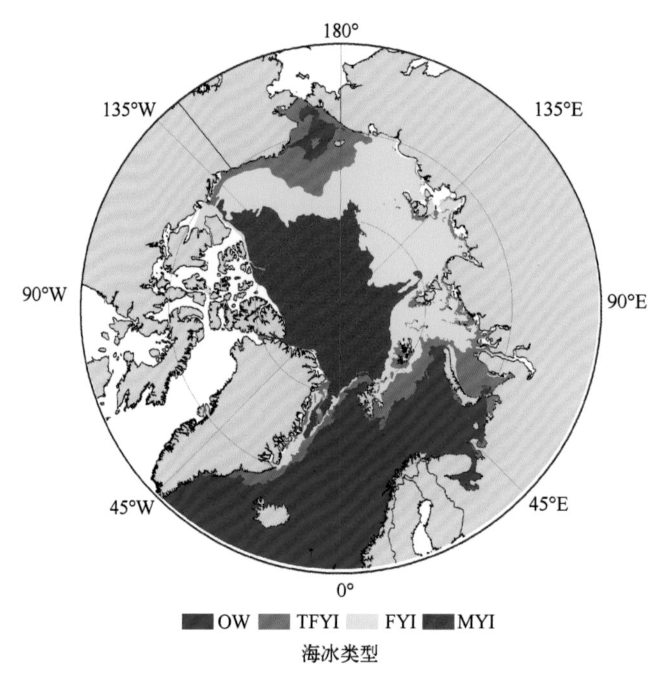


图 6-1　2019 年 12 月 10 日 AARI 北极冰况图预处理后示例

### 6.2.2　NSIDC 冰况图产品

NSIDC 冰况图是由美国国家冰雪数据中心(National Snow and Ice Data Center，NSIDC)发布的极地海冰类型分布图，该数据每周发布一次，是美国国家冰中心的专家使用近乎实时的卫星数据以及各种其他气象和海洋数据资源分析得到的，这些数据源包括船舶观测、空中侦察、遥感数据(可见光、红外、主动和被动微波)和模型输出。AARI 冰况图与 NSIDC 冰况图在发布时间上的差异为 2 天，少数数据有 3 天的差异。与 AARI 类似，NSIDC 冰况图也提供了冰的类型分布(如分别为尼罗冰、初期冰、FYI、MYI 和 OW)，但两种冰况图的空间覆盖范围并不一致。NSIDC 冰况图的覆盖范围比 AARI 冰况图的覆盖范围略大。对于 60°N 以上的区域，NSIDC 冰况图覆盖范围略大于 AARI 冰况图，例如在巴芬湾附近 NSIDC 有数据覆盖，而 AARI 在此处却存在数据缺失。

本章利用两种冰况图均覆盖的区域进行实验。同时，与 AARI 冰况图的预处理类似，本章也保留了 NSIDC 冰况图的 TFYI、FYI、MYI 和 OW 四种海冰类型。图 6-2 以 2019 年 12 月 12 日的 NSIDC 冰况图产品为例，展示了预处理后的海冰类型结果。与图 6-1 相比，图 6-2 所用数据也是最接近于图 6-1 时间的 NSIDC 海冰类型产品。

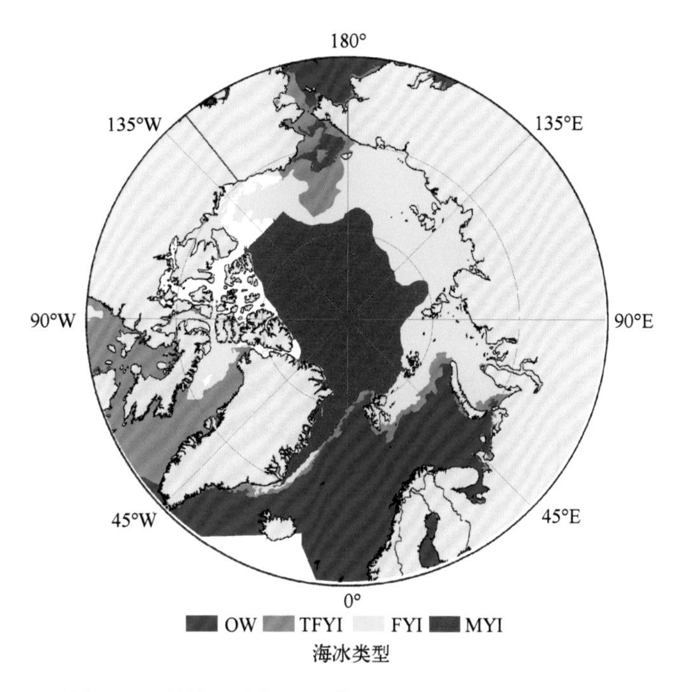


图 6-2　预处理后的 2019 年 12 月 12 日的 NSIDC 冰况

### 6.2.3　MODIS 冰间水道数据

由于 AARI 冰况图都不能提供尺度较小的冰间水道的位置，因此本章采用 Hoffman 等(2019)发布的 MODIS 冰间水道产品来提取冰间水道样品。Hoffman 等首先使用热对比法检测冰间水道，并得出冰间水道的宽度、长度和方向等特征。然后，通过热对比法对冰间水道进行检测，将其应用于美国宇航局 Terra 和 Aqua 卫星上的 MODIS 图像，得出冰间水道的宽度、长度和方向等特征。最后将网格文件保存为 NC 文件，生成的 MODIS 冰间水道产品为空间分辨率为 1 km 的网格产品。2002—2020 年的冰间水道产品可以直接从网站 ftp://frostbite. ssec. wisc. edu 免费下载。

一般来说，处于初春和冬季时，Hoffman 等(2019)提供的冰间水道产品每天发布一次，仅有极少的时间缺乏该项数据。选取产品中 Lead Mask Code 为 100 的信息(即冰间水道位置)，逐个将该信息与产品中自带的经纬度模板进行匹配，提取出该天冰间水道对应的经纬度位置。匹配完成后，将提取的冰间水道位置与同期的 AARI 北极冰况图进行比较，去掉冰边缘区域及位于开阔海面的冰间水道数据，前者是为了避免混合冰类型对冰间水道波形带来的负面影响，后者是因为一般认为在开阔水域不会存在海冰及冰间水道信息。数据过滤后，将剩余冰间水道位置保存为 shp 格式文件。

### 6.2.4 平均海表面高度数据

平均海表面高度(mean sea surface height，MSS)是计算海冰干舷高度的关键要素，其用于减少大地水准面变动对海冰干舷高度估计值的影响，这一步在冰间水道面积小的地区尤为重要，尤其是对 HY-2 高度计这类轨道覆盖范围有限的数据极其有利。DTU15 MSS(图 6-3)是 DTU Space 提供的全球高分辨

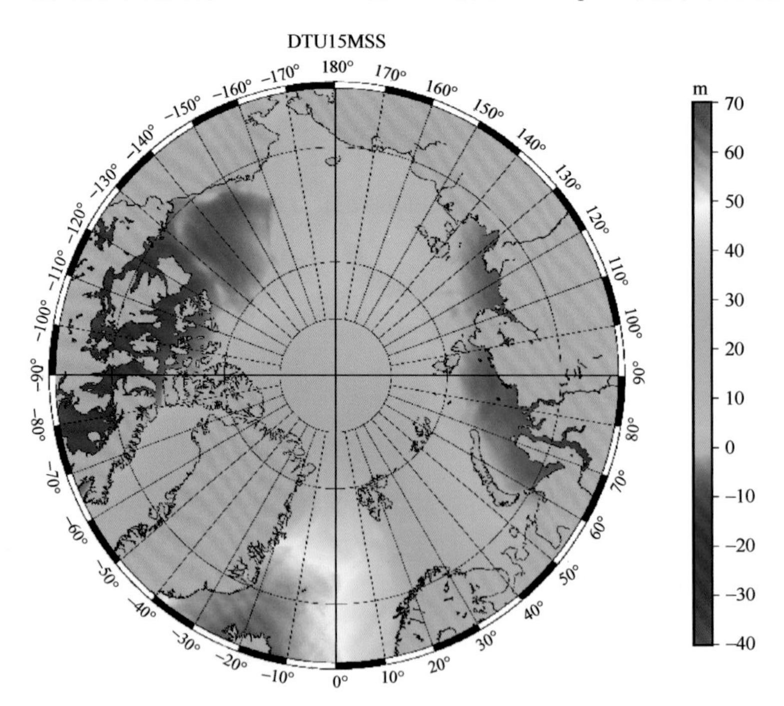


图 6-3　DTU15 北极平均海表面高度分布

率的平均海表面高度模型。DTU15 MSS数据分辨率为1′×1′，可与卫星雷达高度计产品数据合并使用。针对高度计缺乏纬度82°以上的高度测量数据的问题，DTU15 MSS使用了4年的CryoSat-2数据，从而提高了88°N地区的平均海表面高度数据的可靠性，可以更精准地结合CryoSat-2高度计数据反演北极海冰厚度。在北半球区域，DTU15 MSS的取值范围由-106 m至87 m不等，且在海洋和陆地部分有着较大的差异。本章的数据来源于https：//ftp. space. dtu. dk/pub/DTU15/DOCUMENTS/MSS。

在本章中使用大于60°N的MSS数据与HY-2B进行匹配，以获得对应经纬度位置的HY-2B平均海表面高程。

### 6.2.5　积雪厚度数据

积雪厚度是使用浮力定律公式从雷达高度计数据中反演海冰厚度的重要输入变量。1999年，Warren等基于1954—1991年间对多年冰上实测到的积雪厚度气候学数据(下文简称W99)是解决该问题的重要数据来源。W99是对实测积雪厚度进行二维二次拟合得出的月平均积雪厚度估算值。尽管W99积雪厚度数据是基于过去几十年收集得到的北极多年冰上的积雪厚度结果，但由于它是基于实测数据拟合生成的，所以直到现在W99仍在雷达高度计海冰厚度反演中广泛使用。然而W99积雪厚度数据有一个显著的缺点是它不能反映北极积雪厚度的年际变化，只能表示其月度变化，而且一年冰上的积雪厚度值精度较低。随着近些年来北冰洋温度升高，一年冰的总占比越来越高，Kurtz等(2014)认为W99中一年冰上的积雪厚度被显著高估了，因此他提出将W99气候模型中一年冰上的积雪厚度值乘以0.5进行应用。

积雪厚度还可以通过星载微波辐射计数据反演得到。如AMSR2被动微波数据反演的冰上积雪厚度，其是基于积雪厚度与AMSR2 37 GHz和19 GHz频率下测得的垂直极化亮度温度的归一化差之比之间的经验关系得到的。微波的散射随着积雪厚度的增加而增加，并且在37 GHz处的散射强度比在19 GHz处更大，例如，对于相同的积雪属性，在37 GHz处的亮度温度比在19 GHz处降低更多，因此AMSR2数据适用于反演北极海冰上的积雪厚度数据，而且

AMSR2 可以获取并生成每日的北极积雪厚度数据。AMSR2 积雪厚度数据的缺点是，由于多年冰与覆盖于其上的积雪具有相似的微波信号，因此其反演的多年冰上的积雪厚度值精度较低。

为克服上述问题，AWI 发展了 clim-w99amsr2 积雪厚度模型数据，此数据在多年冰上采用 W99 积雪厚度数据，一年冰上的积雪厚度数据是基于将 W99 积雪厚度值降低 50%，然后将 AMSR2 数据反演的积雪厚度数据与 W99 积雪厚度数据进行融合后产生的。该数据提供 10 月至翌年 4 月的海冰厚度模型，本章使用 clim-w99amsr2 积雪厚度数据作为北极海冰厚度反演的积雪厚度输入参数。以 4 月为例，clim-w99amsr2 模型在北极积雪厚度分布如图 6-4 所示。

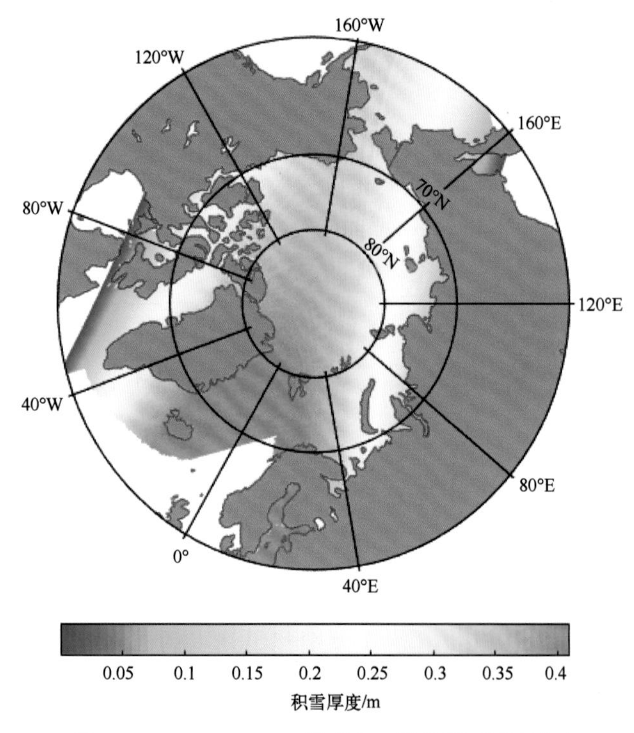


图 6-4　clim-w99amsr2 模型中 4 月的积雪厚度分布

## 6.3　算法介绍

本章主要使用以下三种方法进行海冰分类、干舷高度反演及海冰厚度反演研究。使用 KNN 算法对海冰进行分类，使用 TFMRA 波形重跟踪算法进行海冰雷达干舷反演，利用浮体法将海冰干舷转化为海冰厚度。

### 6.3.1　KNN 算法

K 近邻法(K-nearest neighbor，KNN)是经典的机器学习算法之一，目前常被用于分类实验。该方法的思路是：对测试样本来说，基于某种距离度量值找出在训练样本中与其最靠近的 $k$ 个点，然后基于这 $k$ 个点最近邻信息对该测试样本进行预测。在对样本进行分类时，可选择这 $k$ 个数据中出现最多的标记类别作为预测结果。因此，为保持 KNN 分类器效率要遵从以下三个关键原则：①训练样本必须很好地代表要分类的数据；②必须确定 $k$ 值；③测量之间的距离必须是适当的度量。

KNN 算法目前已被应用于高度计海冰分类实验中(Jiang et al.，2019；Rinne et al.，2016)，例如 Rinne 等(2016)对北极区域的 OW、TFYI、FYI 和 MYI 进行了分类实验，实现了对四类海冰类型的区分，并有着较高分类精度。为实现对基于 HY-2B 高度计的五类海冰类型识别，本章也因此选择经典的 KNN 分类器进行实验。另外，针对 KNN 分类器参数设置不同产生的分类精度不同，本章将通过实验确定出最优的分类器参数设置。

为确定最优的 KNN 分类器参数设置，进一步提升海冰分类算法的准确率，本章拟采用经典的欧氏距离和曼哈顿距离来衡量各目标间的距离，同时取用 $k=1$，2，3，4，5 进行实验(这也是较为常见的 $k$ 值选择)。使用波形组合 PP、Sigma0 及 LEW 进行分类实验，这也是常用于脉冲有限型高度计海冰分类的波形组合，Paul 等(2018)曾经基于这三个波形特征完成了对 ENVISAT 和 CryoSat-2 高度计的分类。对分类器参数设置的评价标准是，在保证唯一变量的情况下，当五种地物的平均分类精度达到最高时，则认为分类器的参数设置最优。

图 6-5 表述了不同分类器设置下的海冰分类结果，横坐标代表了 $k$ 值的选择，纵坐标表示了五类海冰的平均分类精度。以 2019 年 12 月为例，使用欧氏距离和曼哈顿距离得到的分类结果拥有相同的趋势，无论 $k$ 值的选择为多少，使用欧氏距离得到的分类精度均大于曼哈顿距离，2020 年 3 月也有着同样的分类结果。同时可以看出，保持曼哈顿距离为不变量，2020 年 3 月的海冰分类精度整体均略高于 2019 年 12 月，各月份的海冰分类精度有所差异。

表 6-1 定量展示了使用欧氏距离与不同 $k$ 值组合的海冰分类精度，表 6-2 定量展示了基于曼哈顿距离的海冰分类精度。统计表中结果可知，使用欧氏距离进行海冰分类计算时的精度均略高于曼哈顿距离，平均海冰分类精度约提高了 1.3%。在 $k$ 值的测试中可以看出，经测试，当 $k=3$ 时分类效果最佳，当 $k<3$ 或 $k>3$ 时，分类精度均呈现下降趋势。最终，根据本章实验，推荐选用欧氏距离作为 KNN 分类器的度量，且 $k$ 值设置为 3。

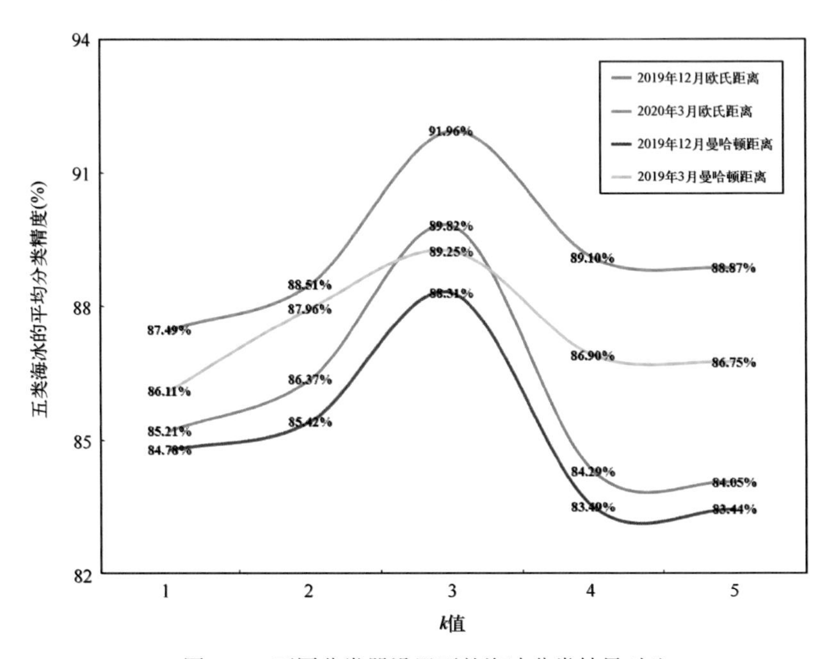


图 6-5　不同分类器设置下的海冰分类结果对比

**表 6-1　欧氏距离与不同 $k$ 值组合下的海冰分类结果**

| 时间 | $k=1$ | $k=2$ | $k=3$ | $k=4$ | $k=5$ |
|---|---|---|---|---|---|
| 2019 年 12 月 | 85. 21% | 86. 37% | 89. 82% | 84. 29% | 84. 05% |
| 2020 年 3 月 | 87. 49% | 88. 51% | 91. 96% | 89. 10% | 88. 87% |

**表 6-2　曼哈顿距离与不同 $k$ 值组合下的海冰分类结果**

| 时间 | $k=1$ | $k=2$ | $k=3$ | $k=4$ | $k=5$ |
|---|---|---|---|---|---|
| 2019 年 12 月 | 84. 78% | 85. 42% | 88. 31% | 83. 49% | 83. 44% |
| 2020 年 3 月 | 86. 11% | 87. 96% | 89. 25% | 86. 90% | 86. 75% |

### 6.3.2　TFMRA 波形重跟踪算法

TFMRA(Threshold First Maximum Retracker Algorithm)方法是海冰干舷高度反演中常用的波形重跟踪方法，该方法针对冰间水道和海冰等不同的地物类型，经验性地设置重跟踪点阈值位置。本章使用 TFMRA 方法进行海冰与冰间水道波形的重跟踪校正处理。

实现 TFMRA 方法包括以下步骤：

(1)将热噪声估计为波形的前 5 个距离门的功率平均值，并去除噪声功率；

(2)检测去除热噪声后，再使用线性插值法将回波波形进行 10 倍过采样；

(3)使用 11 个距离门大小的窗口滤波器来平滑过采样波形；

(4)找到波形的第一个局部最大值，该值必须高于热噪声值+绝对峰值功率的 15%，否则，不使用该波形；

(5)通过对过采样和平滑后的回波波形进行线性插值，在检测到的第一最大功率值的指定阈值处获得距离门的位置，最后确定重跟踪点的位置。

### 6.3.3　浮体法

浮体法是基于阿基米德定律产生的算法，也称静力平衡方程。浸入静止流体中的物体受到一个浮力，其大小等于该物体所排开的流体重量，方向竖直向上并通过所排开流体的形心。这个结论是阿基米德首先提出的，故称阿基米德原理。结论对部分浸入液体中的物体同样是正确的。对于海冰来说，同样满足以上的原理，海冰一般漂浮于北冰洋海面，在海面中呈现动态平衡。

根据海冰干舷高度和海冰密度、海水密度、积雪厚度及积雪密度，结合式(6-1)反演得到海冰厚度，图 6-6 为其原理示意图。

$$T_i = \frac{\rho_w}{\rho_w - \rho_i} \times F + \frac{\rho_s}{\rho_w - \rho_i} \times h_s \qquad (6-1)$$

式中，$T_i$为海冰厚度；$F$ 为海冰干舷高度；$h_s$为积雪厚度；$\rho_w$为海水密度；$\rho_i$为海冰密度；$\rho_s$为积雪密度。通常情况下，积雪密度和海水密度采取固定值，一年冰和多年冰分别采用不同的固定密度值。

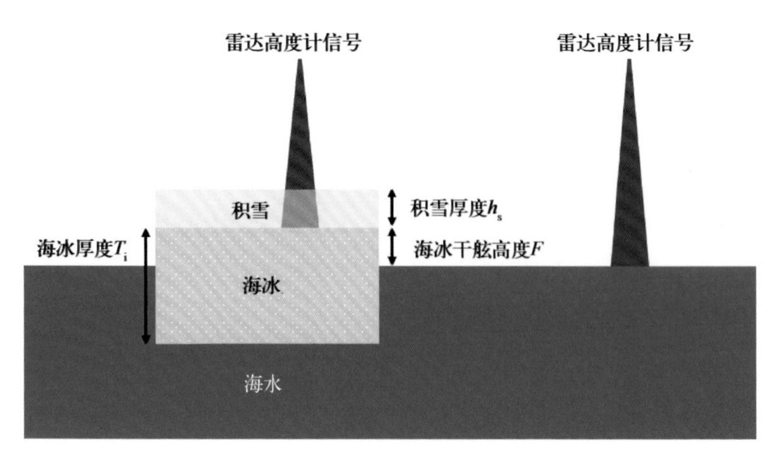


图 6-6　雷达高度计海冰厚度反演原理示意图

## 6.4　结果

### 6.4.1　海冰分类结果

为成功识别出 OW、MYI、FYI、TFYI 及 LEAD 五类地物，本章的海冰分类方法可分为如下几步：第一步是进行训练样本的提取，通过输入 AARI、NSIDC 北极冰况图和 MODIS 冰间水道产品提取相对应的五种海冰样本，并以向量的形式对样本进行存储；第二步是提取 HY-2B 的波形特性，选取了四种经典的波形特征对波形进行描述；第三步是使用柯尔莫哥洛夫-斯米尔诺夫检验(Kolmogorov-Smirnov test，K-S test)即 KS 检验对以上四个波形特征进行可分离性测试，并初步得出波形特征重要性的结论；第四步是选取经典的 KNN 分类器对各波形特征组合进行分类，同时对分类器最优参数设置进行分析，最终确定最优的波形参数组合。图 6-7 为海冰分类技术流程。

为检验 HY-2 高度计对不同季节的海冰分类能力，探究 HY-2 应用于冬季和初春的异同，本章使用了 2019 年 12 月(冬季)和 2020 年 3 月(初春)的 HY-2B 数据进行海冰分类实验。需要说明的是，由式(6-1)可知，一般在进行海冰厚度反演时仅需要从海水识别出冰间水道、一年冰、多年冰三类海冰即可，但为了进一步探究 HY-2 高度计对北极海冰的分类能力，参考国内外学者的研究，本章额外添加了对薄一年冰的识别研究工作。

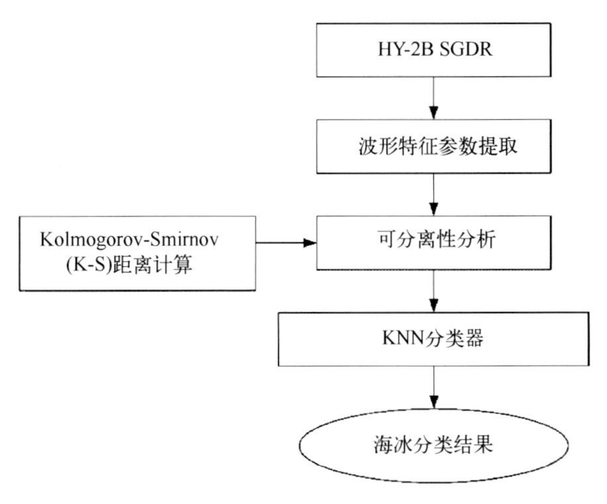


图 6-7　海冰分类技术流程

#### 6.4.1.1　训练样本选择

在海冰干舷高度反演之前，首先需要区分雷达高度计的回波波形，以识别不同的海冰类型，其中最重要的是识别冰间水道的位置。为此需要提取各类海冰的样本用于后续工作。

第一步，进行 LEAD 样本的提取。MODIS 冰间水道产品提供时间间隔为 1 天的 LEAD 产品，需选取对应日期的 HY-2B 数据与其进行匹配。由于 1 天的 HY-2B 点元数据覆盖范围有限，且需考虑海冰漂移和时间差带来的影响，本章将两者的匹配距离阈值设置为 800 m，提取经纬度相近的数据为本章的 LEAD 训练样本。当 HY-2B 与 MODIS 冰间水道产品的位置间的距离小于 800 m 时，则证明认为该位置的 HY-2B 数据记录了冰间水道的相关信息。由于 LEAD 的数量较少，在这里每月选用了 3 000 样本，其中训练样本 2 100 个，验证样本 900 个，训练样本与验证样本相互独立。

第二步，进行 MYI、FYI、TFYI 和 OW 四种类型的海冰样本提取。

由于北极冰况图的时间跨度达到了 7 天左右，其时间分辨率相对较低，无法保证海冰监测的实时性。同时北极的范围较大，冰边缘区域的海冰类型变化较快，单一机构发布的冰况图可能无法展示较短时间内的海冰生长情况，不免会和 HY-2 高度计产生时间上的误差，造成样本提取的错误。因此本章使用二种冰况图相互进行对照，寻找在一定时间内未曾发生改变的海冰区域，同时可以避开冰边缘区域的影响。

为弥补与 HY-2B 数据的时间差，本章选择在时间相近的两种冰况图中海冰类型没有变化的区域，进行 HY-2B 的样本提取。例如，对于 2019 年 12 月 3 日的 AARI 冰况图，与之最近的 NSIDC 冰况图发布于 2019 年 12 月 6 日。先对这两幅冰况图进行与运算，在避开冰边缘的前提下，选择在两幅冰况图中海冰类型均一致的区域，再在这个区域内选择与 AARI 冰况图时间间隔小于 1 天的 HY-2B 数据(即 2019 年 12 月 2—4 日的 HY-2B 数据)进行配准，从而分别得到四种海冰类型对应的样本。需要说明的是，每种类型的样本选择是随机选取且在空间上均匀分布。

另外，当 LEAD 样本与海冰类型样本在空间上重叠时(这种概率非常小)，采用的是冰间水道样本，因为 MODIS 冰间水道产品与 HY-2 数据的时间间隔最小。MYI、FYI、TFYI 和 OW 四类样本每月各 10 000 个，其中训练样本 7 000 个，验证样本 3 000 个，两者相互独立。

第三步，以向量的形式对五类海冰样本进行存储，形式为某地物及与之相对应的波形特征。

#### 6.4.1.2 波形特征提取

来自 HY-2B 雷达高度计的返回信号被采样到 128 个 bin 的窗口中，该信号通常称为回波波形。为了利用 HY-2B 高度计回波波形进行海冰分类，需要选取能够定量地描述波形的形状并考虑信号强度和宽度的差异的波形特征。结合前人研究结果，本章选择 MAX、PP、LEW 和 Sigma0 共四个经典的波形特征进行海冰分类实验，正确地提取波形的特征参数是海冰分类的重要前提。PP、LEW 与 Sigma0 可同时实现对 ENVISAT 与 CS-2 高度计波形的较好分类。MAX 是 Zygmuntowska 等(2013)、Rinne 等(2016)、沈校熠(2018)均使用过的波形特征。因此以上四个经典的波形特征被选用于本章实验。其中，LEW、PP 和 MAX 需要从波形中计算得到，Sigma0 可以从 HY-2B SGDR 数据中直接读取。图 6-8 展示了归一化后五类地物的典型波形。

MAX：特征 1(F1)，它是 HY-2 高度计中的波形功率最大值。式中，$P_i$ 为波形在第 $i$ 个距离门处的功率，$P_{\max}$ 为波形的最大功率，下同。

$$\mathrm{MAX} = P_{\max} = \max(P_i) \qquad i = 1, 2, 3, \cdots, 128 \tag{6-2}$$

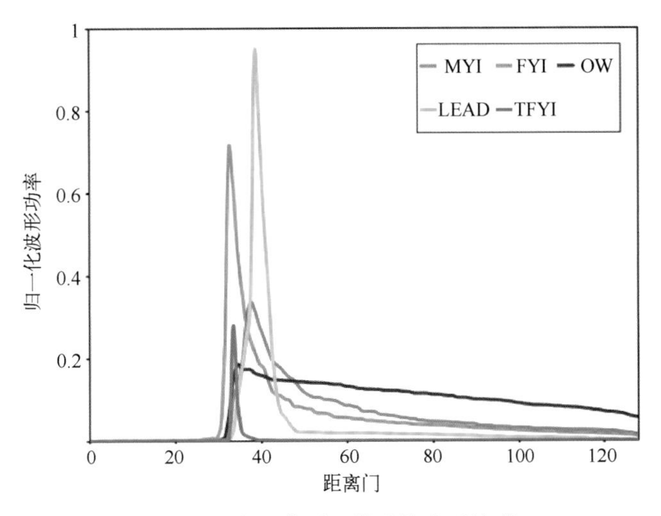


图 6-8　归一化后五类地物典型波形

PP：特征 2(F2)，它是雷达波形最大峰值功率(MAX)与同一波形中的所有波形总功率的比。HY-2B 波形为 128 位，对应的 PP 值即 MAX 与 128 位距离门对应的波形功率一一相加后相除得到。

$$PP = \frac{P_{\max}}{\sum_{i=1}^{128} P_i} \tag{6-3}$$

LEW：特征 3(F3)，它是回波波形在波形前缘处最大功率值的 5%和 95%点位间的距离门数(从第一个大于最大功率 5%的距离门开始到第一个大于最大功率 95%的距离门结束。式(6-4)中 $A_1$为波形前缘处最大功率的 5%，$A_2$为波形前缘处最大功率值的 95%。

$$LEW = Bin(A_1) - Bin(A_2) \tag{6-4}$$

Sigma0：特征 4(F4)，它是 HY-2 高度计接收到的地物的表面后向反射系数，在 HY-2B 中，该值已校正了大气衰减和仪器误差。

图 6-8 为归一化后五类海冰的典型波形。通常 LEAD 的表面较平缓，雷达信号多为镜面反射，因此 LEAD 的 PP 值较高且拥有较小的 LEW；对于 OW 和海冰则以发生漫反射为主，因此海冰与海水的 *PP* 值远低于 LEAD。从图 6-8 中可以看出，五类地物的 *PP* 值从高到低排序分别是 LEAD、FYI、TFYI、MYI 和 OW。对于 MAX 来说，LEAD 要远高于其余地物，五类地物的 MAX 值

由高到低排序为 LEAD、FYI、MYI、TFYI 及 OW。对于 LEW 来说，OW 的 LEW 要大于其他四类地物。毫无疑问，通过 HY-2B 的波形特征的差异，可以初步实现对各地物的分类。

#### 6.4.1.3 特征可分离度

为了评估单个波形特征对海冰类型的识别能力，本章应用 KS 检验定量来分析不同波形特征对海冰类型的区别能力。KS 检验的统计量(KS 距离) $D$ 的计算方法如下：

$$D = \max|F(x) - S(x)| \tag{6-5}$$

式中，$F(x)$ 为波形特征 1 的累计概率；$S(x)$ 为波形特征 2 的累计概率，KS 距离 $D$ 于两者间距离最大时取得。

在统计学中，KS 检验可以通过量化两个样本的经验累积分布函数之间的距离来判断两个数据集是否存在显著差异。KS 距离是重要的可分离性标准，用于测量两个累积分布函数之间的最大绝对差。它可以取 0~1 之间的值。一般来说，KS 距离小于 0.5 证明使用该特征难以将地物进行分类。KS 距离处于 0.5~0.7 时，说明具有部分可分离性；KS 距离处于 0.7~0.9 之间说明有较好的分离性；KS 距离大于 0.9 时，说明具有极好的分离性。选定的 0.7 和 0.9 值是定义上述三个组的合理阈值。

结合 2019 年 12 月和 2020 年 3 月的 HY-2B 数据，对各地物类型中的四个参数进行 KS 距离计算，表 6-3 为 KS 检验后的定量结果。由表 6-3 可知，MAX 值对 OW 和 LEAD 的区分度较好，OW 与三种海冰间的 KS 距离均大于 0.5，但难以区别 OW 与 LEAD。同时还发现 MAX 对海冰和 LEAD 之间有着较好的区分度，在 LEAD 与 TFYI 和 MYI 间的 KS 距离均为 0.5 以上。但 MAX 对于海冰类型间的区分度较低，KS 距离基本处于 0.5 以下。

**表 6-3 四种波形特征间的 KS 距离**

| 波形特征 | OW vs FYI | OW vs TFYI | OW vs MYI | OW vs LEAD | FYI vs TFYI | FYI vs MYI | FYI vs LEAD | TFYI vs MYI | TFYI vs LEAD | MYI vs LEAD |
|---|---|---|---|---|---|---|---|---|---|---|
| MAX | 0.682 | 0.598 | 0.607 | 0.354 | 0.558 | 0.231 | 0.627 | 0.321 | 0.554 | 0.702 |
| PP | 0.863 | 0.702 | 0.753 | 0.708 | 0.528 | 0.262 | 0.812 | 0.215 | 0.549 | 0.301 |
| LEW | 0.729 | 0.354 | 0.421 | 0.324 | 0.712 | 0.432 | 0.524 | 0.395 | 0.514 | 0.509 |
| Sigma0 | 0.523 | 0.717 | 0.566 | 0.236 | 0.396 | 0.426 | 0.518 | 0.367 | 0.324 | 0.758 |

PP 对 OW 的区分度最好，KS 距离均达到了 0.7 以上，充分证明了 PP 对 OW 有着较好的可分离性。同时可以看出，PP 能对 FYI 与 LEAD 进行较好的区分，KS 距离达到了 0.812。但是也可以发现，仅使用 PP 难以对海冰类型进行精确的区分，PP 在识别其余地物类型之时的区分度就远低于 OW。

LEW 对 OW 与 FYI 的区分较好，也能区分 FYI 与 TFYI，KS 距离均达到了 0.7 以上。除 FYI 外，仅使用 LEW 无法对 OW 和其他海冰进行分离，KS 距离均在 0.5 以下。还可以看出，LEW 对 LEAD 具有一定的区分能力，除难以对 OW 与 LEAD 进行识别外，KS 距离均达到了 0.5 以上。

Sigma0 对于 OW 的区分度较高，尤其可将 OW 与 TFYI 进行较好的分离，KS 距离达到了 0.7 以上，但对海冰间的区分能力较低。在对 MYI 与 LEAD 的区分时，其 KS 距离达到了 0.758，为 4 个参数中最优。但也可以看出，仅使用 Sigma0 对海冰间的区分效果不佳，MYI、FYI 及 TFYI 间的 KS 距离均处于 0.5 以下。

从地物类型识别的角度来说，若仅使用某一个波形参数进行分类，FYI 和 MYI、TFYI 与 MYI 及 TFYI 与 LEAD 这三组地物难以较好的识别(最高的 KS 距离低于 0.7，大部分 KS 距离低于 0.5)。值得注意的是，表格中所有 KS 距离均未达到 0.9，由此推断，若仅利用单波形特征进行地物类型区分，会存在一定的不确定性，无法对五类地物进行较好的识别，因此，笔者考虑综合多波形特征开展海冰分类研究。

#### 6.4.1.4　特征互信息计算

为进一步对波形特征间进行分析研究，同时对四个波形特征 MAX、PP、LEW 和 Sigma0 进行筛选，本章选择使用互信息(mutual information，MI)对四个波形特征进行相关性分析。MI 表示两个波形特征 $E$ 与 $F$ 是否有关系以及两者间关系的强弱。其公式如下，设两个随机波形特征($E$，$F$)的联合分布为 $p(e, f)$，边缘分布分别为 $p(e)$、$p(f)$，互信息 $I(E; F)$ 是联合分布 $p(e, f)$ 边缘分布 $p(e)p(f)$ 的相对熵，即

$$I(E; F) = \sum_{e \in E} \sum_{f \in F} p(e, f) \log \frac{p(e, f)}{p(e)p(f)} \tag{6-6}$$

将 MI 运用至 HY-2B 的波形特征中，可以推导出，当两个波形特征间的

互信息值越高，两者的相关性越强，说明两者间包含的共同重复信息越多，同时也证明两者之间会有较高的冗余度。一个特征与自身之间的归一化互信息为 1，而不同特征之间的值小于 1。若存在二个冗余度较高的特征（互信息值 MI>0.8），本章将不予采用。

图 6-9 为 MAX、PP、LEW 和 Sigma0 四个波形特征间的归一化互信息，图中的颜色从蓝至黄表示了互信息值的上升，互信息最高值为 1，最低值为 0。由图可见，任意波形特征间的互信息值均关于主对角线呈现对称分布，这也符合互信息的对称性。

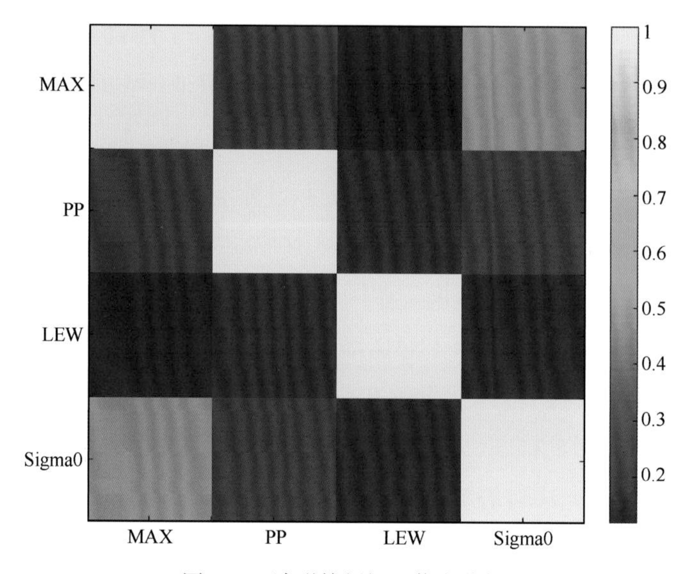


图 6-9　波形特征间互信息分析

由图 6-9 中可以看出，除 MAX 与 Sigma0 两个波形特征间外，绝大部分波形特征间的互信息都低于 0.2，证明这些特征间有着较小的冗余度，其波形包含描述的波形信息较为独特。但 MAX 和 Sigma0 间的互信息达到了 0.465，高于其余特征间的互信息值数倍，证明 MAX 与 Sigma0 所包含信息间有着相对较大的相关性，会存在一定程度的信息冗余。与之相反的，LEW 与 MAX 二个波形特征间具有着最小的互信息值，仅为 0.118，证明 LEW 和 MAX 之间有着最低的冗余性。

总的来说，图中的大部分归一化互信息值的变化趋势符合信息冗余度低的特点，每组波形特征间的互信息值 MI 均小于 0.8。本章选择的波形特征间具有较小的互信息值(均处于 0.5 以下)，因此四个波形特征均具有良好的独立性。需要说明的是，仅有 MAX 与 Sigma0 二个特征间存在部分冗余的可能性，但仅为 0.465，仍然值得对二者进行接下来的海冰分类实验分析。这也证明了本章选择的四个波形特征均有助于更加充分地表征波形信息，因此在这个部分中没有波形特征被筛除。

#### 6.4.1.5　基于最优波形组合分类结果

本章中使用了四个特征对 Ku 波段 HY-2 进行分类，这意味着每个分类器有 $2^4-1$ 个即 15 种波形特征组合(表 6-4)。为定量地比较分类效果，笔者使用 KNN 分类器对不同的特征组合的分类性能进行了测试，本章设 KNN 采用欧氏距离衡量地物间的距离且 $k=3$，这部分已在 3.2 节进行了描述。最后，将分类结果与 AARI、NSIDC 北极冰况图和 MODIS 冰间水道产品进行对比，最终求得五类海冰的分类精度。为尽量削弱季节及气候变化对本章实验造成的误差，笔者选用了 2019 年 12 月(冬季)和 2020 年 3 月(初春)两个季节开展实验。

**表 6-4　15 种波形特征组合**

| 编号 | 波形特征组合 | 编号 | 波形特征组合 |
|---|---|---|---|
| 组合 1 | F1 | 组合 9 | F2、F3 |
| 组合 2 | F2 | 组合 10 | F3、F4 |
| 组合 3 | F3 | 组合 11 | F1、F2、F3 |
| 组合 4 | F4 | 组合 12 | F1、F2、F4 |
| 组合 5 | F1、F2 | 组合 13 | F1、F3、F4 |
| 组合 6 | F1、F3 | 组合 14 | F2、F3、F4 |
| 组合 7 | F1、F4 | 组合 15 | F1、F2、F3、F4 |
| 组合 8 | F2、F4 | | |

图 6-10 为上述两个月数据的分类结果对比，五种海冰分类的结果被进行了平均运算处理。纵坐标为 15 种波形特征组合，横坐标为平均分类精度，绿色和棕色分别代表了 2019 年 12 月及 2020 年 3 月的平均海冰分类精度对比。图 6-11 展示了使用本章算法的最终海冰分类结果，绿色和红色分别代表了一年冰及多年冰的分布，黄色代表了薄一年冰，蓝色代表了海水，紫色代表了冰间水道的分布。表 6-5 和表 6-6 定量地描述了不同月份海冰分类精度前三位所对应的波形特征组合以及该组合对应的五种海冰的分类精度。

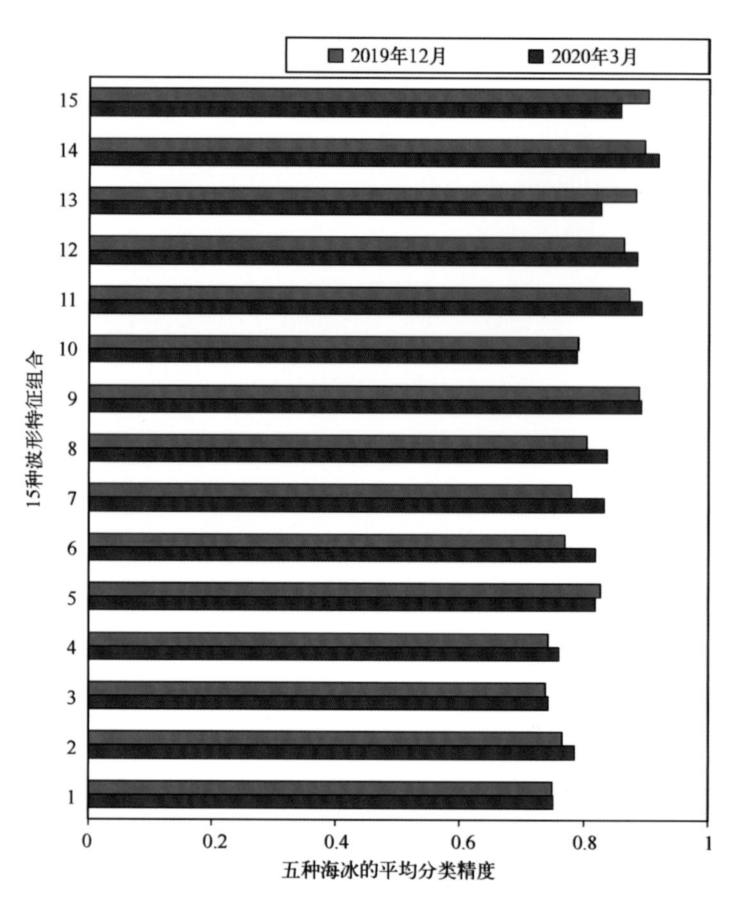


图 6-10　2019 年 12 月与 2020 年 3 月海冰平均分类精度

**表 6-5　2019 年 12 月海冰分类结果**

| 编号 | OW | MYI | FYI | TFYI | LEAD | 总体精度 |
|---|---|---|---|---|---|---|
| 组合 15 | 93. 14% | 89. 09% | 88. 45% | 87. 65% | 93. 36% | 90. 34% |
| 组合 14 | 92. 58% | 87. 25% | 89. 21% | 87. 62% | 92. 44% | 89. 82% |
| 组合 9 | 92. 62% | 89. 15% | 87. 93% | 86. 34% | 88. 51% | 88. 91% |

**表 6-6　2020 年 3 月海冰分类结果**

| 编号 | OW | MYI | FYI | TFYI | LEAD | 总体精度 |
|---|---|---|---|---|---|---|
| 组合 14 | 93. 65% | 92. 15% | 89. 34% | 91. 14% | 93. 52% | 91. 96% |
| 组合 9 | 93. 18% | 91. 02% | 87. 28% | 89. 78% | 85. 29% | 89. 31% |
| 组合 11 | 92. 47% | 90. 21% | 88. 68% | 88. 93% | 85. 81% | 89. 22% |

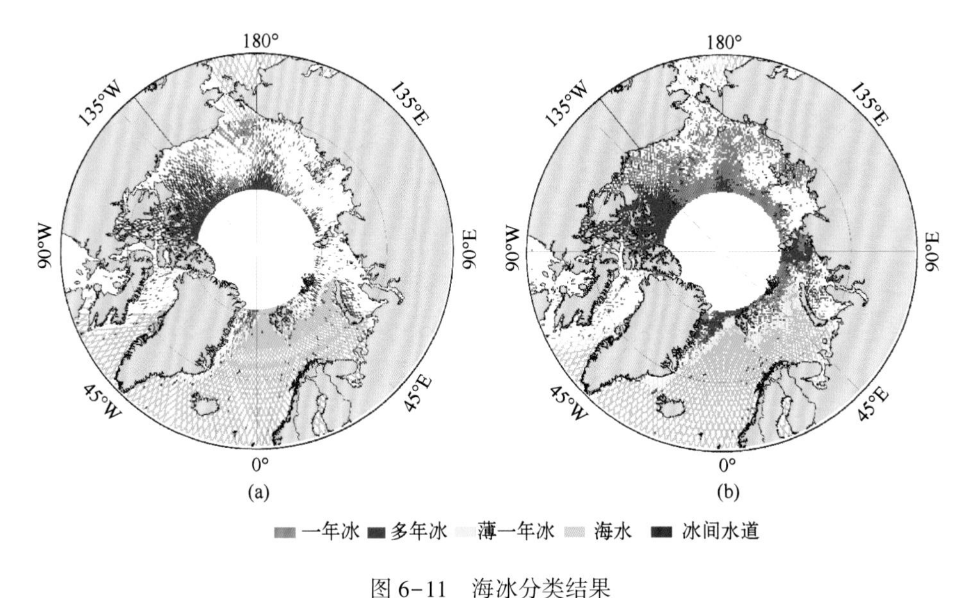


图6-11　海冰分类结果

(a)2019年12月的海冰分类结果；(b)2020年3月的海冰分类结果

结合表6-5可知，对于2019年12月数据来说，最好的分类结果的波形组合分别为组合15、组合14及组合9。组合15为MAX、PP、LEW及Sigma0的组合，组合14为PP、LEW及Sigma0的组合，组合9为PP与LEW的组合；结合表6-6可知，对于2020年3月数据来说，最好的分类结果的波形组合分别为组合14、组合9及组合11，组合11为MAX、PP及LEW三个波形特征参数的组合。

对比表6-5、表6-6可知，对于2019年12月和2020年3月，组合14和组合9均能得到较高的海冰分类精度。只是2019年12月，组合14的平均分类精度较组合15略低(仅相差0.52%)。但组合14也有其自身的优势，例如对于FYI的检测，组合14的探测精度为89.21%，高于组合15的88.45%。因此从冬季(2019年12月)和初春(2020年3月)两个月份的结果上看，组合14(即PP、LEW及Sigma0的特征组合)可能更为普适。值得一提的是，组合14也是Paul等的实验中所选择的，可以实现对ENVISAT和CS-2波形进行分类，是常见的波形特征组合。

在2019年12月中，组合15的平均海冰分类精度略高于组合14的原因，可能在于组合15引入了MAX这一波形特征。由表6-3和上文的结论可知，

MAX 对 OW 和 LEAD 有较好的区分度。相比于 3 月，北极 12 月处于初冬季节，存在较多的开阔水和冰间水道，所以在这个月份 MAX 的引入能够帮助提高 OW 和 LEAD 的识别精度。从表 6-5 中也能看出相较于组合 14，组合 15 对 OW 和 LEAD 的识别精度确实有一定的提高。

综合图 6-10 与表 6-5、表 6-6 可知，对于 2019 年 12 月和 2020 年 3 月，本章算法的最高平均精度均可以达到 90%以上，尤其是对于 OW 来说，最高分类精度可以达到 93%以上。组合 1 至组合 4 为仅使用单个波形特征进行海冰分类实验，若将其设为对照组，可以发现其分类精度均低于结合众参数进行实验的其他组合，证明多特征识别海冰的优越性，这里的结论也与前文所阐述的结论是一致的。图 6-12 统计了表 6-5、表 6-6 中四项波形特征出现的频次，由高到低对其进行排列，分别是 PP=LEW>Sigma0>MAX。

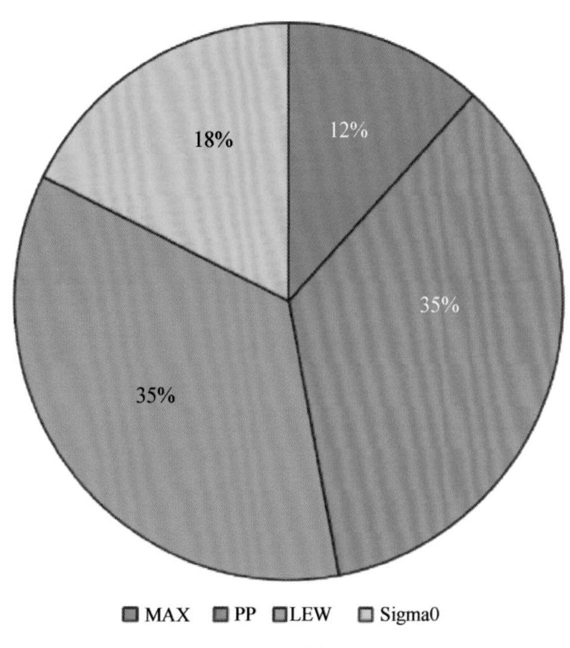


图 6-12　四项波形特征出现的频次

### 6.4.2　海冰雷达干舷高度反演结果

海冰的雷达干舷获取是海冰干舷反演的重要前提，同样也是海冰厚度反演的基础。为探索国产高度计对极地监测的能力，本节将基于 HY-2B 高度计开展北极的海冰雷达干舷高度反演研究。海冰雷达干舷高度的反演包含两个重要技术，第一是进行高度计测高误差校正，第二是利用重跟踪算法对波形进行重跟踪校正处理。对高度计进行测距误差校正后，海冰雷达干舷反演的关键是进行波形重跟踪校正。在本节中，TFMRA 算法被选用于 HY-2B 高度计的波形重跟踪运算，为确定针对脉冲有限 HY-2 高度计的重跟踪阈值，本节构建了 46 组不同阈值组合，通过与同期 CS-2 二级产品提供的海冰雷达干舷高度进行对比，得到了适用于 HY-2 的最优重跟踪阈值。最终本节给出了 2019 年 12 月至 2020 年 4 月的海冰雷达干舷反演结果。

#### 6.4.2.1　最优波形重跟踪阈值的确定

为了分别确定对冰间水道和海冰波形的最优重跟踪阈值，本节在参考了几个经典的波形重跟踪阈值组合(表 6-7)的前提下，为更加细致分析阈值的选取对海冰雷达干舷反演的影响，并选择最优的阈值组合，除以上常用阈值组合外，以 5%或 10%为跨度又添加了几组测试阈值，将冰间水道的最高重跟踪阈值设为 95%，重新构建了共 46 组重跟踪阈值组合，详见表 6-8。同时，需要指出的是冰间水道的选取阈值通常大于海冰的阈值，这是因为对于雷达高度计采集样本时冰间水道的后向散射常高于海冰。

**表 6-7　文献中冰间水道与海冰重跟踪阈值组合选择**

| (冰间水道，海冰)阈值组合 | 文献 |
|---|---|
| 25%，25% | Helm 等，2014 |
| 40%，40% | 王立伟等，2015；Ricker 等，2014；Price 等，2015 |
| 50%，50% | Laxon 等，2013；Ricker 等，2014；Kurtz 等，2014；Paul 等，2018 |
| 70%，50% | 沈校熠，2018；Xia 等，2018 |
| 80%，80% | Ricker 等，2014 |
| 95%，自适应阈值 | Paul 等，2018 |

本节将 2019 年 12 月至 2020 年 4 月的 HY-2B 数据在 46 种阈值组合方案下得到的海冰雷达干舷高度分别与同期的 CryoSat-2 二级海冰雷达干舷数据产品进行对比。首先，为测试 HY-2 反演海冰干舷高度的能力，本节将 CryoSat-2 二级产品中所携带的海冰雷达干舷高度设为北极海冰雷达干舷的参考。当 HY-2B 得到的海冰雷达干舷高度与 CryoSat-2 二级产品的差异越小，则证明该阈值组合最适用于国产 HY-2B 高度计，本节将以此原则选择出最优的重跟踪阈值组合。

表 6-8 本节使用的重跟踪阈值组合(冰间水道，海冰)

| 编号 | 阈值组合 | 编号 | 阈值组合 | 编号 | 阈值组合 |
|---|---|---|---|---|---|
| 1 | 25%，25% | 17 | 80%，40% | 33 | 90%，70% |
| 2 | 40%，40% | 18 | 80%，50% | 34 | 90%，75% |
| 3 | 50%，50% | 19 | 80%，60% | 35 | 90%，80% |
| 4 | 50%，40% | 20 | 80%，70% | 36 | 90%，85% |
| 5 | 60%，60% | 21 | 80%，75% | 37 | 90%，90% |
| 6 | 60%，50% | 22 | 80%，80% | 38 | 95%，40% |
| 7 | 60%，40% | 23 | 85%，40% | 39 | 95%，50% |
| 8 | 70%，40% | 24 | 85%，50% | 40 | 95%，60% |
| 9 | 70%，50% | 25 | 85%，60% | 41 | 95%，70% |
| 10 | 70%，60% | 26 | 85%，70% | 42 | 95%，75% |
| 11 | 70%，70% | 27 | 85%，75% | 43 | 95%，80% |
| 12 | 75%，40% | 28 | 85%，80% | 44 | 95%，85% |
| 13 | 75%，50% | 29 | 85%，85% | 45 | 95%，90% |
| 14 | 75%，60% | 30 | 90%，40% | 46 | 95%，95% |
| 15 | 75%，70% | 31 | 90%，50% | | |
| 16 | 75%，75% | 32 | 90%，60% | | |

需要说明的是，由于 ESA 提供的 CryoSat-2 二级产品中只提供了海冰干舷高度与积雪厚度，缺少海冰雷达干舷高度的相关信息。式(6-7)是常见的海冰雷达干舷求取方法，可以通过积雪厚度信息的输入将海冰干舷高度转化为海冰雷达干舷高度。所以本节将通过式(6-7)求得 CryoSat-2 的海冰雷达干舷高度以便与 HY-2B 高度计进行比较。

$$F_R \approx F - 0.22h_s \tag{6-7}$$

式中，$F_R$ 为海冰雷达干舷高度，$F$ 为海冰干舷高度，$h_s$ 为积雪厚度。

不同阈值组合下的 HY-2B 海冰雷达干舷高度反演的精度计算原则如下，将 HY-2B 与 CryoSat-2 两种高度计的沿轨数据进行交叉匹配，距离间隔设置为 2 km(确保间隔距离差异小于 HY-2B 中 Ku 波段的足印)，不同任务轨道两两相交就会确定一个交叉点，交叉点分别记录了 2 km 内 HY-2B 和 CryoSat-2 二级产品的海冰雷达干舷高度及冰厚反演所需的相关信息。当两者的海冰干舷差异最小时，则说明利用该阈值组合得到的海冰干舷高度最为精确。

本节以 2019 年 12 月 1 日的数据对上述步骤进行详细说明。第一步，分别将 46 组重跟踪阈值下得到的 2019 年 12 月 1 日 HY-2B 海冰雷达干舷高度与 2019 年 12 月 1 日的 CryoSat-2 的二级产品进行交叉匹配，一般认为在 24 小时之内，海冰的形态及特征没有产生很大的变化。第二步，以 HY-2B 的位置为基准，当二点间的间距小于 2 km 则证明匹配成功，此时有可能会出现一个 HY-2B 对应着多个 CryoSat-2 点的情况，这是因为两种高度计的轨道不同，造成CryoSat-2 的点数目要远大于 HY-2B 所引起的。第三步，为保证匹配精度，本节取在经纬度位置上距离 HY-2B 最近的 CryoSat-2 的海冰雷达干舷点作为匹配值，空间距离相近保证了海冰雷达干舷高度仅会产生最低的变化。第四步，重复第一步至第三步，输出并分析 2019 年 12 月至 2020 年 4 月的匹配结果。本节将对 5 个月的匹配数据进行统一分析，以选取对五个月的干舷反演结果俱佳的阈值组合。第五步，分别对基于 46 组阈值组合的两种传感器的海冰雷达干舷高度进行对比，寻找与 CryoSat-2 二级产品中雷达干舷相差最小的 HY-2B 海冰雷达干舷，以完成对 HY-2B 雷达干舷高度反演的最优波形重跟踪阈值组合的筛选。图 6-13 是以 2019 年 12 月 1 日为例的 HY-2B 与 CryoSat-2 二级产品的匹配示意图，图中红色圆点为两种高度计匹配成功的位置，黄色点为 CryoSat-2 二级产品，绿色点为基于 HY-2B 反演得到海冰雷达干舷。

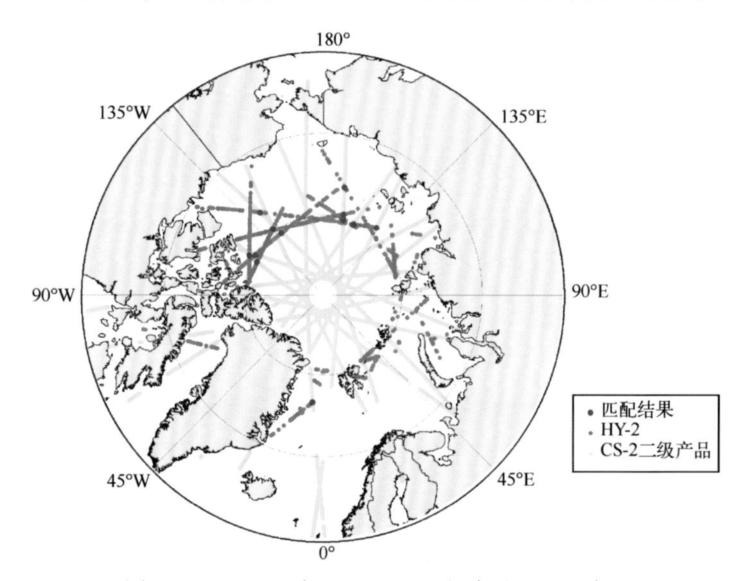


图 6-13　HY-2B 与 CryoSat-2 二级产品匹配示意图

图 6-14 至图 6-16 分别输出了 46 组阈值组合下的 HY-2B 海冰干舷反演

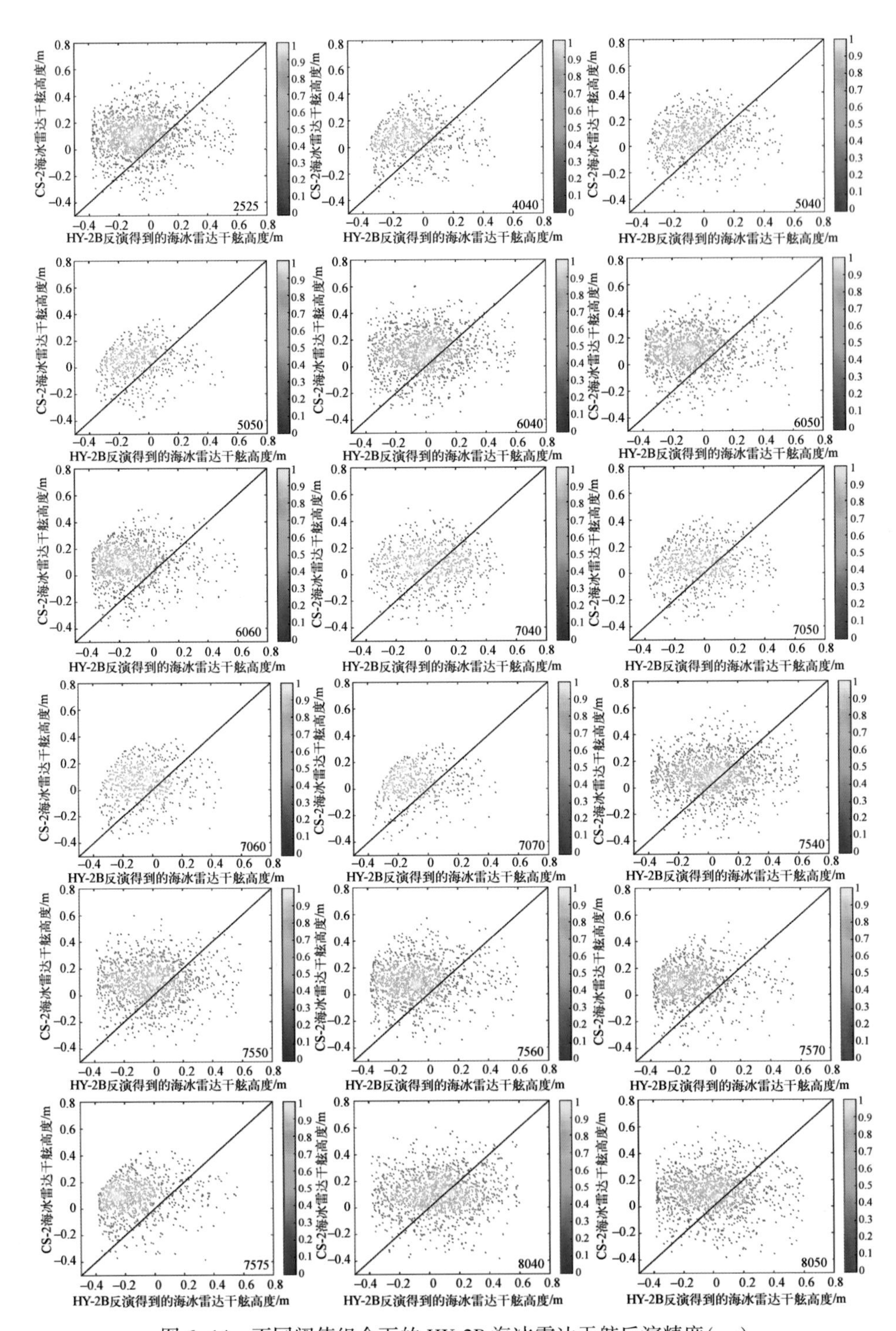


图 6-14 不同阈值组合下的 HY-2B 海冰雷达干舷反演精度(一)

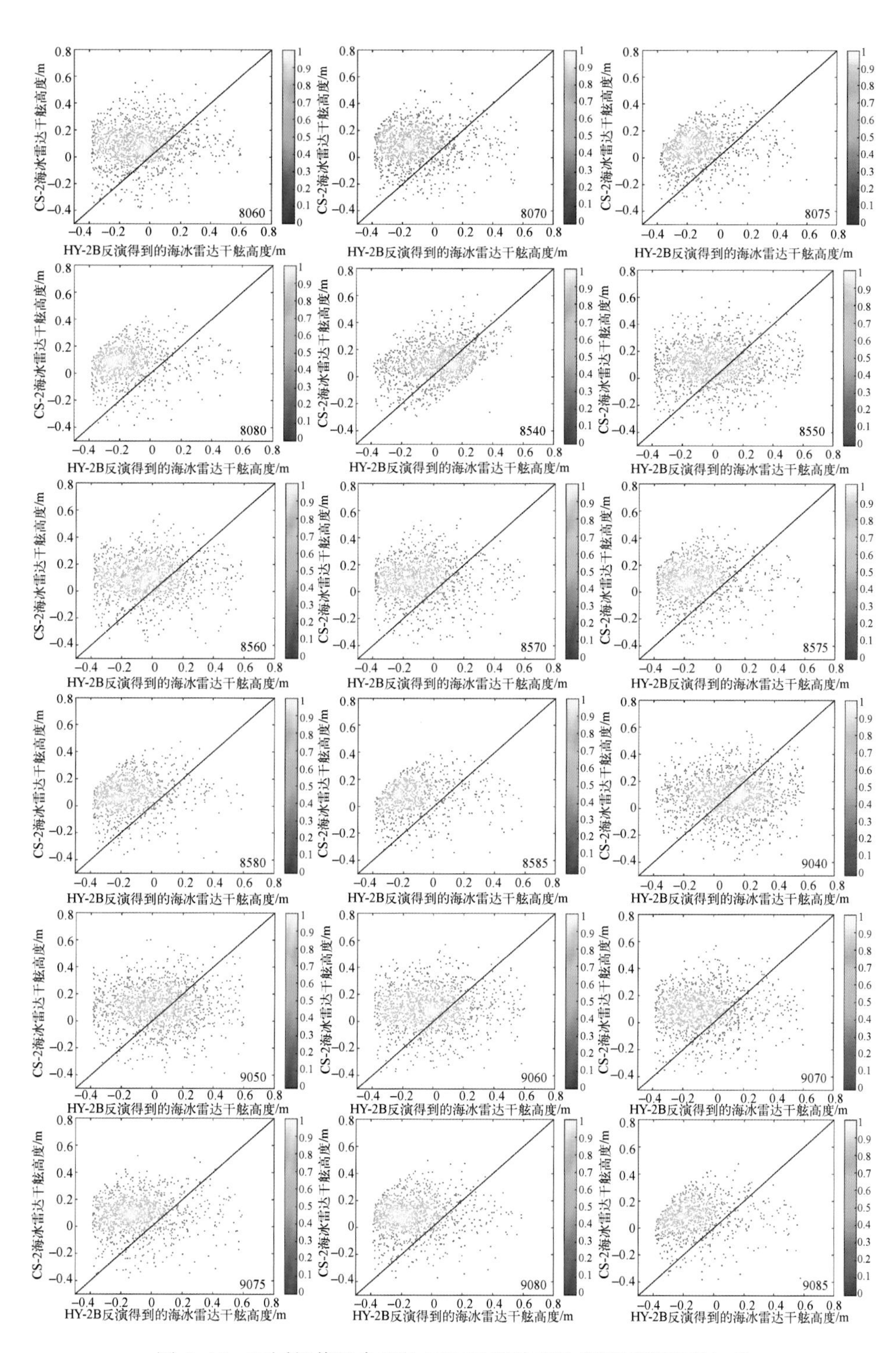


图 6-15 不同阈值组合下的 HY-2B 海冰雷达干舷反演精度(二)

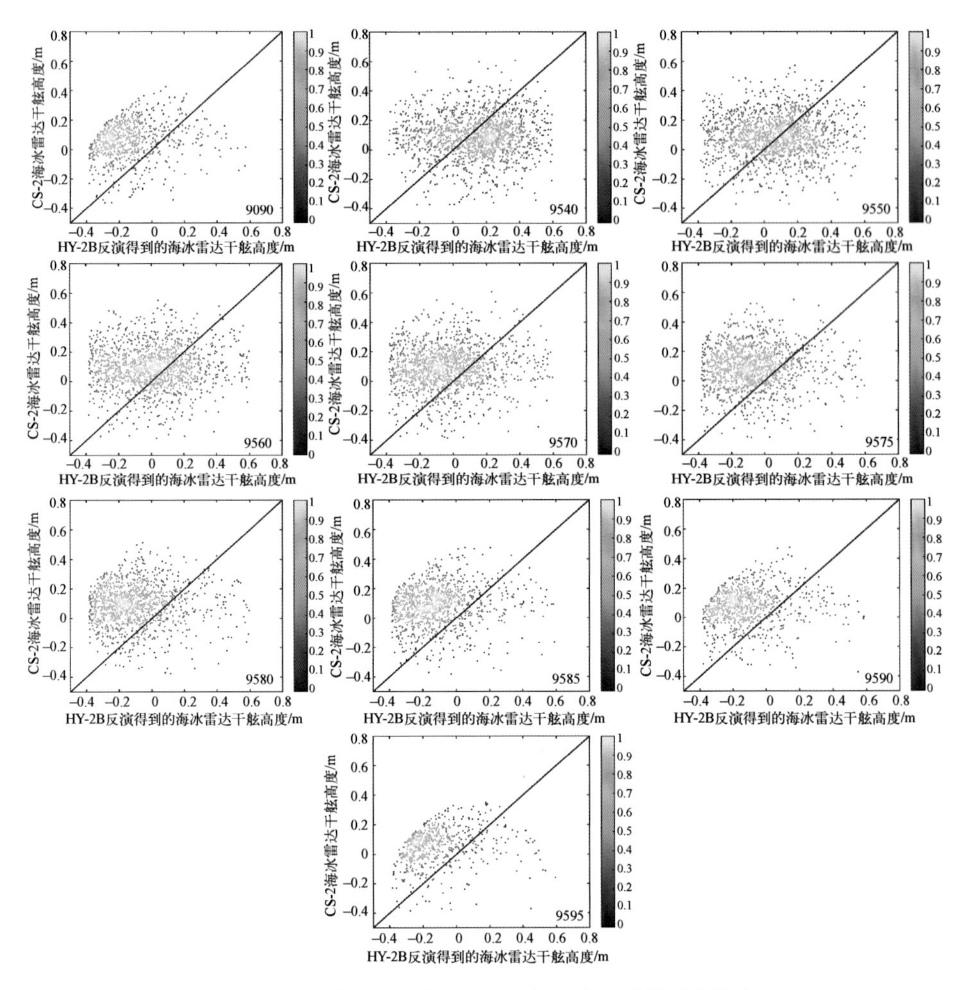


图 6-16　不同阈值组合下的 HY-2B 海冰雷达干舷反演精度(三)

精度图，横坐标为 HY-2B 反演得到的海冰雷达干舷高度，纵坐标是与之对应的 CryoSat-2 海冰雷达干舷高度，每张图片的右下角分别标注了冰间水道及海冰的重跟踪阈值选择，如表 6-8 所示，前两位数字代表着冰间水道的重跟踪阈值，后两位数字代表了海冰的重跟踪阈值设置。以图 6-14 的第一张图片为例，图片右下角标注有 2525，说明冰间水道的阈值被设为 25%，海冰的阈值被设为 25%。

表 6-9 是 46 组阈值组合的均方根误差(root mean square error，RMSE)、平均绝对误差(mean absolute error，MAE)、相关系数($R$)的统计。一般来说 $R$ 越高，RMSE 越小，则证明误差越小，也证明 HY-2B 与 CryoSat-2 之间的干舷总体相差最小，说明基于该阈值组合得到的 HY-2B 的海冰雷达干舷相对来说

最为准确。除 RMSE 及 $R$ 的统计外，还需要参考图 6-14 至图 6-16 中的点密度分布，若匹配点多集中于 1∶1 等值线周围，则证明在该阈值组合下的 HY-2B 与 CryoSat-2 具有更相似海冰雷达干舷高度。换言之，在该阈值组合下，HY-2B 反演得到的海冰雷达干舷高度精度最高。

**表 6-9　在 46 组阈值组合下 HY-2B 海冰雷达干舷反演的精度统计**

| 序号 | MAE | RMSE | $R$ | 序号 | MAE | RMSE | $R$ |
|---|---|---|---|---|---|---|---|
| 1 | 0. 241 | 0. 290 | 0. 122 | 24 | 0. 230 | 0. 285 | 0. 121 |
| 2 | 0. 207 | 0. 244 | 0. 098 | 25 | 0. 241 | 0. 293 | 0. 082 |
| 3 | 0. 195 | 0. 238 | 0. 114 | 26 | 0. 268 | 0. 314 | 0. 079 |
| 4 | 0. 189 | 0. 220 | 0. 153 | 27 | 0. 262 | 0. 303 | 0. 124 |
| 5 | 0. 228 | 0. 284 | 0. 105 | 28 | 0. 255 | 0. 293 | 0. 182 |
| 6 | 0. 257 | 0. 304 | 0. 109 | 29 | 0. 246 | 0. 278 | 0. 228 |
| 7 | 0. 267 | 0. 309 | 0. 095 | 30 | 0. 212 | 0. 267 | 0. 062 |
| 8 | 0. 187 | 0. 232 | 0. 084 | 31 | 0. 226 | 0. 282 | 0. 031 |
| 9 | 0. 190 | 0. 233 | 0. 105 | 32 | 0. 237 | 0. 292 | 0. 091 |
| 10 | 0. 195 | 0. 230 | 0. 126 | 33 | 0. 250 | 0. 299 | 0. 098 |
| 11 | 0. 193 | 0. 224 | 0. 172 | 34 | 0. 251 | 0. 295 | 0. 133 |
| 12 | 0. 215 | 0. 272 | 0. 081 | 35 | 0. 257 | 0. 298 | 0. 162 |
| 13 | 0. 237 | 0. 292 | 0. 102 | 36 | 0. 254 | 0. 288 | 0. 169 |
| 14 | 0. 253 | 0. 301 | 0. 121 | 37 | 0. 245 | 0. 277 | 0. 183 |
| 15 | 0. 262 | 0. 301 | 0. 134 | 38 | 0. 218 | 0. 273 | 0. 066 |
| 16 | 0. 264 | 0. 300 | 0. 196 | 39 | 0. 215 | 0. 272 | 0. 070 |
| 17 | 0. 213 | 0. 270 | 0. 079 | 40 | 0. 233 | 0. 292 | 0. 066 |
| 18 | 0. 237 | 0. 293 | 0. 063 | 41 | 0. 248 | 0. 302 | 0. 077 |
| 19 | 0. 246 | 0. 298 | 0. 091 | 42 | 0. 260 | 0. 309 | 0. 054 |
| 20 | 0. 265 | 0. 308 | 0. 119 | 43 | 0. 260 | 0. 305 | 0. 109 |
| 21 | 0. 234 | 0. 267 | 0. 210 | 44 | 0. 262 | 0. 302 | 0. 127 |
| 22 | 0. 265 | 0. 299 | 0. 137 | 45 | 0. 248 | 0. 282 | 0. 130 |
| 23 | 0. 157 | 0. 200 | 0. 361 | 46 | 0. 225 | 0. 255 | 0. 225 |

对比 46 组阈值组合可知，可以看出 8540（冰间水道阈值为 85%、海冰阈值为 40%的简写，下同）为最佳阈值组合，从图 6-15 中可以看出，8540 阈值组合散点图密度多集中于 1∶1 等值线，与剩余 45 组数据进行对比可知，基于 8540 得到的干舷差值能使两种传感器之间的差值保持最小，最好地保证了任务间的一致性，由表 6-9 可知，此时 $R=0.361$，RMSE $=0.200$ m。这也证明当冰间水道阈值为 85%，海冰的阈值为 40%时，基于 HY-2B 反演得到的海冰

雷达干舷高度最趋近于真实值，因此 8540 被认为是 TFMRA 算法的最优阈值。

#### 6.4.2.2 HY-2B 海冰雷达干舷反演结果

基于 8540 是海冰雷达干舷反演的最优阈值组合，本节将 TFMRA 算法中冰间水道阈值设置为 85%，海冰阈值设置为 40%进行海冰的雷达干舷反演工作，使用 2019 年 12 月至 2020 年 4 月的 HY-2B 高度计数据，检验基于最优阈值反演雷达干舷的精度。将 HY-2B 海冰雷达干舷反演的结果与同期的 CryoSat-2 数据进行匹配，将两者间的距离设为 1 km 之内(HY-2B 的足印的一半)，并计算相关系数 $R$ 与均方根误差 RMSE。图 6-17 展示了基于 8540 反演的海冰雷达干舷高度与 CryoSat-2 二级产品的比较，横坐标为基于本节算法得到的海冰雷达干舷高度，纵坐标为相对应的 CryoSat-2 二级产品中的海冰雷达干舷高度。

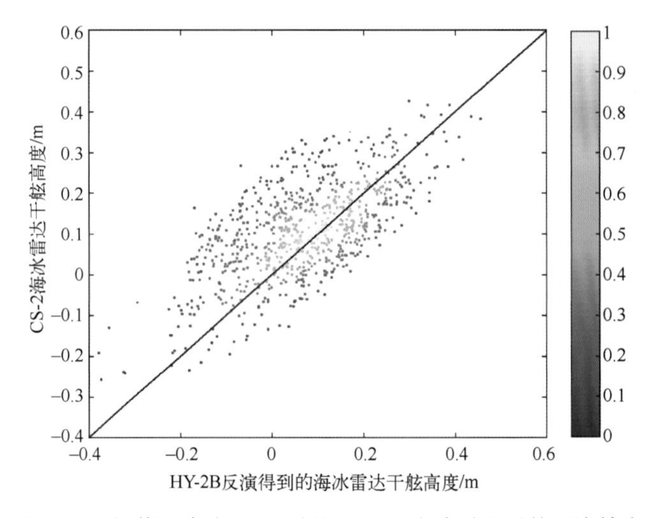


图 6-17 阈值组合为 8540 时的 HY-2B 海冰雷达干舷反演精度

本节通过计算得到了基于 HY-2B 高度计得到的海冰干舷高度的反演精度，通过与 CryoSat-2 二级产品中的雷达干舷高度进行对比可知，通过本节算法得到的海冰雷达干舷的相关系数 $R$ 为 0.705，均方根误差 RMSE 为 0.107 m。与表 6-9 相比，使用 8540 得到的海冰雷达干舷高度的精度最高，证明了使用该阈值组合进行海冰雷达干舷反演的正确性。同时从图 6-17 的横坐标范围中可以发现，对于大多数 HY-2B 数据反演得到的海冰雷达干舷高度来说，其高度值多集中分布于0~0.25 m 内，而与之相对应的 CryoSat-2 二级产品的海冰雷达干舷也集中于同样的范围内，这也再次说明了利用 8540 阈值组合进行波形重跟踪的正确性。

图 6-18 中的(a)至(e)分别给出了 2019 年 12 月至 2020 年 4 月北极地区海

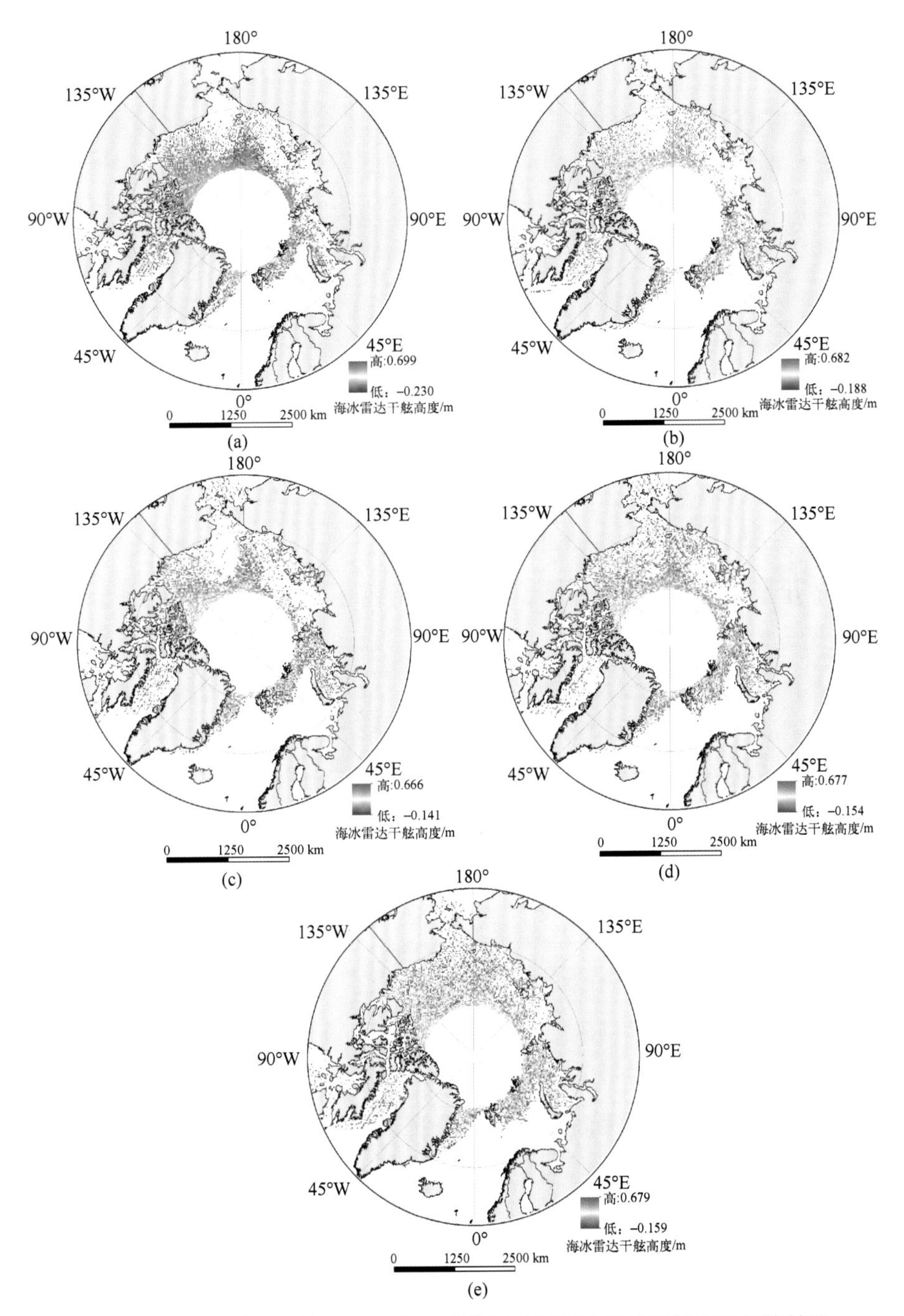


图 6-18　2019 年 12 月至 2020 年 4 月北极地区海冰雷达干舷高度反演结果

(a)2019 年 12 月；(b)2020 年 1 月；(c)2020 年 2 月；(d)2020 年 3 月；(e)2020 年 4 月

冰雷达干舷高度反演结果，将其格网化为 25 km×25 km 的产品，投影方式为极地等方位投影，在图中呈现绿色的部分代表该经纬度反演得到的海冰雷达干舷高度较高，呈现粉色的栅格是海冰雷达干舷高度较低的区域。从图 6-18 中可以看出，从 2019 年 12 月至 2020 年 4 月的海冰雷达干舷高度大多都处于-0.2~0.7 m 的区间范围内，但随着月份的更替，图中粉色栅格的覆盖范围在逐渐减少，说明了海冰雷达干舷高度随着时间的推移在不断地提升，这也与北极海冰的真实生长情况相一致。由于 HY-2 数据本身的限制，高度计数据在部分地区存在缺失情况，尤其是在拉普捷夫海周围存在极大的数据空洞，因此无法进一步对海冰的覆盖范围进行比较。

### 6.4.3 海冰厚度反演结果

在获得海冰雷达干舷后，经过积雪校正处理可以得到海冰干舷高度。再通过 6.3.3 节所述的浮体法即可求得海冰厚度。如式(6-1)所述，在利用浮力定律公式反演海冰厚度时其中最关键的步骤就是确定海冰密度、海水密度及积雪密度等相关参数的取值。采用的积雪密度偏低或海冰密度取值偏低会导致海冰厚度被低估，反之海冰厚度会被高估。使用不同的海冰、海水、积雪密度值组合用于海冰厚度反演，随密度取值的不同，反演的海冰厚度结果也会存在一定的差异。

综合国内外的研究进展可知，海水密度和积雪密度取决于盐度、温度和压力，在大多数情况下，海水密度一般使用固定值 1 024 kg/m$^3$，而积雪密度取值于 Warren 等在 1954—1991 年基于实测数据得出的密度值 320 kg/m$^3$，此值已被多位研究者广泛应用于海冰厚度的研究中。海冰密度是由海冰中卤水和气泡的含量决定的，针对海冰密度的取值，对于不同的海冰类型，密度的取值也不一样。相比于全部海冰类型使用统一的密度取值，不同类型的海冰分别使用不同的密度值，更加符合北极海冰的现状，有利于提高反演的海冰厚度准确性提高。在本节中，积雪厚度使用 clim-w99amsr2 积雪模型，海水密度设定为1 024 kg/m$^3$，多年冰和一年冰的密度分别设置为 916.7 kg/m$^3$和 882.0 kg/m$^3$，积雪密度设置为 320 kg/m$^3$。

将海冰厚度产品与同期 CryoSat-2 的 AWI 海冰厚度数据相比，计算海冰厚度反演结果的相关精度，时间为 2019 年 12 月至 2020 年 4 月，匹配结果见图

6-19。将 HY-2 与 CryoSat-2 两种高度计的沿轨数据进行交叉匹配，距离间隔设置为 2km，交叉点中记录了两种产品的海冰厚度信息。图 6-19 中横坐标是基于 HY-2B 高度计反演得到的海冰厚度，纵坐标是基于 AWI 产品得到的海冰厚度信息。与 AWI 厚度产品进行比较，利用本节算法得到的 HY-2 海冰厚度的 RMSE 为 59. 65 cm。图 6-20 以 2019 年 12 月的数据为例，展示了该月份的海冰厚度产品。

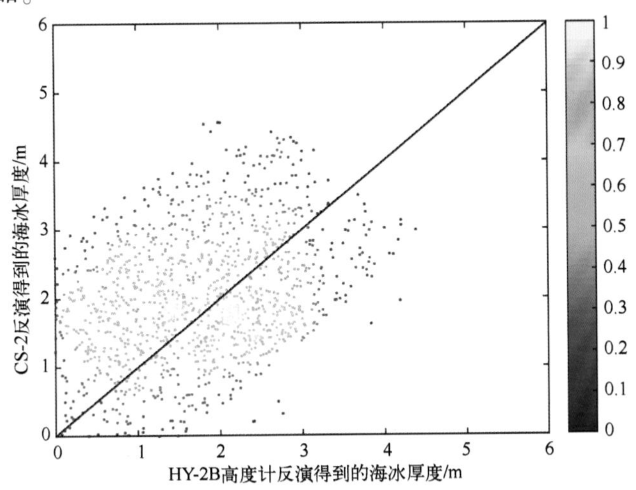


图 6-19　2019 年 12 月至 2020 年 4 月的海冰厚度反演精度

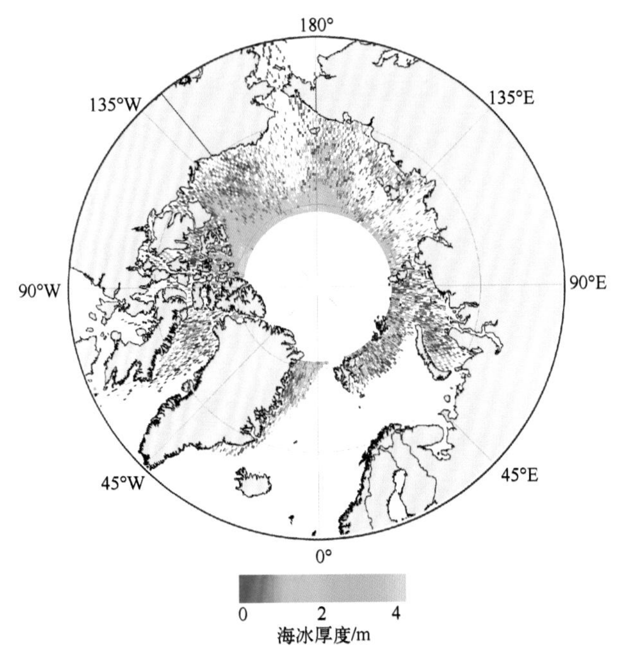


图 6-20　2019 年 12 月海冰厚度产品

## 6.5 总结与讨论

本章开展了基于国产高度计对北极海冰监测的实验，证明了 HY-2 高度计在北极海冰监测中的可行性。HY-2 高度计在北极的应用，成功缓解了我国对欧美数据的依赖。与欧美高度计相比，我国国产高度计同样具备对极地的监测能力，为极地监测提供了全新的数据源。

为探索国产 HY-2 高度计在探索北极海冰的能力，本章针对海冰厚度反演中的两个重要环节进行研究。首先分析了基于 HY-2 波形特征进行海冰分类的能力，通过结合多个波形特征实现了对五类海冰的识别。其次，分析了海冰雷达干舷高度反演的能力。本章在 46 组阈值组合中选择了最优阈值组合用于 TFMRA 重跟踪算法中，反演得到了精确的海冰雷达干舷高度。本章的主要研究结论如下。

(1)使用不同波形特征的组合可实现对海冰的精确分类。通过使用北极冰况图等产品对分类结果进行精度检验，对 2019 年 12 月的数据来说，最优波形特征组合为 PP、LEW、Sigma0 及 MAX，对于 2020 年 3 月的数据来说，最优的波形特征组合为 PP、LEW 及 Sigma0。两个月份的海冰分类的最高平均精度均可以达到 90%以上，尤其对 OW 的分类效果最佳，达到了 93%以上。

(2)综合两个季节的海冰情况可知，对于不同的季节，海冰的情况会产生变化，波形信息也会随之发生变化，使得各月份用于分类的最优波形特征组合发生些许改变。但总的来说，PP、LEW 及 Sigma0 的组合用于海冰分类时最具有普适性，也是本章针对北极海冰分类所选择的最优特征组合。

(3)参考高度计海冰分类国内外研究进展可知，国内外学者最多实现了四类海冰的识别，而本章完成了对五类海冰的识别，实现了基于高度计进行海冰分类的较大创新。

(4)为分析 HY-2 高度计在海冰雷达干舷反演方面的能力，选择了 TFMRA 重跟踪算法对 HY-2 的波形进行重跟踪处理，本章在 46 组阈值组合中选择了最优阈值组合用于 TFMRA 重跟踪算法，通过与同期 CryoSat-2 二级产品进行对比，选择出适用于 HY-2 的重跟踪阈值组合，最终反演得到了精确的海冰雷达干舷高度。当冰间水道的阈值设为 85%、海冰重跟踪阈值设为 40%时，得到的海冰雷达干舷高度结果更趋近于真实值。此时相关系数 $R$ 为 0.705，均方根误差 RMSE 设为 0.107 m，且大多数 HY-2 数据反演得到的海冰雷达干舷高度多集中分布于 0~0.25 m 内。

（5）本章使用了浮体法进行海冰厚度反演工作，其中积雪厚度使用 clim_w99amsr2 积雪模型，海水密度设定为 1 024 kg/m$^3$，多年冰和一年冰的密度分别设置为 916.7 kg/m$^3$ 和 882.0 kg/m$^3$，积雪密度设置为 320 kg/m$^3$。与同期的 AWI 海冰厚度产品相比较，利用 HY-2B 得到的 RMSE 为 59.66 cm。

下一步可考虑从下面六个方面开展进一步的研究工作。

（1）由于本章的研究目的为评估 HY-2 卫星在海冰分类应用中的可行性，因此本章采用的四个波形特征（PP、LEW、Sigma0 及 MAX）均为已在其他国外高度计卫星中成功应用过的波形特征。后续笔者将引入 TEW、SSD 和 LTPP 等其他波形特征，开展全面的波形特征在海冰分类中的应用分析，以进一步完善波形分类算法。

（2）受限于目前可获取的数据，本章的研究仅使用了 2019 年 12 月至 2020 年 4 月的 HY-2B 数据。为进一步提高算法的普适性，未来将会利用大量的北极 HY-2B 数据继续开展海冰的相关研究分析，以求得适用于不同季节的海冰分类需求的普适性组合方式。同时 HY-2 作为四星组网的星座，对星座间的卫星进行协同实验是未来发展的目标。

（3）对海冰分类和雷达干舷产品的精度评价同样是后续研究的方向，例如不仅可开展 HY-2 卫星与 CryoSat-2、Sentinel-3 等其他卫星海冰产品对比，还可开展高度计卫星与微波辐射计或散射计等海冰产品的对比。

（4）本章使用了经典 TFMRA 重跟踪算法进行波形重跟踪计算，今后可考虑使用无参数的重跟踪算法对波形进行拟合，这可能会进一步提升海冰雷达干舷高度反演的准确性。

（5）本章仅使用了固定的海冰密度、海水密度及积雪密度等实现了海冰厚度反演，在未来还可考虑不同的密度组合进行相关工作。

（6）本章使用了 HY-2B 高度计进行海冰厚度的反演工作，但未实现对 HY-2 系列的完整探究，需考虑在未来可将算法推广至全系列的海冰厚度研究中，例如将本章的算法应用于 HY-2A 高度计中。

# 第 7 章　HY-2B 雷达高度计以及校正辐射计冰水信息提取

HY-2B 除了搭载雷达高度计、微波散射计、微波辐射计，同时也搭载了一个具有三个星下点观测波段的辐射计(校正辐射计)(Jiang et al.，2012)。校正辐射计的设计初衷是为高度计提供测高校正，探测对流层的变化，去除大气对流层的变化给雷达高度计探测带来的影响。其具有一定的地物亮温特征观测能力，配合高度计可以实现对北极海冰的主被动观测。本章研究尝试联合这两个传感器实现海冰信息的提取。

## 7.1　数据简介

HY-2B 校正辐射计具有 23.8 GHz、37 GHz 以及 18.7 GHz 三个观测波段(Zhang et al.，2012)，其中 23.8 GHz 观测波段拥有沿轨道飞行方向前向的 2.2°观测角，18.7 GHz 波段具有沿轨道飞行方向后向的 2.4°观测角，37.0 GHz 波段为垂直观测；三个波段的观测足印大小分别是 24 km，19 km 和 10 km。图 7-1 为校正辐射计的观测几何。

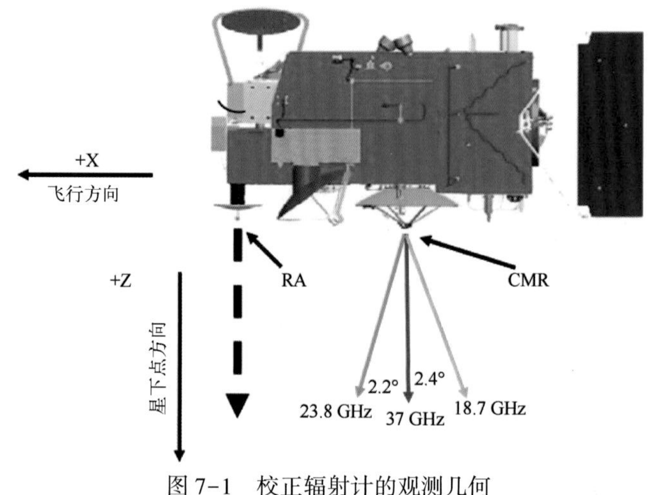


图 7-1　校正辐射计的观测几何

雷达高度计通过向地物发射雷达波，并接收来自地物的反射信号，通过反射信号携带的信息进行物理参数的测量。由于雷达高度计和校正辐射计均为星下点观测，观测轨迹与卫星的飞行轨迹重叠，因此其观测的范围受到卫星飞行轨迹的限制。本章研究主要使用了 60°N 以北的 HY-2B 卫星 Ku 波段雷达高度计和校正辐射计两个传感器的 Level 1 级别数据，并利用陆地掩膜数据对陆地区域数据进行了去除。图 7-2 为 HY-2B 北极地区卫星轨迹示意图。

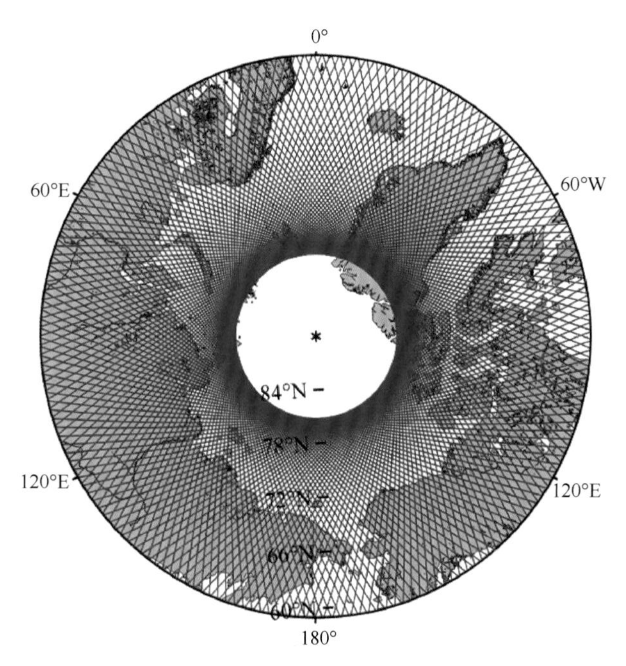


图 7-2　HY-2B 北极地区卫星轨迹示意图

以 2019 年 11 月 1—15 日为例

图 7-3 为每天校正辐射计亮温联合直方图，图中均有两个较为明显的聚簇，低值聚簇部分为亮温值较低的海水，高值聚簇部分为海冰。海冰的亮温值随着波段频率的增加而升高。海水的亮温值变化差异较小。但是在 7—10 月之间海冰的聚簇逐渐弥散开，在 8—9 月聚簇区域的弥散程度最大，到了 9 月后期进入结冰期后，海冰的聚簇又逐渐清晰。同时，海冰的聚簇又逐渐地分离出较为明显的第三个聚簇。所以利用校正辐射计的亮温值可以进行冰水以及海冰类型的分类。

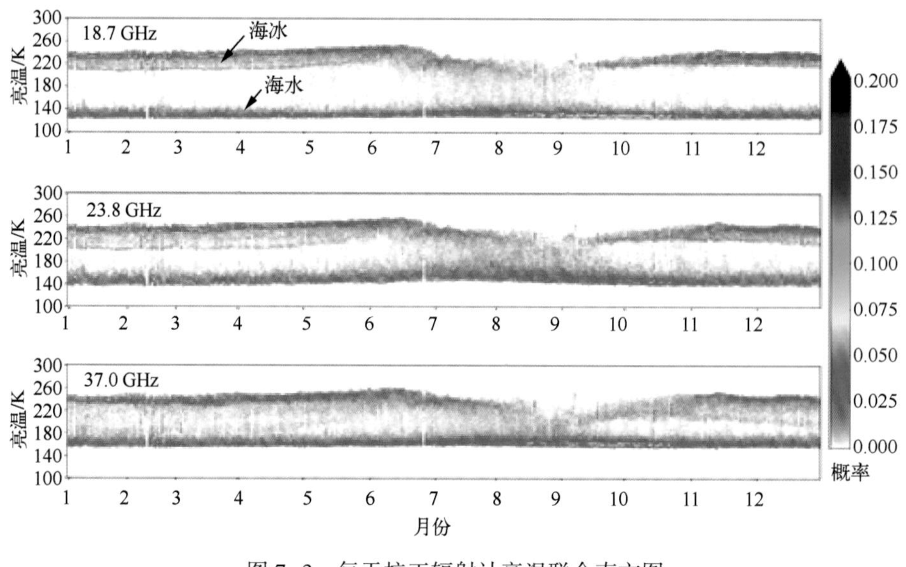


图 7-3　每天校正辐射计亮温联合直方图

图 7-4 为每天雷达高度计的后向散射系数值联合直方图。由图 7-4 可见，雷达高度计的后向散射信号值在低后向散射信号值区域存在持续稳定的聚簇。同时，与校正辐射计亮温值变化规律不一样的是，在 6—9 月之间存在相对离散的两簇，在高后向散射值区域出现部分的聚簇。

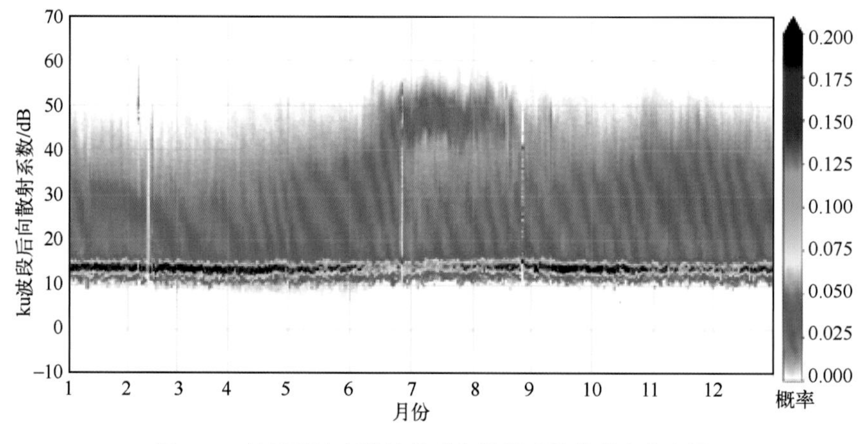


图 7-4　每天雷达高度计的后向散射系数值联合直方图

雷达高度计的后向散射系数与海冰的表面粗糙度、海冰的介电性质具有重要的相关性(Woodhouse，2017)。同时，海水与海冰、不同类型的海冰均在介电性质、表面粗糙度等方面具有较大差异。从校正辐射计亮温统计图以及雷达高度计的后向散射系数统计图可以发现，二者中，冰水以及不同的冰类型均具有明显的季节性特征，可以进行冰水不同类型间的区分。

为了检测冰水区分的效果，本章选择了下面两个独立数据源进行参照对比。

(1) OIS-SAF 海冰密集度以及海冰类型数据：该数据来自于欧洲气象卫星应用组织(EUMETSAT)的 OSI-SAF(海洋海冰卫星应用中心)，该数据时间分辨率为 1 天，分辨率为 10 km，数据下载地址为 https://osi-saf. eumetsat. int/。

(2) 哨兵-1 A/B SAR 镶嵌数据集：该数据来自于丹麦技术大学(Technical University of Denmark，DTU)，是空间分辨率为 1 km 的北极地区镶嵌的 Sentinel-1 A/B 数据，数据下载地址为 http://www. seaice. dk/。

## 7.2　冰水辐射散射特性分析

HY-2B 卫星平台运行在太阳同步轨道上，重复周期约为 14 天。因此本节将每半个月校正辐射计亮温数据与雷达高度计的后向散射系数的联合观测作为一个周期，全年 24 个周期。陆地信号部分采用陆地掩膜的方式进行剔除。将亮温值与雷达高度计的后向散射信号值以 1 dB 和 1 K 为间隔进行统计分析制作联合直方图。其中将校正辐射计的三个波段分别与雷达高度计的后向散射系数进行统计。结果如图 7-5 所示。

总体而言，对照 2019 年雷达高度计后向散射系数与校正辐射计亮温值二维联合直方图(图 7-5)可见，校正辐射计的三个波段值与雷达高度计的后向散射系数值联合使用后其海冰和海水的两个聚簇区分更加明显，但是二者间仍然有相互连接的区域。

海水处于低亮温值、低后向散射系数值区域。海冰的参数变化随季节变化较大，1 月至 6 月上半月主要处于高亮温值区域，同时具有较宽泛的后向散射系数分布范围；6 月下半月至 9 月海冰的团簇主要聚集在高亮温值、低后向散射系数值的区域；9—12 月之间，海冰的团簇先逐渐呈现出离散的云雾状分布，但其仍然处于相对高亮温值以及低后向散射系数值的区域；随后逐渐向高后向散射系数、高亮温值区域靠拢，并逐步分化出另一个相对原始海冰团簇较低的亮温值、后向散射系数值较高的团簇。

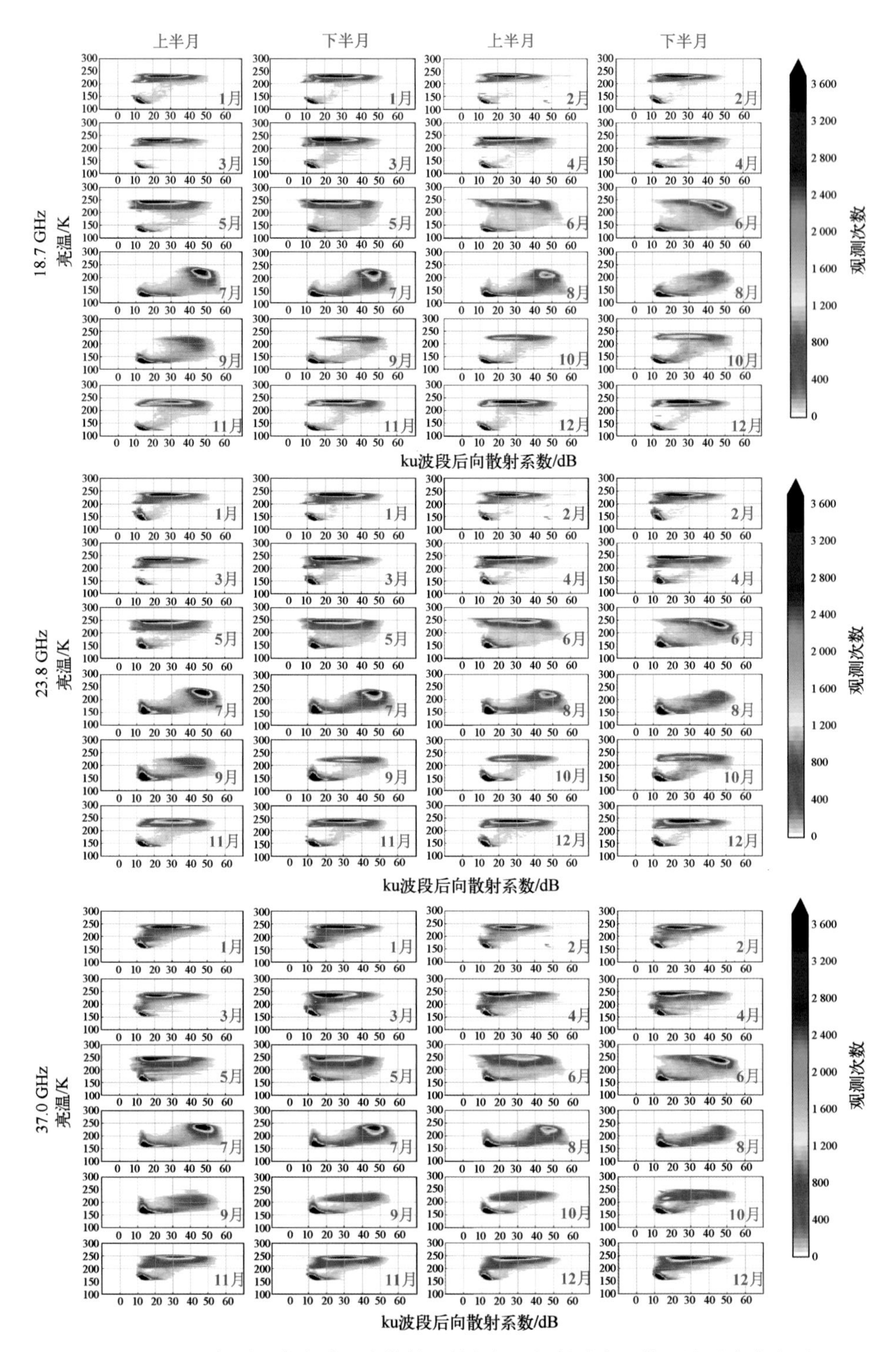


图 7-5 2019 年雷达高度计后向散射系数与校正辐射计亮温值二维联合直方图

根据时间序列的变化，可以较为直观地观察海冰和海水的全年变化特征。除了海冰、海水整体的变化外，海冰、海水以及冰水连接区域均具有其各自的分布特征，以下分别选择了具体的数据进行实例探究。

### 7.2.1　海水

海水主要分布在低亮温值、低后向散射系数区域。但是在 1 月至夏季的月份中，在海冰的聚簇附近出现了高后向散射系数、低亮温的现象。为了进一步了解“拖尾”现象的地理分布，分别选取了处于海冰融化期的 8 月 15 日以及海冰冻结期的 10 月 14 日进行深入研究。

图 7-6 中的红色点主要分布于海冰密集度较低的海冰边缘区，该部分区域属于海冰和海水混合的区域。校正辐射计亮温观测提供了较大的观测足印，海水在该足印的观测中起到重要的作用，因而观测到的亮温值较低，但是又存在较多的浮冰以及安静水体，该部分的表面类似于镜面，给雷达高度计的反射信号提供了镜面反射，增强了雷达的回波功率，使得后向散射系数值显著升高。所以该部分区域表现出了低亮温值、高后向散射系数值的特征。

### 7.2.2　海冰

冬季海冰的分布具有高亮温值以及后向散射系数随季节变化的特征。随着海冰融化季节的到来(图 7-3，图 7-4)，海冰的后向散射系数逐渐降低，与此同时，海冰的亮温值也逐渐降低。7 月海冰的后向散射系数集中在 50 dB 左右，亮温值分布在 220 K 左右。随着夏季来临，伴随着海冰的进一步融化，海冰亮温值和后向散射系数值的联合分布呈现出迷雾状，同时又出现较为离散的后向散射系数。随着海冰逐步冻结，融池减少，海冰的特性更加明显。由于发射率的变化使得海冰表面的亮温值逐渐上升，导致海冰与海水的差异逐渐增加。同时，一年冰以及多年冰其微波特性间的差异在冬季逐渐明显，亮温值以及后向散射系数值产生了分化。

选取海冰冻结时间段内的 2019 年 1 月 10 日作为探究的示例时间。该亮温与后向散射系数的联合直方图中，海冰的聚簇分成了较为明显的两部分，分别选取为感兴趣区 C 以及感兴趣区 D。同时利用 OSI-SAF ICETYPE 产品数据作为底图，进行经纬度叠加。结果如图 7-7 所示。

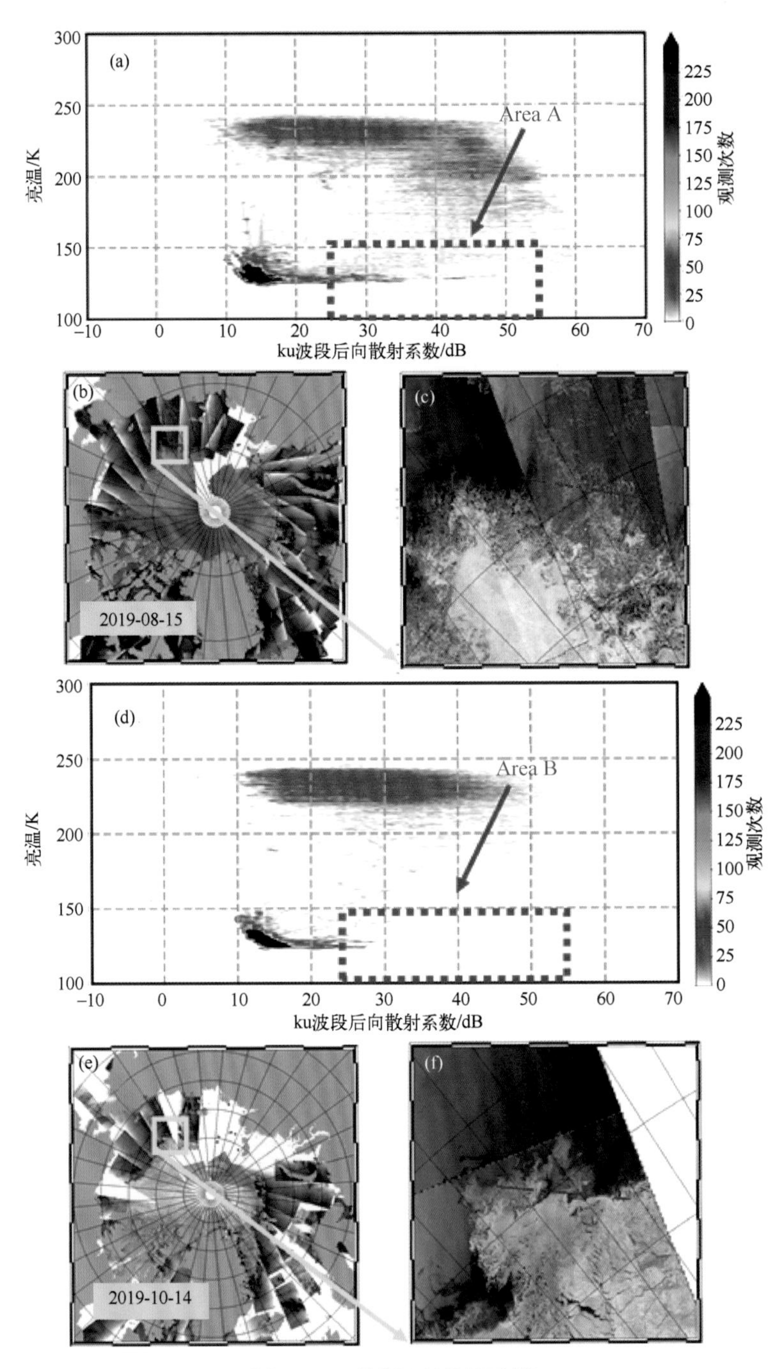


图 7-6 “拖尾”现象的示例

(a) 和(d)中的 Area A 和 Area B 分别为 8 月 15 日以及 10 月 14 日的“拖尾”区域提取的范围；(b)、(c)、(e)、(f)分别展示的是红框内对应的地理分布

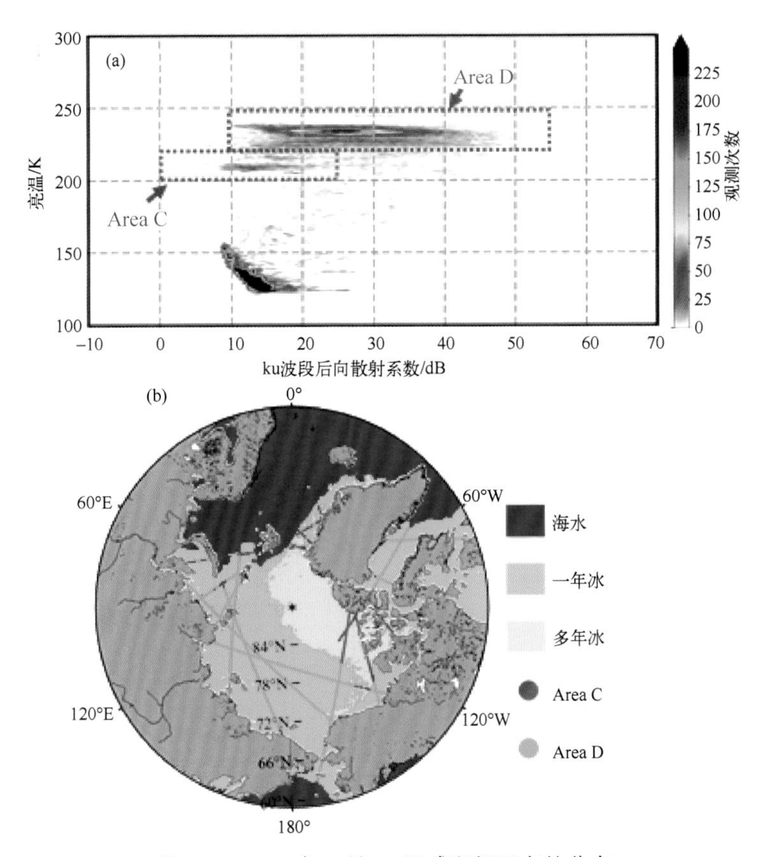


图 7-7　2019 年 1 月 10 日感兴趣区点的分布

其中感兴趣区 C 的点主要分布于多年冰上，感兴趣区 D 的点主要分布在一年冰上。北极的海冰主要分为两类：一年冰以及多年冰。一年冰相比多年冰具有更多的卤水，同时多年冰在析卤之后会形成较多的空洞，大大地增加了体散射(Sinha et al.，2015)。在雷达高度计的镜面反射观测原理下，体散射对于后向散射系数具有较大的贡献(Woodhouse，2017)。但是多年冰的发射率低于一年冰，发射率对被动遥感探测的亮温值有较大的影响。可以用来进行冰类型的区分。

### 7.2.3　冰水通道

海冰和海水之间存在一定的差异性，它们在亮温值和后向散射系数的联合直方图上主要聚集成两簇。海冰和海水是不同的两类地物，但是它们的亮温值和后向散射系数值分布又是相互联系在一起的。从图 7-5 中的全年 24 个时间段中均可见海冰和海水之间存在相互连通的管道。该通道随着季节的变化而变化。本小节选取该部分的数据，对其地理分布进行探究。

分别选取极地冬季以及夏季不同时间段中的一天数据进行对比。选取15~40 dB、160~200 K之间的数据作为感兴趣区的点进行提取。利用由丹麦科技大学提供的当日哨兵-1A/B SAR图像进行识别比对。通过与SAR图像[图7-8(c)至(h)]对比，可以直观地看到感兴趣区E和感兴趣区F中点的地理分布主要在海冰边缘、密集度较大的冰面上。该部分感兴趣区的点分布离海冰边缘线较近，容易受到海冰湿度、盐度等的影响，因而该区域亮温值相较于传统干燥海冰区域较低。同时受表面粗糙度、盐度、雪覆盖等变化影响，其表面性质发生了改变，使得后向散射信号强度较低。

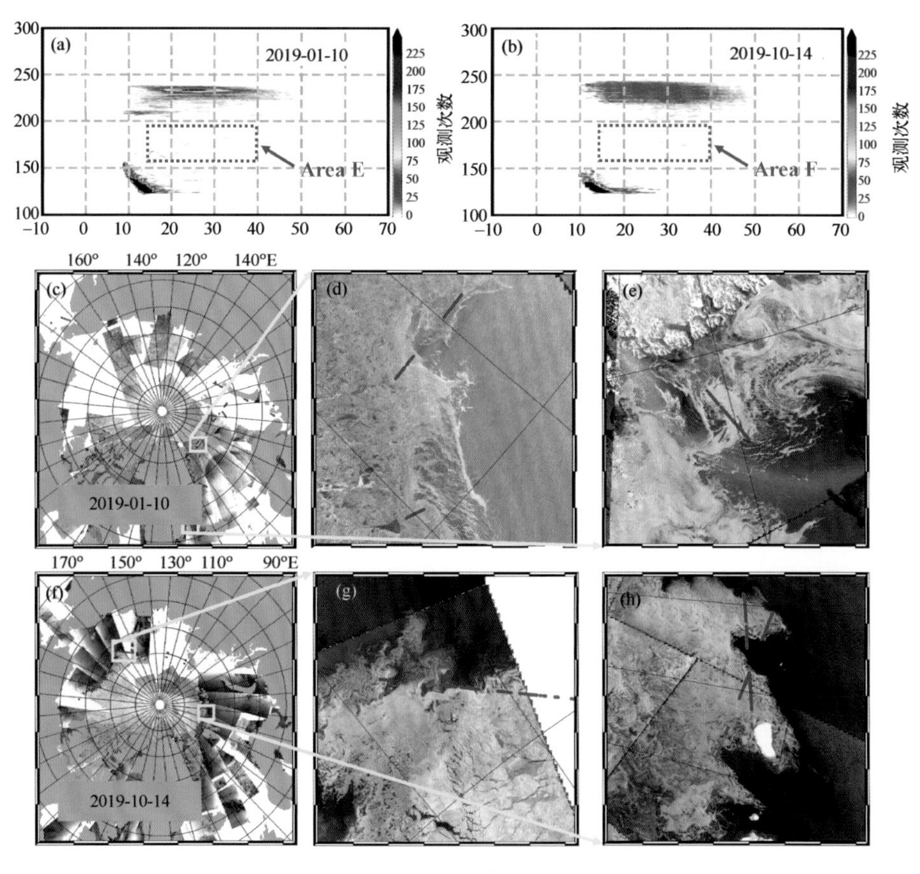


图7-8 冰水连接通道感兴趣区地理分布

(a)和(b)分别为选定日期的亮温和后向散射系数联合直方图；(c)和(f)分别为对应日期中Area E和Area F点对应的地理分布位置；(d)、(e)和(g)、(h)分别为黄框区域对应的放大图总体而言，利用雷达高度计的后向散射系数值以及亮温值的联合直方图可见，海冰和海水的相互转换具有年际变化。

图 7-9(a)展示了海水冻结为海冰的过程，其中海水具有低后向散射强度、低亮温的特征，随着海冰的结晶、冻结，形成了较薄的海冰，同时又与海水混合，海冰边缘由于冰层运动带来的海冰间的挤压改变了其粗糙度，使得该部分的海冰表现出低亮温、相对较高的后向散射值等特征。随着海水的进一步冻结，海冰相对固结，但仍然有较高的湿度，卤水的影响导致其表面发射率降低，亮温值较低。除此之外，随着海冰冻结，一年冰逐渐析卤，海冰内部的空泡逐渐增多，降低了后向散射系数值。多年冰的亮温逐渐降低，同时由于积雪等影响，该部分海冰从与一年冰混合的区域中逐渐分离。多年冰亮温值较一年冰低，同时表现出后向散射系数较低的特性。

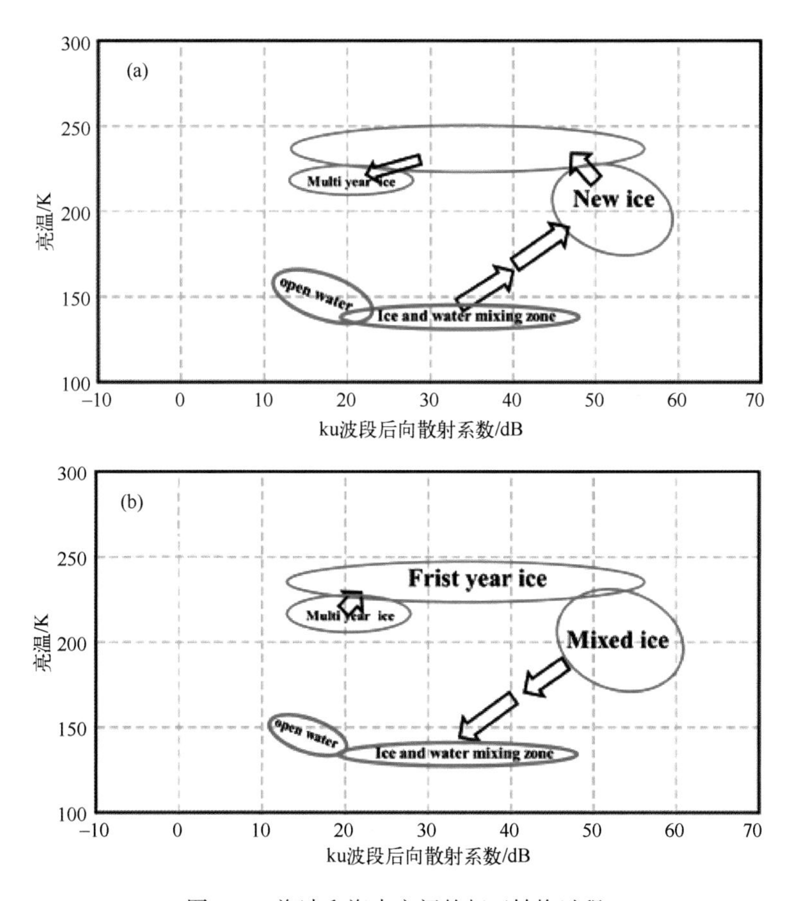


图 7-9　海冰和海水之间的相互转换过程

图 7-9(b)展示出海冰融化的过程。从多年冰开始，多年冰随着季节的更替，开始融化，表面变得光滑，其后向散射系数值逐渐升高，同时海冰的亮温值也逐渐升高。随着夏季的进一步来临，多年冰与一年冰混合后均展现为高后向散射系数、相对高亮温的特征。海冰进一步融化，形成冰水混合物。该部分的冰水混合物既有海冰高后向散射系数的特征，同时也有海水的低亮温值现象。冰水混合物随着海冰的进一步融化，后向散射系数值逐渐降低并聚集在低亮温值、低后向散射系数值区域。

## 7.3 冰水区分和海冰类型区分

在本节中尝试采用阈值法、多参数线性分割法以及 K-means 对海冰和海水进行区分；采用 K-means 以及支持向量机两种方法对于海冰类型进行区分。试验的评价方式参照 Zygmuntowska 等(2013) 提出的分类精度计算方法。本节使用 OSI-SAF 的冰产品作为参考数据。

$$Accuracy = \frac{class_{class(n)} \cap known_{class(n)}}{known_{class(n)}} \times 100\% \tag{7-1}$$

其中，$Accuracy$ 为分类正确率；$known_{class(n)}$ 为某一类型的正确结果；$class_{class(n)}$ 为某一类型的分类结果。

### 7.3.1 冰水分离

HY-2B 雷达高度计数据处理过程中对海水以及非海水自动采用不同的微波雷达高度计跟踪模式进行雷达波形的跟踪，海水表面采用 SMLE 方法进行跟踪，非海水表面采用 OCOG 进行跟踪；其中雷达高度计上有专门的控制器进行该操作，因此利用跟踪包不同的标识可以进行冰水的粗略分类。

如图 7-10 所示，虽然具有 SMLE 跟踪包标识的点主要分布在海水区域，但是也有部分分布在海冰上，而 OCOG 的跟踪包也出现在了海水区域。仅使用跟踪包的标识进行冰水识别具有一定的误差率，降低了数据利用的效率。因此，有必要根据卫星传感器的探测数据，发展其适用的算法以提高冰水分类的正确率。

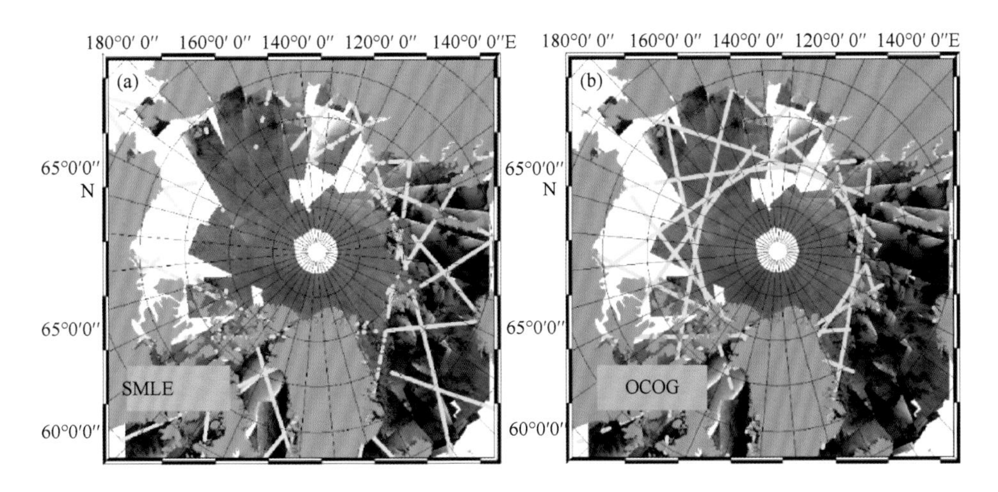


图 7-10　不同跟踪包在极地地区的分布情况

（以 2019 年 6 月 15 日为例）

#### 7.3.1.1　单参数阈值法

阈值分割是一种常用的分类方法。该方法简单，易操作。

根据 7.1 节和 7.2 节中的描述，后向散射系数值在除了夏季的几个月份，其他月份里冰水是不可以分割的。但校正辐射计的亮温值有更明显的分离现象。在校正辐射计提供的三个探测波段中，18.7 GHz 的冰水分离现象比较明显。根据图 7-5 提供的时间序列的联合直方图可以发现，160 K 可以较好地分离海水以及海冰。因此选择 18.7 GHz 波段的 160 K 亮温值作为冰水与海水分离的分类阈值。

根据阈值分割的每天正确率数据结果（图 7-11），该方法的海冰分类结果与 OSI-SAF 结果具有较高的一致性。但是在 6—8 月的海水分类一致性较低，该段时间正处于北极地区的夏秋季节。夏秋季节的海冰融化与冻结对单参数阈值进行海冰分类具有一定的影响。

#### 7.3.1.2　K-means

K-means 算法是一种广泛用于无监督分类过程的算法。该算法的主要思想是从数据集中随机选取 $K$ 个聚类的中心，然后计算每个元素与中心之间的欧氏距离进行分类；再根据每个元素类别的平均值作为新的聚类中心，重复迭代，直到聚类的中心不再变化。

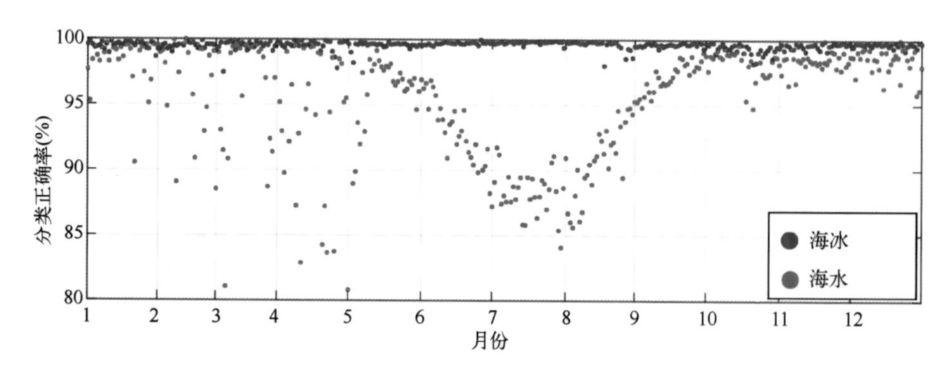


图 7-11　每天冰水阈值分割正确率统计

选择雷达高度计的后向散射系数以及校正辐射计的三个观测波段配合制作 4 种计算方案。首先 4 个参数均参与计算，其次为了确认亮温波段不同波段对分类结果的影响，用雷达高度计后向散射系数配合 3 个亮温波段中的 2 个作为分类器的输入参数进行计算。

如图 7-12 所示，4 种不同的 K-means 参数方案海水、海冰的识别正确率均高于 85%。海冰的识别正确率较为稳定，均保持在 90%以上，除去 1—5 月间由于数据缺失导致的计算误差。海水的分类正确率在 5—7 月间略有降低，在 7 月后逐渐上升。海冰的分类正确率在 8 月底 9 月初出现了一个较大的波动。

分别去除一个波段的三种方案中，去除 18 GHz 波段方案的冰水识别正确率最低，海冰分类的结果更明显一些。23.7 GHz 波段虽然是传统意义上的“水汽波段”(对大气中的水含量敏感)，但是去除该波段前后的分类结果差异小。所以，18.7 GHz 的亮温数据对冰水分离影响大，水汽波段(23.7 GHz)在该实验区域影响小。

#### 7.3.1.3　多参数线性分割

Kouraev 等(2007)利用多颗雷达高度计的数据对贝加尔湖的湖冰-湖水进行了线性分割，并取得了较好的分离效果。本试验也利用雷达高度计以及校正辐射计的配合进行海冰的提取。于 2019 年的四季各取一天作为示例

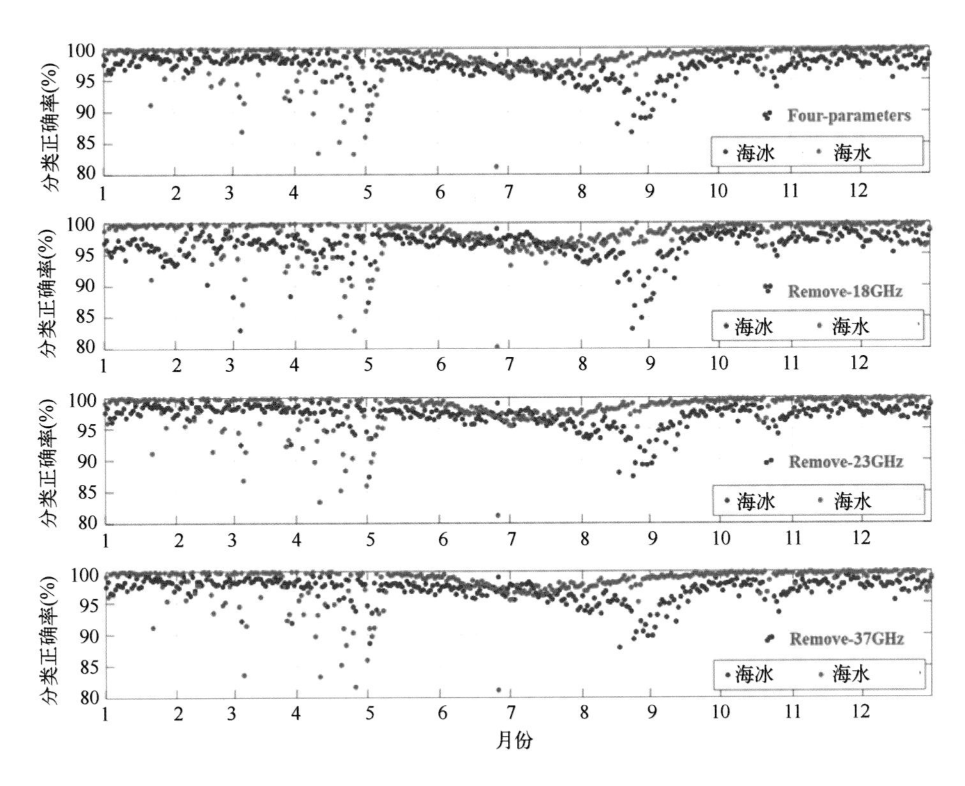


图 7-12　每天 K-means 冰水分离正确率统计

(冬季：2019 年 2 月 17 日；春季：2019 年 5 月 15 日；夏季：2019 年 8 月 14 日；秋季：2019 年 11 月 15 日)。如图 7-13 所示，海冰和海水之间全年均存在较为稳定的边界。稳定的边界是进行线性分割的基本前提。本节根据 7.2 节中对于冰水状态变化在亮温值以及后向散射系数之间的特征，可以判定低亮温值以及低后向散射系数聚集的区域为海水分布。同时低亮温值、相对较高的后向散射系数值为冰水混合区域，7.2 节对于该部分进行了地理位置的匹配，该部分划分为海水的类别。根据图 7-13 中海冰和海水的四季的主要分布区域，可以确定海水的后向散射系数聚集范围是 5～10 dB。夏季海冰后向散射系数范围在 50～55 dB 之间。冬季 18.7 GHz 频率的多年冰低亮温值均大于 200 K，同时海水的亮温值约为 150 K。

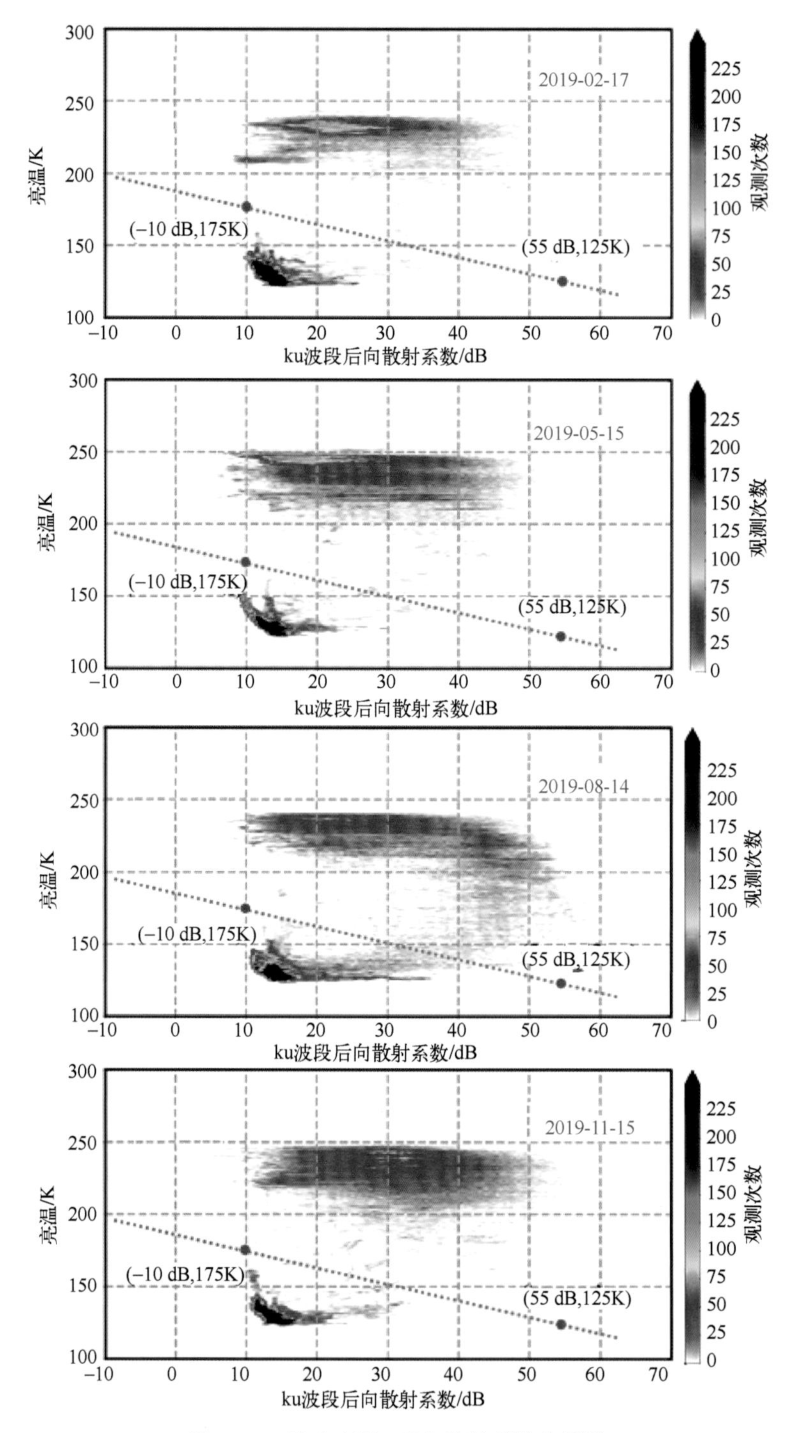


图 7-13　冰水亮温-后向散射系数分界线

选取边界的中心点作为确定分割线的两个系点(10 dB，175 K；55 dB，125 K)，确定分割线方程为

$$1675/9 - (10 \times 后向散射系数值)/9 + 亮温值 = 0 \qquad (7-2)$$

分割线以上的点分类为海冰，分割线以下的点分类为海水(图 7-14)。

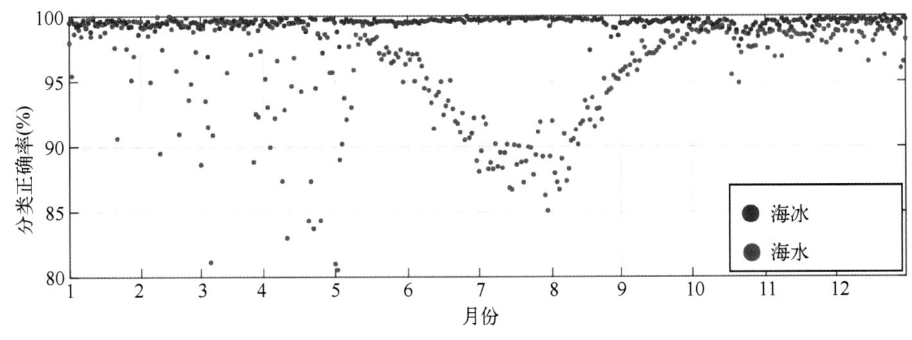


图 7-14　每天线性分割冰-水正确率统计

与阈值分割和 K-means 方法的分类结果存在类似的状况，在海冰融化的夏季，分类出的结果与 OSI-SAF 的分类结果存在较大的差异。但随着海冰冻结，分类的结果趋于一致。

除了 K-means，其余 2 种类型的海冰和海水的识别方法均在海冰冻结的时间内(1—4 月以及 10—12 月)与 OSI-SAF 产品的海冰结果较为吻合。K-means 的四种分类方案的海冰识别结果均在 8 月底与 OSI-SAF 的结果出现了较大的差异。三类分类方法的海冰分类正确率均在 5—9 月之间出现了波动。该段时间里部分海水被分为了海冰。海冰和海水的性质混合，不易区分。

对比 K-means 的 4 种方案，整体上所有的分类结果均高于 85%。其中包含了 18 GHz 波段数据的三种分类方案的海冰分类结果正确率高于去除了 18 GHz 方案的结果，说明 18 GHz 波段亮温值在分类中具有重要的作用。同时，23.7 GHz 作为水汽探测波段，其受到水汽的影响较大，但是在去除 23.7 GHz 波段的 K-means 方案中并没有表现出特别的差异。相较于其他两个亮温波段，18 GHz 亮温值更能影响冰水识别的结果。

### 7.3.2　海冰类型分类

对于海冰类型的分类探究中选择了两种不同类型的方法，非监督分类的 K-means 方法以及监督分类的支持向量机 SVM。选取了海冰密集度大于 30%

的海冰范围作为分类的区域，并利用分类结果与 OSI-SAF 的海冰类型产品进行对比。

其中 OSI-SAF 的海冰类型产品提供了 2019 年 1 月 1 日至 5 月 15 日以及 10 月 1 日至 12 月底的海冰类型数据，5 月 16 日至 9 月底之间由于海冰融化的影响，OSI-SAF 不提供海冰类型的数据。

7.3.2.1 K-means

K-means 属于非监督分类，不需要样本数据进行分类规则的建立。实验中将校正辐射计三个波段的亮温值和雷达高度计的后向散射系数作为 K-means 的分类输入参数。分类的结果如图 7-15 所示。

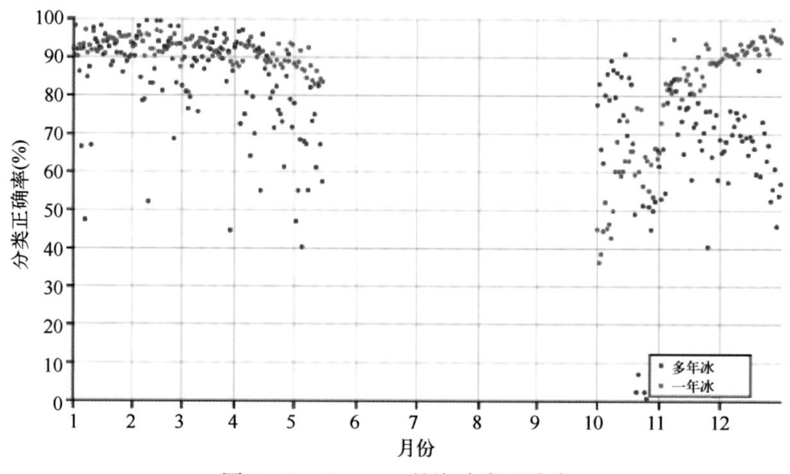


图 7-15 K-means 的海冰类型分类

海冰 1 月至 5 月初的一年冰分类正确率相对较为稳定，从 10 月初开始的分类中一年冰的分类正确率逐渐升高。多年冰的分类结果 1—5 月相较于 10—12 月正确率较高，但是全年均出现了不同程度的离散现象。多年冰的分类结果不稳定。

7.3.2.2 支持向量机

本小节使用监督分类的方法(支持向量机)进行冰类型分类。支持向量机属于监督分类，需要提供数据样本建立的分类规则。

首先在一年冰以及多年冰的常年分布区域进行样本的选择。另外通过 7.2 节的研究可知海冰的亮温值以及后向散射系数的特性受到季节影响而变化，因此本实验中选取采用前一天样本区域内的点作为后一天的分类样本，以此循环。

图 7-16 展示了 9 个月不同海冰类型的地理分布。2019 年 1—5 月以及 11—12 月海冰不同类型的地理分布具有一定的特征，多年冰常年分布于加拿大岛链附近，部分多年冰随着波弗特环流逐渐转移到白令海峡，一年冰多分布于俄罗斯沿岸一侧。

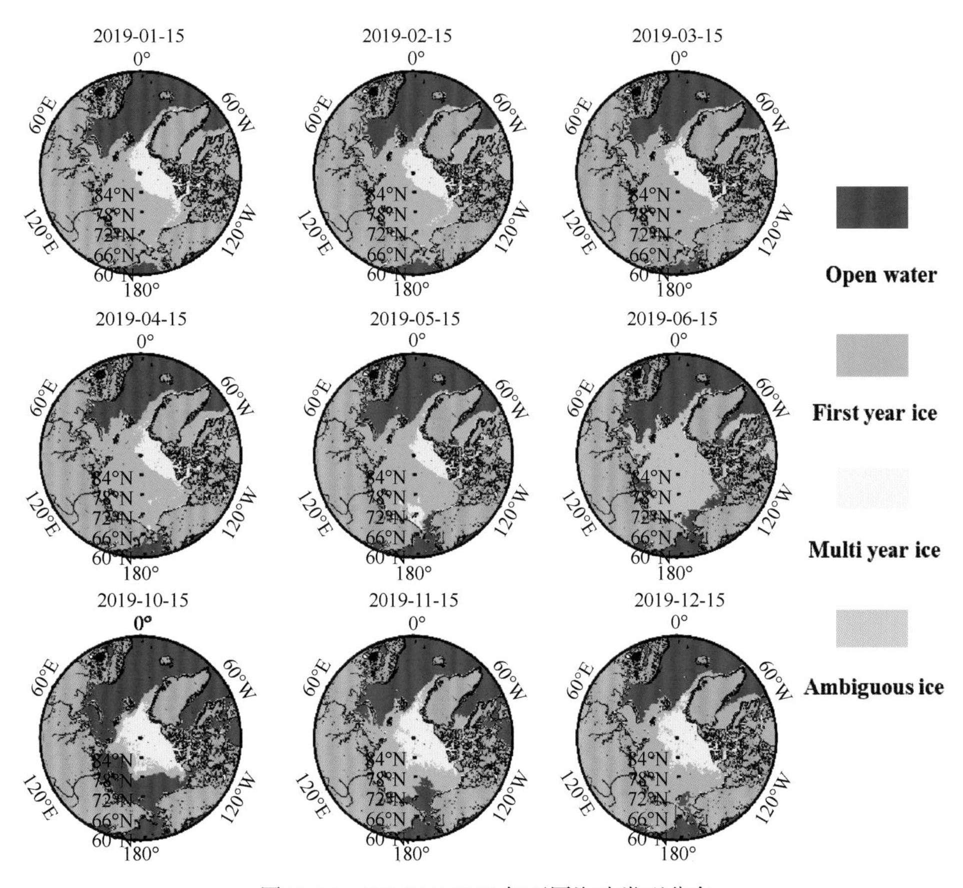


图 7-16　OSI-SAF 2019 年不同海冰类型分布

因此根据获得的数据，选取多年期冰区作为第一年冰分类提取区纬度：81°—78°N，经度：120°—111°W；纬度：81°—78°N，经度：120°—111°E 为多年冰提取区，具体区域如图 7-17 所示。由 7.1 节和 7.2 节可知，37GHz 对于海冰类型的分离效果比其余两个波段显著。本实验中为了排除一年冰区域变化带来的小块水体引发的分类错误，对于样本数据在先以 18.7 GHz 160 K

作为阈值区分开海水的基础上将校正辐射计的三个亮温波段数据以及后向散射系数作为其分类输入的参数。同时由于海冰的亮温值以及后向散射系数值随着季节的变化而变化，将选取的一年冰和多年冰区域数据样本每天更新作为后一天分类的样本使用。

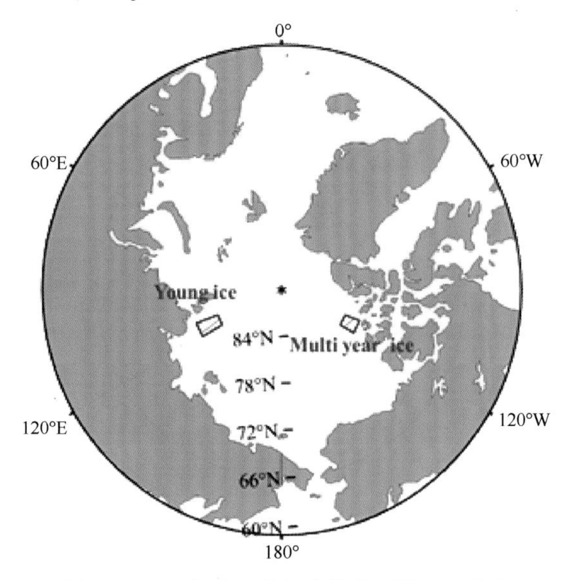


图 7-17　一年冰和多年冰样本区域地理分布

如图 7-18 所示，1—4 月上旬 SVM 的分类结果较为稳定，一年冰以及多年冰的分类正确率均高于 70%，一年冰的正确率高于 80%。10—12 月均存在与 K-means 类似的现象：一年冰的分类正确率由低升高，多年冰的分类正确率由高转低。

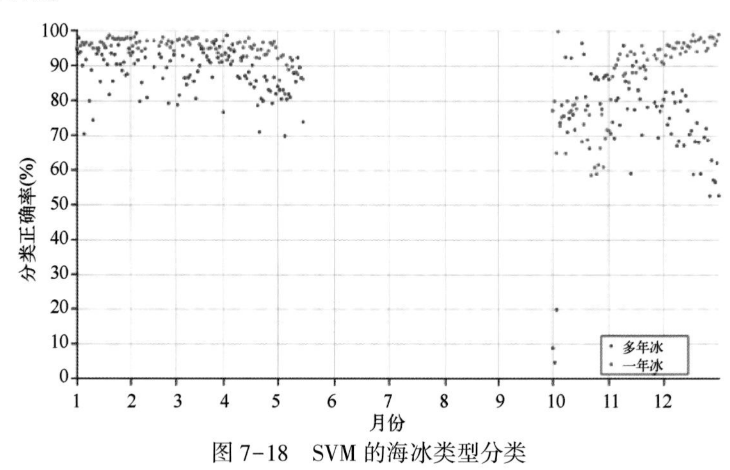


图 7-18　SVM 的海冰类型分类

表 7-1　年平均冰类型分类正确率

| 正确率(%) | K-means | SVM |
| --- | --- | --- |
| 多年冰 | 76.445 7 | 82.188 5 |
| 一年冰 | 86.043 5 | 91.256 7 |

该两种分类方式中，整体而言，SVM 的分类结果相较于 K-means 的分类结果较为稳定。同种类型的海冰年分类正确率 SVM 的分类年正确率高于 K-means。SVM 的两种海冰分类正确率均高于 80%，K-means 多年冰的正确率却为 76.445 7%，低于 80%(表 7-1)。同时，两种分类方法的 1—4 月上旬的分类正确率均高于 10—12 月的分类正确率；1—4 月上旬的海冰分类正确率较为稳定，10—12 月海冰分类结果的波动较大。

## 7.4　讨论

前几节中利用雷达高度计以及校正辐射计的配合使用，采用不同的分类方法进行了海冰-海水以及海冰类型的分类实验。本节将讨论影响海冰和海水识别以及海冰类型识别的影响因素，并详细介绍 SGDR 自带的冰标识与修正后冰标识的对比结果。

### 7.4.1　影响冰水识别以及海冰类型识别结果因素

#### 7.4.1.1　冰水识别

选取 NSIDC 的海冰范围以及海冰月变化率数据与冰水的分离结果进行对比。NSIDC 的数据可以从其网站获取。

如图 7-19 所示，三类冰水识别方法的分类结果均在 5 月至 9 月间与 OSI-SAF 的分类结果有较大的差异。海冰范围和海冰变化率也在该段时间内均有较大的变化。其中海冰的范围在该段时间内逐渐减少，并在 9 月中旬达到海冰面积的最小值后开始逐渐增长。海冰面积的增长率也从 5—7 月的减小步增大，到 9 月海冰增长率从负转正。9 月海冰范围达到了最小值 $4.204\times10^{3}$ $km^2$。

三种不同类型的海冰识别方法结果(图 7-20)均与 OSI-SAF 的海冰类型结果匹配差异不大(正确率大于 80%)，其中单参数的阈值和多参数线性分割方

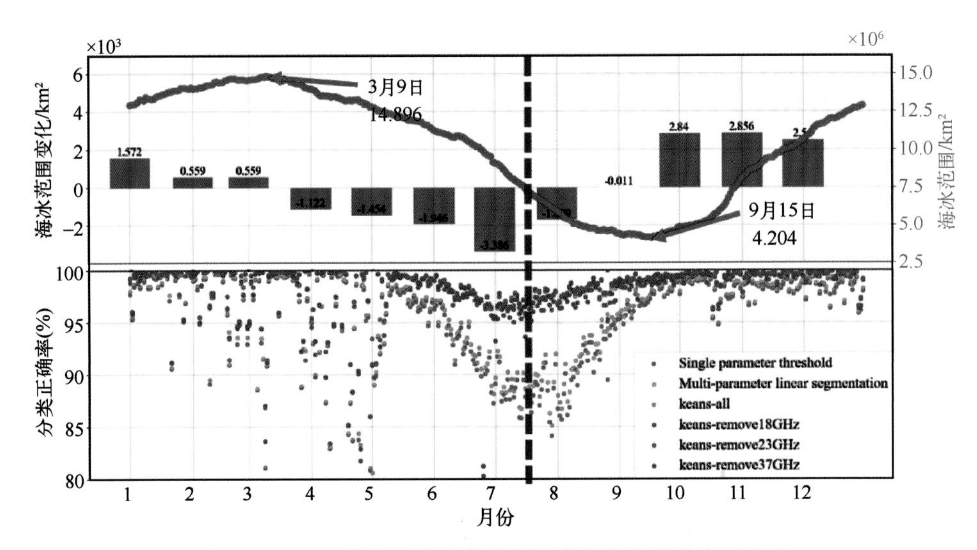


图 7-19　2019 年每天海水的范围变化与海水的分离正确率

法均与 OSI-SAF 的海冰识别结果有较好的相关性(95%)。K-means 的不同参数方案均在 8 月、9 月急速降低后逐渐升高。在该段时间里，海冰范围的月变化率为 $-0.011\times10^3$ km²，为海冰范围由负变化率转为正变化率的重要时间段。这段时间内新冰开始生长。同时由于海冰的不断运动而带来的挤压、变形，层叠等，形成了粗糙的表面，降低了雷达高度计可以探测到的后向散射系数值。

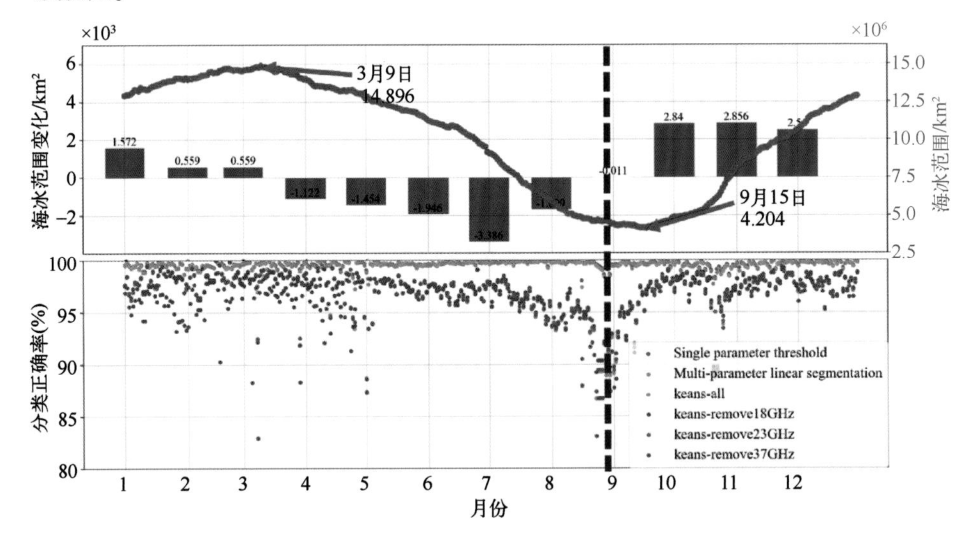


图 7-20　2019 年每天海冰的范围变化与海冰的分离正确率

自 9 月起，海冰结冰速率增加，海冰固结得更加紧实，海冰的亮温值和后向散射系数值变得更加稳定。单阈值、多参数以及 K-means 中海冰和海水的分类正确率均逐渐提高并稳定在高值。三类冰水分类的结果在海冰范围变化率最小以及变化率由负转正等海冰特殊时刻均有较明显的变化。因此三种冰水分类结果具有用来确认北极冰水变化拐点的潜力。

为了找出分类差异的位置，改进冰和水的识别方法，我们选择改进多参数阈值法的结果。一方面，夏季和冬季的单一阈值只使用 18 GHz 数据进行分类，没有进行主动微波数据和被动微波数据的综合利用；另一方面，虽然 K-means 具有不指定分割阈值进行分类的优势，但从卫星运行的角度来看，HY-2B 卫星由于受到空间粒子等的干扰，会出现不可恢复的数据丢失。如果发生数据丢失，就会影响用于分类的数据样本的完整性，从而影响分类精度，使算法的稳定性降低。

选取 2019 年海冰减少速率最大月中的一天(2019 年 7 月 15 日)的数据进行提取，将线性分割的结果与 OSI-SAF 的分类结果进行对比(图 7-21)。

图 7-21　线性分割结果与 OSI-SAF 的误差对比

图中，红色点代表具有 OSI-SAF 产品海水标识，但是线性分割结果为海冰的点；

黄色点则代表具有 OSI-SAF 的产品海冰标识，但线性分割结果为海水的点由误差点的空间分布结果可见，误差主要分布在冰水边缘区域。绝大部分的分类不一致区域是 OSI-SAF 分类为海水，但是线性分割的结果为海冰的区域。本研究使用的两种数据在空间分辨率上存在一定差异，OSI-SAF 的结果 10 km 分辨率，HY-2B 雷达高度计 20 Hz 的产品足印为 1.9 km 的圆；校正辐射计的足印大小也与 10 km 不完全一致。在海冰的边缘容易出现由于分辨率不匹配而导致的差异。因此有必要对海冰边缘的分类结果进行修正。图 7-22 列举了海冰边缘线订正的技术流程。

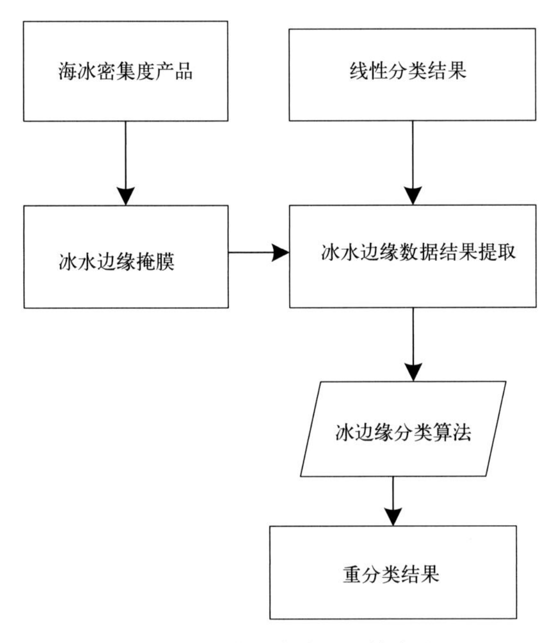


图 7-22　海冰边缘线订正技术流程

根据之前对于海冰边缘数据的探讨，可以利用 OSI-SAF 的海冰密集度数据提取海冰边缘线附近的冰水混合区域的信息，根据提取出来的信息建立适用区间的冰水提取算法，获得对于边缘区域的进行修正后的产品。

研究中选取了每天 OSI-SAF 提供的 10 km 海冰密集度 0~30%之间为基准，然后在此基础上分别向海冰一侧以及海水一侧各扩展 20 km 区域作为冰水边界范围，每日进行更新。

根据 Jiang 等(2019)利用 pulse peaking(PP)值进行冰水分离的结果可以发现，单纯的利用 PP 值进行冰水分离在多年冰区域会出现误分离的现象，但是

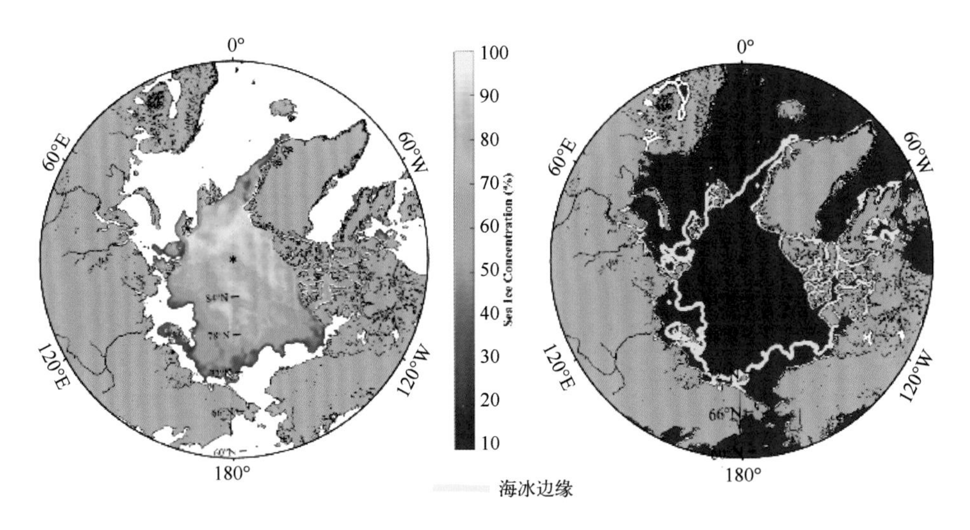


图 7-23　海冰边缘线区域提取

（2019 年 7 月 15 日）

在冰水边缘区域却可以较好地进行识别。上文中使用的校正辐射计以及雷达高度计的后向散射强度对于冰边缘的冰水混合区域难以进行精细的判断。

$$\mathrm{PP}=\frac{\max(power)}{\sum_{21}^{108} power}\frac{\max(power)}{\sum_{21}^{108} power}\times 88 \tag{7-3}$$

为了减少波形两侧噪声的影响，因此在去除两侧各 20 门限数据的基础上计算波形的 PP 值[式(7-3)]，并将 PP 值等于 3 作为区分冰边缘区域 冰水分离的方法。

为验证该方法的适用性，选取了四季不同的日期数据，并与不同的冰水分类方法的结果进行对比。

图 7-24 中分别选取了北极地区四季不同时间段的数据进行不同冰水识别方法的对比。SAR 底图为数据结果比对提供了直观对比。整体而言，单纯利用雷达高度计跟踪标识的不同进行区分存在误差；在 2019 年 4 月 15 日、10 月 17 日的雷达高度计的标识对边缘区域的离散冰区均采用了 OCOG 的跟踪方法，实际上该区域仍然存在较多的海水区域，其他的多种分类方法均较好的区分出了海水和海冰。对比整个选取的 4 天数据中，4 种不同的分类方法均对大块的海冰和海水进行了区分，利用修正方法后，海冰边缘区域里的小块海

水均被较好地识别出来。修正后的结果可以很好地将边缘区域的海冰以及碎冰中的海水间隙进行较好的识别。

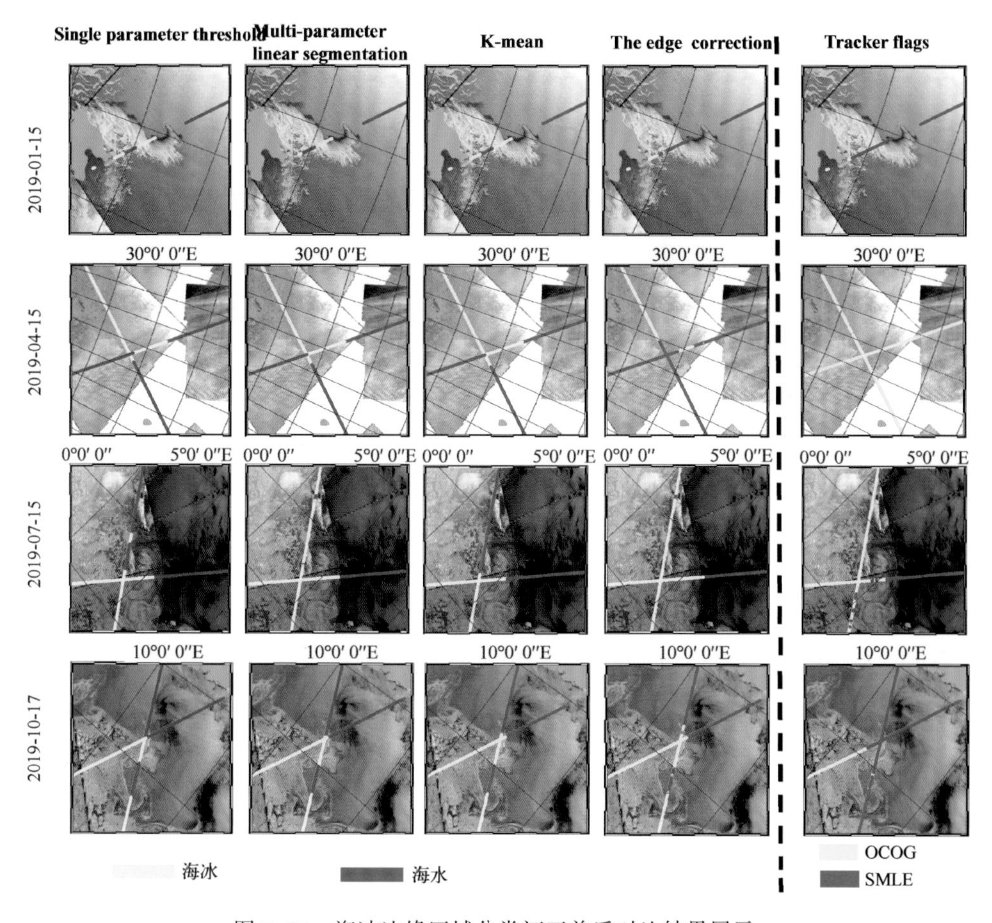


图 7-24　海冰边缘区域分类订正前后对比结果展示

图中分别选取了 2019 年 1 月 15 日、4 月 15 日、7 月 15 日以及 10 月 17 日的数据进行比对，分类的方法分别是单参数阈值、多参数线性分类以及 K-means 和基于多参数线性分类基础上的边缘修正结果。最左列为雷达高度计提供的不同跟踪方式的标识。底图为 DTU 提供的哨兵-1 A/B 卫星的 SAR 图像。

#### 7.4.1.2　海冰类型

由校正辐射计亮温数据以及雷达高度计后向散射系数的联合直方图(图 7-5)可以看出，海冰和海水在整年的变化中有明显的分离现象。但是随着海冰的进一步融化，海冰的亮温值逐渐降低，并与部分海冰信号形成重叠。当秋季来临，海冰逐渐冻结，海冰的亮温值逐渐上升，冰水分离现象逐渐显现。

冰面的积雪与亮温值之间存在一定的相关性，Kouraev 等(2004)利用天底角指向的辐射计光谱梯度 $GR$ 值(Spectral gradient ratio)分析了里海和咸海受到冰雪覆盖影响，海冰的后向散射系数值与积雪的覆盖厚度呈负相关。

光谱梯度 $GR$ 值计算公式：

$$GR = \frac{T_B(37.0\ \text{GHz}) - T_B(18.7\ \text{GHz})}{T_B(37.0\ \text{GHz}) + T_B(18.7\ \text{GHz})} \tag{7-4}$$

式中，$T_B$为各波段的亮温值。

由于 $GR\times1\ 000$ 与雪厚有负相关，因此 $GR\times1\ 000$ 值越高雪厚度越小。通过图 7-25 可见，相对雪较厚的区域属于多年冰分布的区域，随着夏季的到来，$GR\times1\ 000$ 的相对低值占比逐渐降低。同时，相对较厚的雪厚分布也逐渐减少，分散。到了 10 月，海冰逐渐冻结，积雪逐渐升高，并主要集中在低后向散射系数值以及相对较高的亮温值区域。

其中 10—12 月间多年冰的表面重复过几次相对较高的积雪厚度。该段时间中多年冰表面的积雪拥有多次的往复变化，说明该段时间中拥有多次重要的天气活动。多年冰表面的特征有较大的变化，单纯使用亮温值以及后向散射系数值进行 K-means 以及 SVM 的分类难以将一年冰和多年冰较好地区分开。

## 7.4.2　SGDR 产品冰标识的矫正

SGDR 产品数据提供了 SMLE 跟踪包的 1 Hz 数据的冰标识以及 20Hz 的波形数据。其冰标识数据是利用每天的多源数据的海冰范围数据进行地理信息匹配而获得的标识。该方法获得的冰标识存在几个问题：①数据采集的时间不匹配，由于采用了不同星源的数据，其探测的时间不同，海冰边缘由于海流等各种影响而使得海冰移动，进而导致标识错误；②数据分辨率存在差异，雷达高度计的分辨率约为 1.9 km×7 km(1 Hz)的长条状观测带，与网格化产品存在一定的差异，不同的空间分辨率匹配时会存在不对应的现象。

海冰和海水主要的分布误差区域通常是在海冰的边缘附近，该区域冰水混合，海冰的分布变化快。使用每天的海冰范围分布进行冰边缘提取难

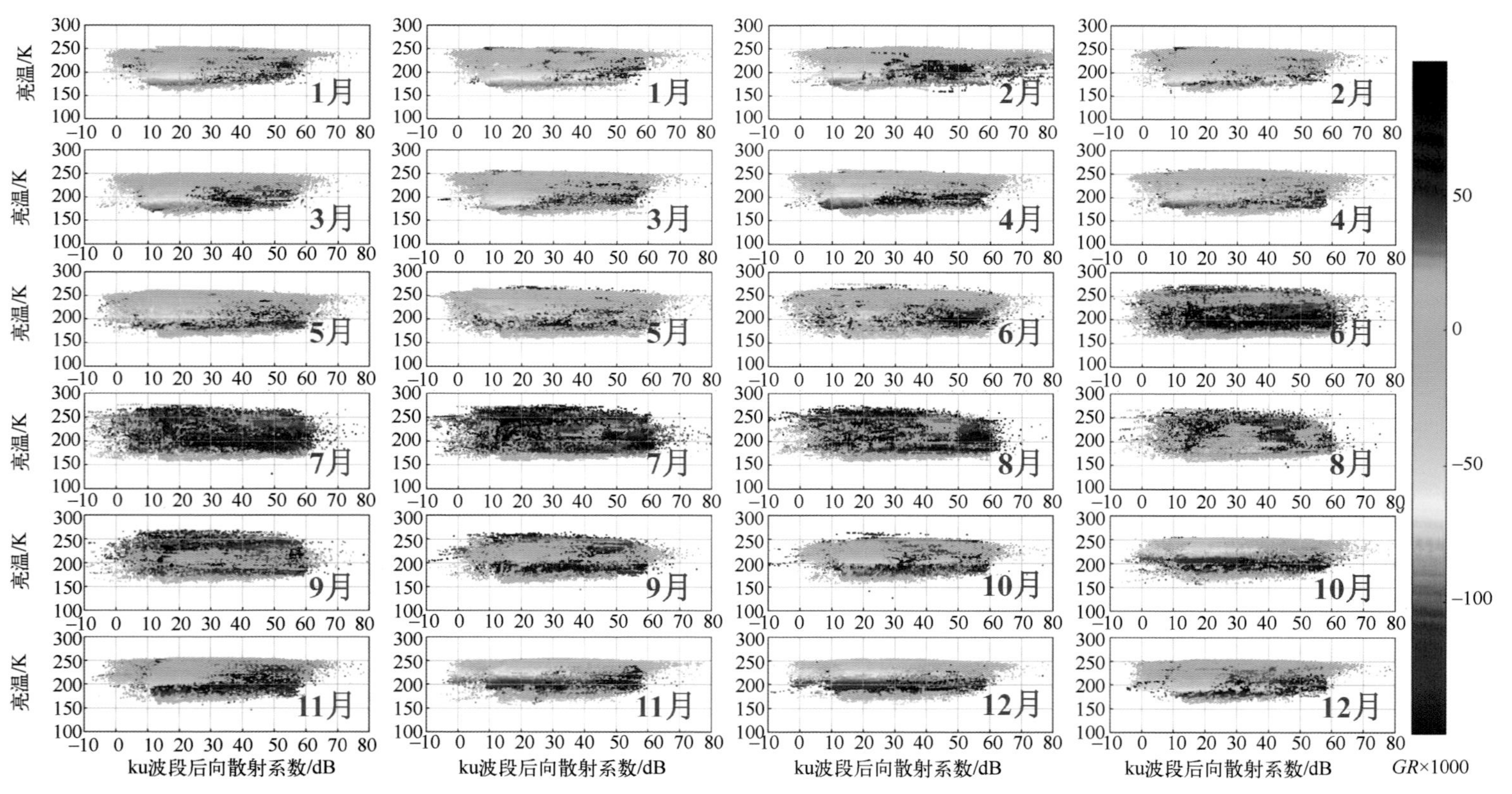

图7-25　$GR\times1000$与后相散射系数以及量温散点图

以很好地表现雷达高度计星下点时间的冰水状况。根据海冰生消的变化以及分类的结果可以确定，仅仅使用单阈值分割法、多参数线性分割法、K-means 法均较难进行冰水边缘区域的地物准确识别。K-means 需要将每天的数据作为整体进行分类，难以进行实时分类。因此在多参数线性分类的结果上，利用波形参数 PP 值可以将海冰边缘的地物分类结果进行修正，并可以获得较好的结果。

图 7-26(b)中点 1~4 的产品冰标识为海冰，但通过更高分辨率的哨兵-1 卫星 SAR 图像，该点主要分布于陆地边缘的海面，并非海冰表面。其对应的图 7-26(d)至(g) 中的波形可见，点 1 至点 4 的波形主要为典型的海洋波形，波形前沿为快速升高的状态，波形后沿缓慢降低。点 1 初始的多条波形后沿出现了多条后沿有凸起的部分。该部分信号主要受到沿岸陆地的影响。但该种波形仍然为近岸的海水波形，并非海冰的波形。随着轨迹靠近海冰，雷达高度计探测到的波形能量逐渐增加。同时，波形的后沿出现较多的杂散信号(点 5 至点 6)，随着探测轨迹更加靠近海冰，其波形前沿逐渐出现峰值的趋势(点 7)。该 7 个点的平均 PP 值均小于 3，根据上文中的阈值划分规则，该 7 个点均划分为海水与真实状况一致。原始海冰标识在靠近陆地一侧出现错误的判断，利用波形特征可以对该部分受到陆地信号影响的区域进行较好的修正。

除此之外还选取了格陵兰岛以及北地群岛附近的海冰分布情况进行对比。根据图像中的对比可见，原始海冰标识无法在较低海冰密集度的地区区分海冰，在海冰环绕的冰间湖也难以准确地判断。利用多参数线性分割与波形特征进行修正后，该种状况的海水以及海冰均可以被正确地判断出来。同时在边缘区域的冰水混合区域，飞行轨迹下的离散海冰也较好地识别出来(图 7-27)。

对北极区域所有的海冰和海水的数量进行统计(图 7-28)，可见冰边缘日矫正量约为 $1.5\times10^4$ 个观测点。其中 1 月至 7 月间，原始海冰点的数量为 $0.5\times10^4$ 个左右，新方法更新后的结果为 $2\times10^4$ 个左右，旧的海冰标识点较少。9 月海冰的范围为全年度最低，9 月后海冰的范围逐渐升高，海冰冻结。该段时间内校正后的海冰数量逐渐减少，到 9 月中旬最低点后逐渐升高。随

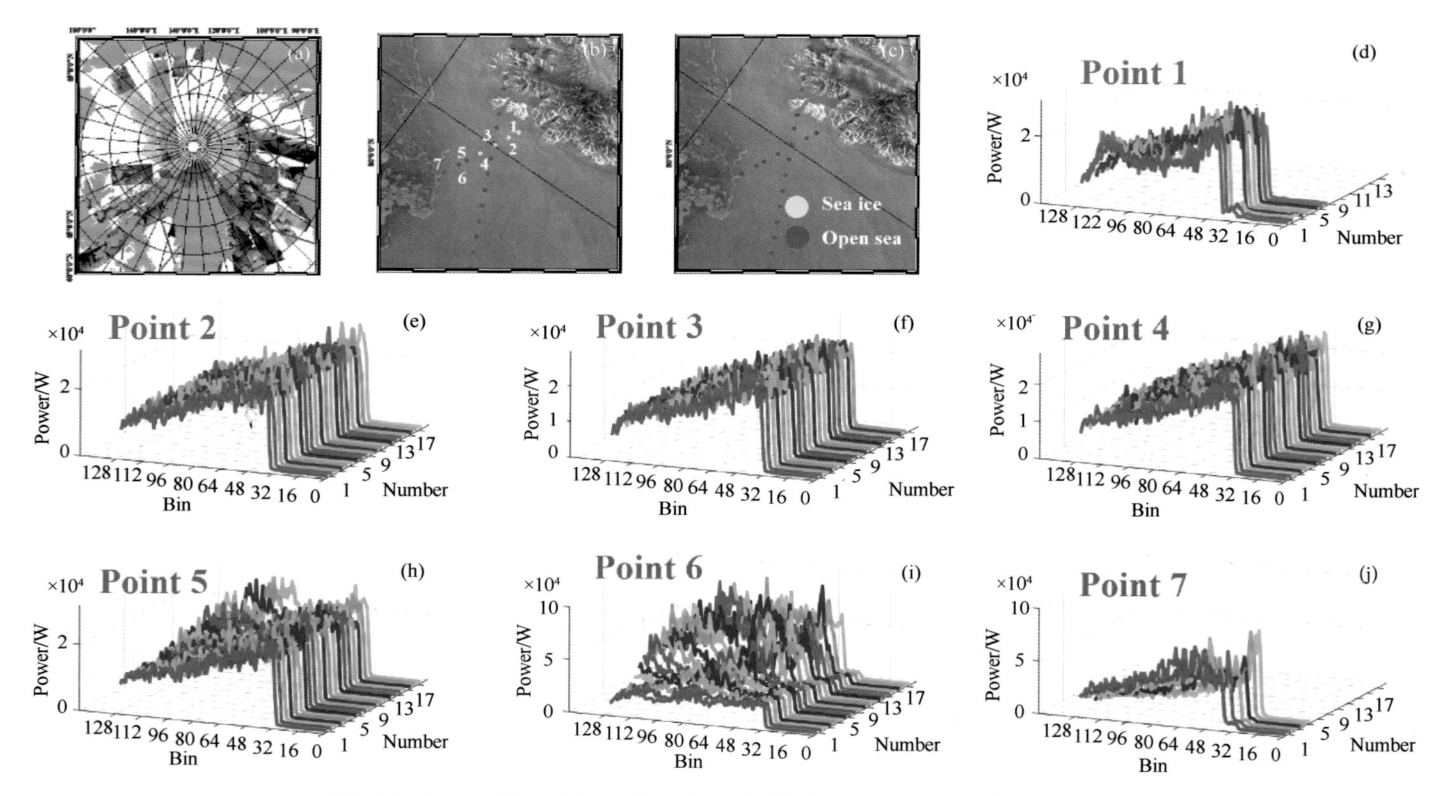


图7-26 SGDR原始冰标识、修正后冰标识结果对比及回波波型(2019年7月15日)

(a)为感兴趣区在北冰洋区域的分布；(b)和(c)分别为原始海冰标识以及利用多参数线性分割与波形参数联合校正的结果；(d)至(j)分别对应于点1 至点7的回波波型

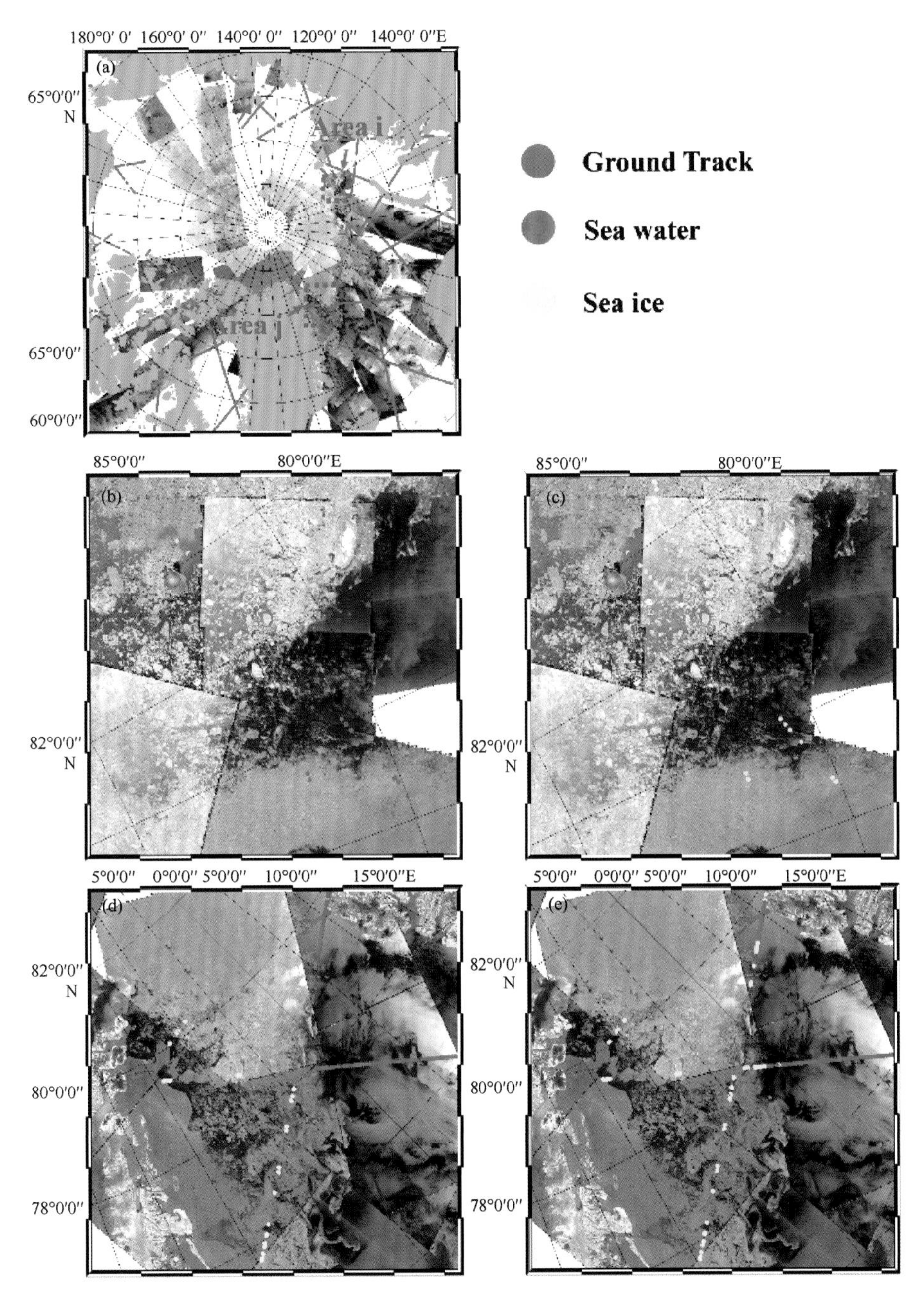


图7-27　SGDR原始冰标识以及修正后冰标识对比

(a)为海冰选取区域在北冰洋地区的分布图；(b)和(d)为SGDR数据中自带的冰标识展示；(c)和(e)为SGDR数据利用多参数线性分割与波形特征进行修正后的结果展示；底图为哨兵-1A/B 1 km分辨率镶嵌图片

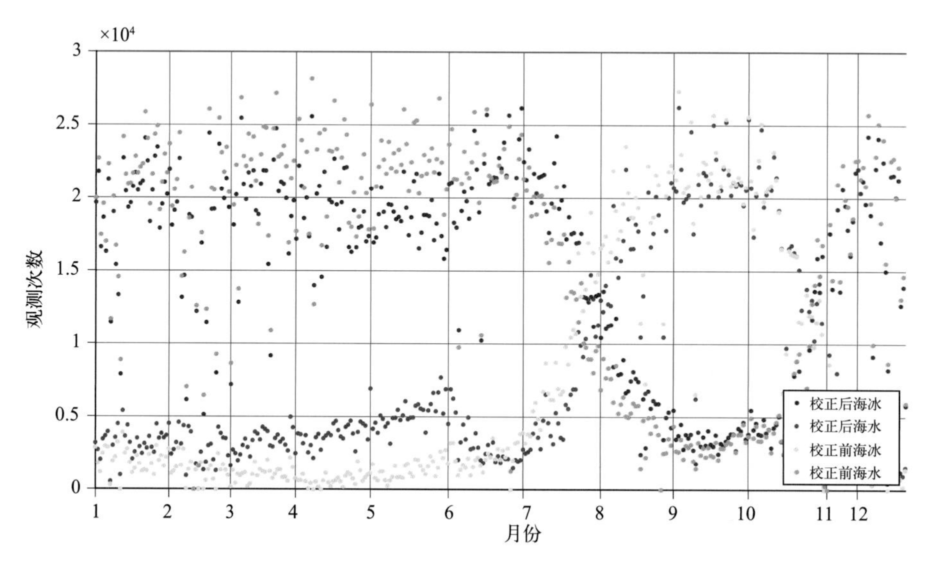


图 7-28　边缘校正前后冰水观测数对比

着该段时间内海冰的融化，海冰边缘出现大块离碎海冰，出现较多低海冰密集度的区域。原始的标识较多地将海水误分为海冰。

雷达高度计作为一种测量地物高程的专用主动微波仪器，其虽然具有较小的观测刈幅，但是沿轨方向上具有百米级别的观测能力。校正辐射计作为为雷达高度计提供大气校正参数的辅助用被动传感器，同时也具有地物识别的能力。二者的相互联合使用可以用作海冰、海水以及海冰类型的分类。本研究将雷达高度计的波形数据引入后可以提高在海冰边缘区域的冰水识别率。结合雷达高度计波形数据后的雷达高度计 20 Hz 冰标识校正后，冰边缘的海冰标识个数约为原始的 4 倍，大大增加了冰水识别率，为后期数据的处理提高了数据可用性。

# 第8章　中法海洋卫星海冰类型识别

中法海洋卫星(CFOSAT)由中国国家航天局(China National Space Administration, CNSA)和法国国家空间研究中心(Centre National D'Etudes Spatiales, CNES)共同研制，已于2018年10月29日发射成功(Wang et al., 2019; Xu et al., 2019)。经过在轨运行测试后，现已正式对外发布数据，成为海洋遥感观测的又一重要数据源。CFOSAT携带了两部Ku波段雷达：海浪波谱仪(Surface Waves Investigation and Monitoring, SWIM)和旋转笔型散射计(rotating fan-beam scatterometer, RFSACT)(Hauser et al., 2016; Hauser et al., 2017)。RFSACT采用中等入射角(26°~61°)模式探测海面风场和海冰特性，频率为13.3 GHz(Lin et al., 2019)。SWIM是首部采用多小入射角(0°~10°)模式的星载真实孔径雷达，频率为13.575 GHz(Hauser et al., 2020)，其设计目的为海浪谱反演。尽管CFOSAT的主要观测目标是海表面风和海浪，但它的观测范围覆盖南北纬83°，涵盖了极地的主要冰区，因而，可作为极地海冰观测的新数据源。其中，SWIM小入射角探测这一新颖的观测模式，为极地海冰监测开拓了新的研究方向，提供了新的研究课题。

## 8.1　国内外研究进展

星载微波传感器主要包括合成孔径雷达(synthetic aperture radar, SAR)、高度计和散射计。SAR是运行在中等入射角(20°~60°)下的成像微波雷达，其空间分辨率高达亚米级。SAR利用丰富的海冰微波后向散射信息，监测极地海冰的区域分布及变化，重要区域的冰况评估和精密导航等。现阶段，SAR海冰分类已实现业务化应用(Ochilov et al., 2012)，能够自动区分海冰类型和海水，准确率高达95%(刘眉洁 等, 2013; Komarov et al., 2017; Tan et al., 2018)。

高度计可以获取0°入射角下大范围、低分辨率(几千米至几十千米)的海冰微波散射数据，主要用于海冰干舷高度和海冰厚度反演。高度计识别海冰类型，有助于提高海冰干舷到海冰厚度的转换精度。高度计主要基于回波波形特征开展海冰分类，如，后向散射功率(backscattering power，BSP)、最大功率(maximum power，MAX)、脉冲峰值(pulse peakiness，PP)、前沿宽度(leading edge width，LEW)、后沿宽度(trailing edge width，TEW)、标准差(stack standard deviation，SSD)等，这是近年来海冰分类研究的热点。Drinkwater等(1991)研究了Ku波段机载雷达高度计回波波形特征，发现粗糙表面海冰的波形峰值和后沿下降速率较大，光滑表面海冰则相反；Zygmuntowska等(2013)提出了一种贝叶斯海冰分类方法，利用PP和TEW对FYI和MYI进行分类，分类精度约为80%。Rinne等(2016)提出了一个海冰自动分类系统，利用K-最近邻(k-nearest neighbor，KNN)分类方法检测海水、薄FYI、厚FYI和MYI，该系统基于最近发布的冰况图利用PP、LEW、SSD和峰值功率比(late-tail-to-peak-power ratio，LTPP)4个CroySat-2波形特征训练分类器，其海冰分类精度约为85%。Shen等(2017a)基于6种波形特征(TEW、LEW、$\sigma_0$、MAX、PP和SSD)，利用随机森林(random forest，RF)分类方法识别FYI和MYI，结果表明，85%的北极海冰类型能被正确识别。Shen等(2017b)对不同特征组合下的机器学习分类方法进行了系统比较，选出的最优分类器-特征组合(OCF)为RF—{TEW，LEW，$\sigma_0$，MAX，PP}，其平均分类精度高达91.4%。Shu等(2020)提出了一种基于$\sigma_0$、MAX、PP和SSD特征组合的利用面向对象的随机森林(object-based random forest，ORF)分类方法，总分类精度为90.1%。

散射计是运行在中等入射角(20°~60°)下的非成像微波雷达，可以观测全极区的海冰，其空间分辨率与高度计相近，主要包括两个探测频率：C波段(如ASCAT、ERS-1/2)和Ku波段(如QuickSCAT、OSCAT)。散射计海冰分类方法一般分为两种。一种分类方法是利用微波散射特性识别海冰类型和海水，C波段数据首先被用于海冰和海水识别(Drinkwater et al.，1991；Cavanie et al.，1994；Gohin et al.，1994)，之后Ku波段被证明也具有冰水识别能力(Remund et al.，1999；Oza et al.，2011)，识别精度可达90%(Breivik et al.，2012)。目前，极地研究机构持续公开发布南、北极海冰范围和密集度的业务化产品，并形成了相当规模的历史存档数据库(Rivas et al.，2012；Remund et al.，2014；Zou et al.，2016；Bi et al.，2018)，而且还开展了海冰类型识别研究(如FYI和MYI)(Rivas et al.，2011；Otosaka et al.，2017）。另一种分类方法是散射计图像重建法（scatterometer image reconstruction，SIR），其原理是基于 C 波段和 Ku 波段散射计的多入射角、多方位角数据，重建散射计图像以获得更高的空间分辨率，然后利用图像识别方法区分海冰类型和海水（Swan et al.，2012；Long et al.，1994；Meier et al.，2008）。目前 SIR 方法已实现业务化应用，已制作了长时间序列的冰况图（Remund et al.，2014）。

现阶段，小入射角模式的微波遥感器已在轨执行探测任务。全球降水测量（Global Precipitation Measurement，GPM）计划中的双频降水雷达（dual-frequency precipitation radar，DPR）采用 Ku 波段和 Ka 波段，运行在小入射角 ±17°之间，对 66.3°N 和 66.3°S 范围内的区域进行监测。因而，DPR 无法覆盖北极的主要区域。SWIM 是第一个星载旋转六波束真实孔径雷达，采用小入射角（0°~10°）模式，频率为 13.575 GHz（Hauser et al.，2020）。目前，鲜有小入射角下海冰探测方面的研究刊出。因此，针对小入射角这一新型探测模式，需要在海冰分类中研究几个关键问题，如，海冰类型和海水的识别能力、每个小入射角在类别识别中的表现、波形特征或特征组合和分类方法的选择和优化、最优分类器—特征组合的应用以及小入射角、中等入射角、0°入射角的海冰分类能力比较等。

8.2 节描述了 2019 年 10 月至 2020 年 4 月北极地区的 SWIM 数据、冰况图和 Sentinel-1 SAR 影像。8.3 节基于 K-S 距离分析了小入射角下单波形特征的海冰类型识别能力。8.4 节研究了基于单波形特征的 KNN 方法和支持向量机（support vector machine，SVM）方法的设置和最优分类方法的选取。8.5 节基于特征组合利用最优分类方法识别海冰类型和海水，并将该最优分类器-特征组合应用于单日数据进行海冰分类。8.6 节讨论了海冰类型和海水在 6 个入射角下的分类精度和引入新特征以提高分类精度的可行性，并将最优分类器-特征组合应用于区域海冰分类中，所得结果结合 SAR 影像进行分析和讨论。8.7 节给出了结论和今后的研究方向。

## 8.2　数据介绍

### 8.2.1　SWIM 数据

CFOSAT 是运行在极地轨道的联合卫星，其轨道特性见表 8-1。SWIM 是一种新型传感器，主要提供海浪方向谱。SWIM 是工作在 Ku 波段(13.575 GHz)下的真实孔径雷达(RAR)，其 6 个波束的指向为 0°(星下点)到 10°，同时扫描整个方位角(0°~360°)。从星下点到 10°入射角足印外缘的距离近 90 km。10°足印直径约为 18 km。每一入射角下一个足印包含的距离门个数较多，且多于同星的 RFSCAT。SWIM 探测参数见表 8-2，如图 8-1 所示。SWIM 数据分为 L1A、L1B 和 L2A 三个级别，其中 L1A 级数据包括每一小入射角的波形数据，可用于提取波形特征，识别海冰类型和海水。

**表 8-1　CFOSAT 轨道参数**

| 参数 | 轨道半径 | 赤道高度 | 轨道倾角 | 重复时间 | 每个周期的轨道数 |
|---|---|---|---|---|---|
| 值 | 6 891.987 km | 514 km | 97.465° | 13 天 | 197 |

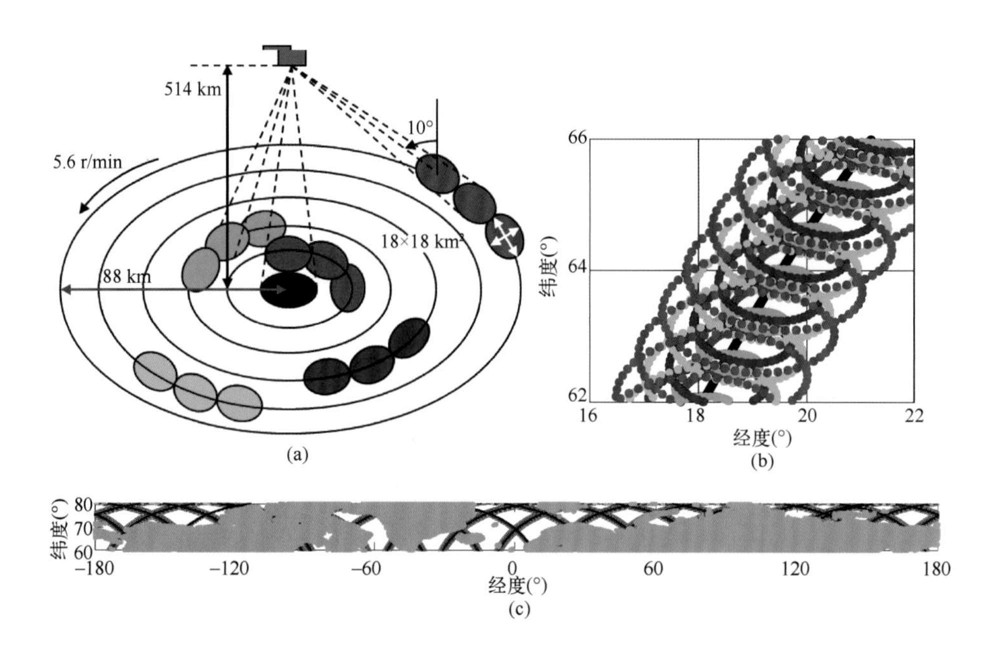


图 8-1　SWIM 各入射角下的波束

(a)6 个入射角在 3 个宏周期下的探测示意图，一个宏周期包括 6 个连续波束，它们在方位角上是不连续的；(b)北极 SWIM 足印分布(2020 年 4 月 15 日)；(c)在若干宏周期内的局部足印采样示意图，波束张角：2°×2°

表 8-2 SWIM 的宏周期参数(波束顺序：0°~10°)及其实时处理参数

| 波束 | 0° | 2° | 4° | 6° | 8° | 10° |
| --- | --- | --- | --- | --- | --- | --- |
| 持续时间/ms | 55.4 | 22.6 | 22.6 | 34.4 | 40.5 | 44.2 |
| 合成回波数量 | 264 | 97 | 97 | 156 | 186 | 204 |
| 平均距离门数 | 1 | 4 | 4 | 2 | 3 | 3 |
| 距离门数 | 256 | 765 | 933 | 2 771 | 2 639 | 3 215 |

### 8.2.2 冰况图

俄罗斯联邦国家科学中心北极和南极研究所(Arctic and Antarctic Research Institute，AARI)隶属于俄罗斯联邦水文气象和环境保护局，能够提供用于海冰分类和精度评价的冰况图(AARI，2020)。

AARI 收集每周 2~5 天的北极和南极数据(平均值)制作冰况图，并于每周四公开发布。通过卫星信息解译(可见光、红外和雷达)和沿海台站与船舶航行报告，自动生产南极和北极的冰况图。冰况图分为两种：一是冬季冰况图，显示了海冰发展阶段(冰厚)的分布——尼罗冰、初期冰、一年冰和多年冰；二是夏季冰况图，显示了海冰总密集度分布(AARI，2020)。表 8-3 列出 2019 年 10 月至 2020 年 4 月共 31 幅北极冰况图。

北极冰年是从每年 10 月到翌年 4 月。主要海冰类别包括尼罗冰(厚度小于10 cm)、初期冰(厚度小于 30 cm)、一年冰(厚度小于 2 m)、多年冰和海水。尼罗冰和初期冰在 10 月出现，10 月和 11 月迅速发展，12 月开始减少，到翌年 1 月时覆盖范围非常小且比较稳定。尼罗冰和初期冰表现出相似的生长特性和厚度，由此将这两种海冰合并为薄冰(TI)。因而，基于 AARI 冰况图将海冰分为 4 种类型：薄冰(TI)、一年冰(FYI)、多年冰(MYI)和海水(SW)。

表 8-3　2019—2020 年冬季北极地区冰况图统计

| 编号 | 日期 | 编号 | 日期 | 编号 | 日期 | 编号 | 日期 |
| --- | --- | --- | --- | --- | --- | --- | --- |
| 1 | 2019-09-29 至 2019-10-01 | 9 | 2019-11-24 至 2019-11-26 | 17 | 2020-01-19 至 2020-01-21 | 25 | 2020-03-15 至 2020-03-17 |
| 2 | 2019-10-06 至 2019-10-08 | 10 | 2019-12-01 至 2019-12-03 | 18 | 2020-01-26 至 2020-01-28 | 26 | 2020-03-22 至 2020-03-24 |
| 3 | 2019-10-13 至 2019-10-15 | 11 | 2019-12-08 至 2019-12-10 | 19 | 2020-02-02 至 2020-02-04 | 27 | 2020-03-29 至 2020-03-31 |
| 4 | 2019-10-20 至 2019-10-22 | 12 | 2019-12-15 至 2019-12-17 | 20 | 2020-02-09 至 2020-02-11 | 28 | 2020-04-05 至 2020-04-07 |
| 5 | 2019-10-27 至 2019-10-29 | 13 | 2019-12-22 至 2019-12-24 | 21 | 2020-02-16 至 2020-02-18 | 29 | 2020-04-12 至 2020-04-14 |
| 6 | 2019-11-03 至 2019-11-05 | 14 | 2019-12-29 至 2019-12-31 | 22 | 2020-02-23 至 2020-02-25 | 30 | 2020-04-19 至 2020-04-21 |
| 7 | 2019-11-10 至 2019-11-12 | 15 | 2020-01-05 至 2020-01-07 | 23 | 2020-03-01 至 2020-03-03 | 31 | 2020-04-26 至 2020-04-28 |
| 8 | 2019-11-10 至 2019-11-19 | 16 | 2020-01-12 至 2020-01-14 | 24 | 2020-03-08 至 2020-03-10 | | |

### 8. 2. 3　Sentinal-1 SAR

Sentinel-1 是欧盟委员会(EC)和欧洲航天局(ESA)哥白尼计划五项任务中的第一项。该任务使用了双星设计，包括 2014 年 4 月 3 日发射的 Sentinel-1A 和 2016 年 4 月 25 日发射的 Sentinel-1B。Sentinel-1A/B 携带先进的微波成像雷达，提供了全天时、全天候的数据。Sentinel-1A/B 采用 C 波段，极化方式选择单极化(HH 或 VV)和双极化(HH+HV 或 VV+VH)。

Sentinel-1A/B 可以支持高分辨率海冰制图服务，例如，北极海冰范围及其变化探测和海冰分类。除了支持业务化服务外，Sentinel-1A/B 在冰川短期和长期变化探测上表现出更强的能力，如冰山运动。本章主要用到 IW 和 EW 模式下的 GRD 影像。

### 8.2.4 SWIM 波形特征提取

基于 2019 年 10 月至 2020 年 4 月一个冰年的北极 SWIM L1A 数据，提取了 6 个波形特征，用以描述小入射角下 SWIM 回波波形特性。由于 SWIM 不提供自动增益控制(automatic gain control，AGC)，因而没有对 SWIM 数据进行进一步的修正。

1)最大功率(Maximum power，MAX)

MAX 是雷达回波波形的最大功率值(峰值)，它能反映地物表面的特性(Zakharova et al.，2015)，其计算公式为

$$P_{\max_\theta} = \max(P_{i_\theta}),\ i_\theta = 1,\ 2,\ 3,\ \cdots,\ n_\theta,\ \text{单位：W} \tag{8-1}$$

式中，$P_{i_\theta}$是入射角 $\theta$ 下一个足印内第 $i$ 个距离门的回波功率；$n_\theta$是入射角 $\theta$ 的最大距离门数，即 $n_\theta$ = 256、765、933、2 771、2 639、3 215 时，其对应的入射角分别为 $\theta$ = 0°、2°、4°、6°、8°、10°。

2)雷达后向散射功率(backscattering power，BSP)

BSP 是海冰分类的基本参数，对海冰和海水的表面特征非常敏感。BSP 是雷达频率、极化方式和入射角的函数，与地物目标的表面粗糙度、几何形状和电介质特性有关。不同入射角一个足印的 BSP 计算方法不同：重心偏移法(offset center of gravity，OCOG)是 0°入射角下 BSP 的常用计算方法，其公式为(Gommenginger et al.，2011)

$$BSP_\theta = \sqrt{\frac{\sum_{i=1}^{n_\theta} P_{i_\theta}^4}{\sum_{i=1}^{n_\theta} P_{i_\theta}^2}},\ \theta = 0°,\ \text{单位：W} \tag{8-2}$$

在 2°~10°入射角下，利用波形平均的方法计算一个足印内的 BSP：

$$BSP_\theta = \frac{\sum_{i=1}^{n_\theta} P_{i_\theta}}{n_\theta},\ \theta = 2°,\ 4°,\ 6°,\ 8°,\ 10° \tag{8-3}$$

3)脉冲峰值(Pulse peakiness，PP)

雷达回波波形的 PP 由 Laxon(1994)提出，其定义为回波能量最大值除以

回波总能量值。在入射角为0°时，高反射率的光滑表面回波波形类似于镜面反射，此时能获得较大的PP值(Zygmuntowska et al.，2013)，而较大入射角下的情况可能正好相反。PP定义为MAX与累积回波功率之比：

$$PP_\theta = \frac{P_{\max_\theta}}{\sum_{i=1}^{n_\theta} P_{i_\theta}} \times n_\theta \tag{8-4}$$

4)标准差(stack standard deviation，SSD)

SSD是回波波形功率值的标准差，显示了回波波形功率分布的离散性和稳定性(Wingham et al.，2006)：

$$SSD = \sqrt{\frac{\sum_{i=1}^{n_\theta} (P_{i_\theta} - \overline{P_\theta})^2}{n_\theta}}, \quad \overline{P_\theta} = \frac{\sum_{i=1}^{n_\theta} P_{i_\theta}}{n_\theta} \tag{8-5}$$

式中，$\overline{P_\theta}$为入射角$\theta$一个足印内的平均功率。

5)前沿宽度(leading-edge width，LEW)

LEW是回波波形上升沿端点(最大能量值的5%)所对应的距离门值和回波能量最大值95%处所对应的距离门值之间的差值，用于滤掉前沿热噪声的影响。在0°入射角处，镜面反射时LEW比漫反射时要小，在较大的入射角时可能并不相同。

$$A_{1\theta} = P_{\max_\theta} \cdot 0.95, \quad A_{2\theta} = P_{\max_\theta} \cdot 0.05, \quad LEW = Bin(A_{1\theta}) - Bin(A_{2\theta}) \tag{8-6}$$

式中，$Bin(*)$代表“*”值所对应的距离门值。

6)后沿宽度(trailinging-edge width，TEW)

回波能量下降沿最大值95%处所对应的距离门值和回波波形下降沿端点(最大能量值的5%)所对应的距离门值之间的差值，表示地物类型的表面散射特性。TEW的特征与LEW在入射角为0°时相似。

$$A_{1\theta} = P_{\max_\theta} \cdot 0.05, \quad A_{2\theta} = P_{\max_\theta} \cdot 0.95, \quad TEW = Bin(A_{1\theta}) - Bin(A_{2\theta}) \tag{8-7}$$

不同小入射角下海水和海冰类型的回波波形如图 8-2 所示，WIM 6 个小入射角下的 FYI 回波波形如图 8-3 所示，可以看出不同入射角之间的波形有显著差异。

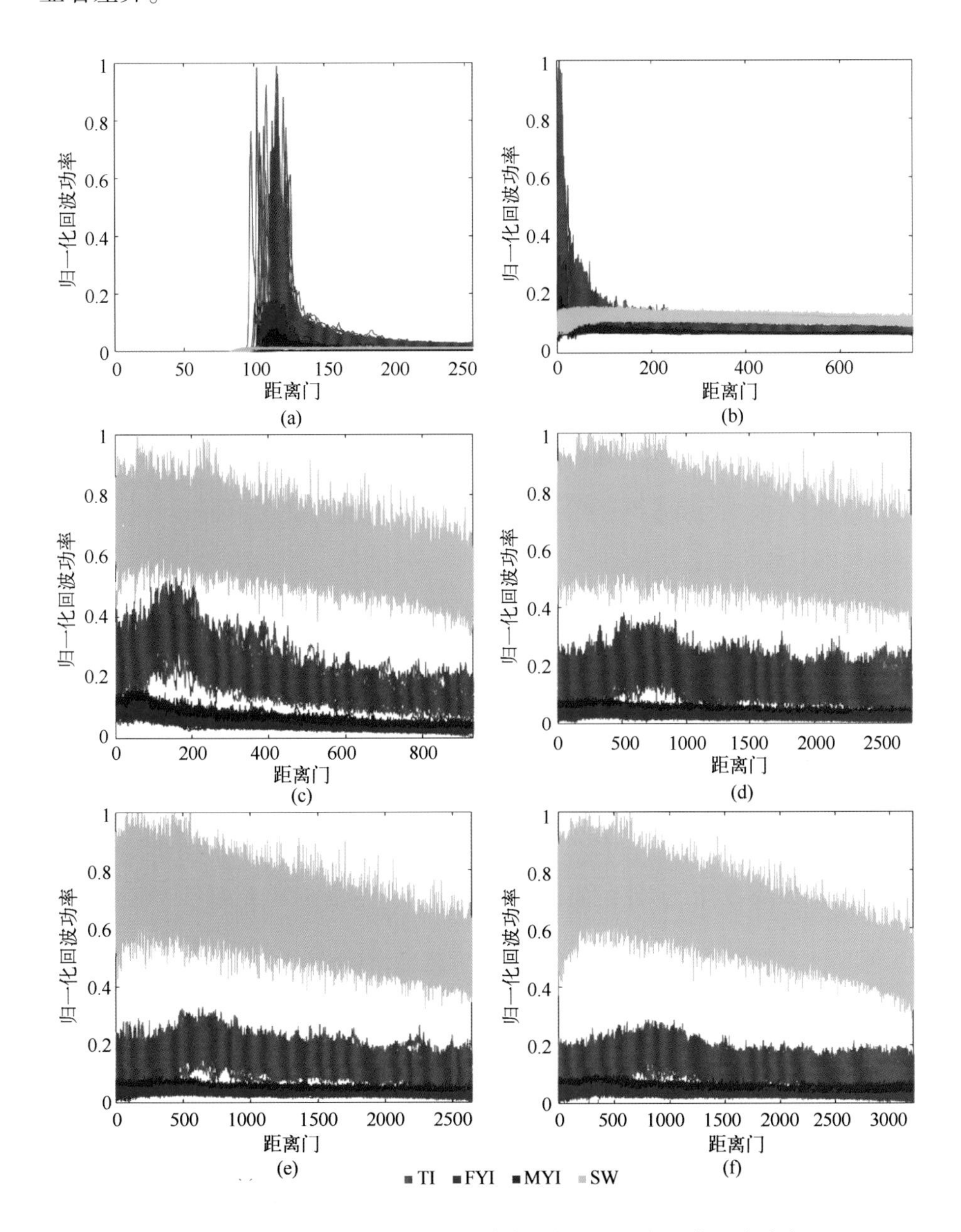


图 8-2　小入射角下海水和海冰类型的 SWIM 归一化回波功率

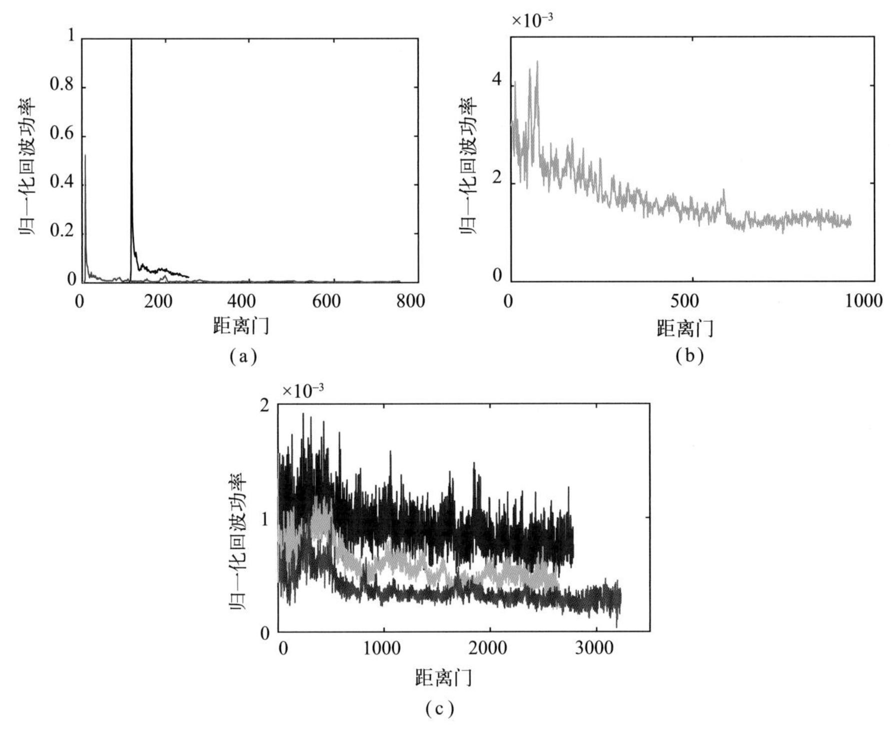


图 8-3　小入射角下 FYI 的 SWIM 归一化回波功率

(a)0°~2°；(b)4°；(c)6°~10°

6 个小入射角可分为 3 组：0°~2°、4°和 6°~10°。0°~2°波形相似，后向散射功率随着距离门变化，且有明显的峰值；而 6°~10°波形平缓；4°的波形与其他入射角的波形不同，可以认为是 0°~2°到 6°~10°的过渡。这意味着 4°可能同时具有 0°~2°和 6°~10°的性质。各入射角的波形均表现出较强的波动性，这可能会影响 LEW 和 TEW 的提取精度，尤其对 6°~10°而言。波形波动是由局部入射角的变化引起的。海面可近似由双尺度模型表示，即短波和长波的叠加。小入射角下，海面微波散射可视为准镜面散射。长波倾斜造成局部入射角出现明显变化，引起显著波动。TI 厚度小，受海浪影响大进而影响局部入射角，引起较大波动。尽管 FYI 和 MYI 不会受到海浪影响，没有较大波动，比较稳定，但其受到相干斑噪声影响，波形中也存在一定的波动现象。当然，海水波形波动中也有相干斑噪声的贡献。

以上 6 个特征可分为 3 组进行详细说明。每个特征值都取对数，并放大

10 倍，以确保其可比性，如图 8-4 所示。

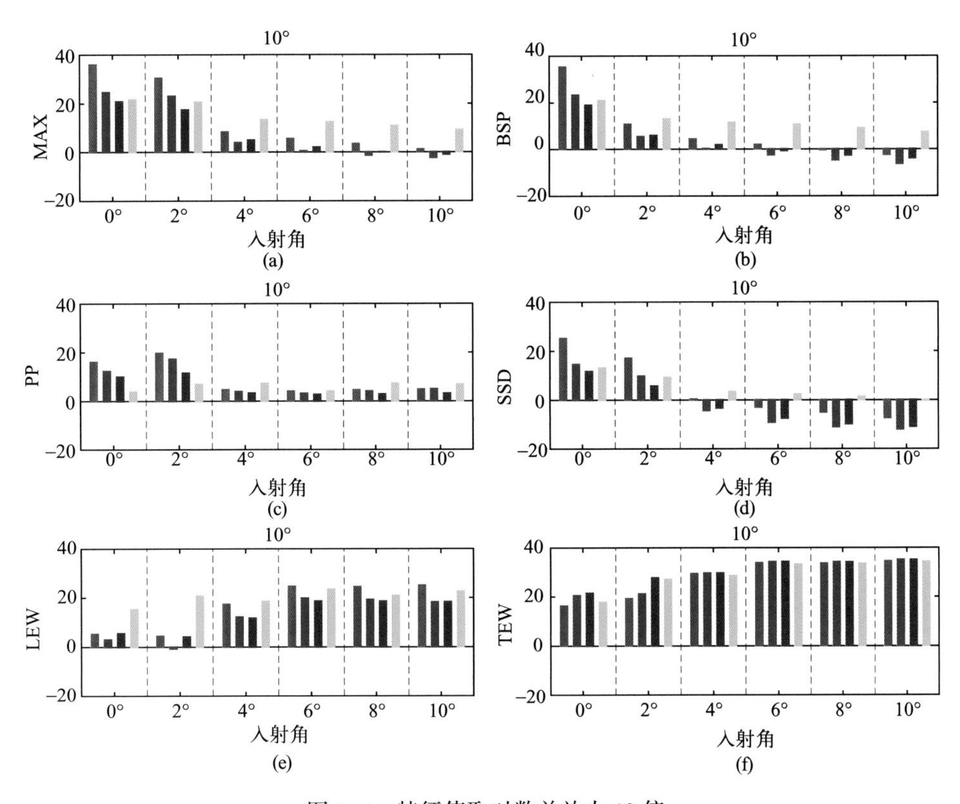


图 8-4　特征值取对数并放大 10 倍

(a)MAX；(b)BSP；(c)PP；(d)SSD；(e)LEW；(f)TEW

(1)回波波形能量和功率：MAX 和 BSP。各个类型的 MAX 和 BSP 均随入射角的增大而减小。可分为两种情况：对于 0°~2°入射角的 MAX 值，TI>FYI>SW>MYI；当入射角为 4°~10°时，SW>TI>MYI>FYI。在入射角为 0°时，除 MYI 外，海冰 BSP 高于海水，在 2°~10°下，海水 BSP 大于海冰，这与其表面特性吻合。FYI 和 MYI 的 MAX 和 BSP 的大小关系也与地表特征一致。然而，TI 在海冰类型中始终保持较高的功率，可能是由于 TI 是尼罗冰和初期冰的合并类型，所以表现出复合的特征。

(2)前沿和后沿特征：LEW 和 TEW。对于 0°~2°入射角的 LEW 值，SW>TI>MYI>FYI；在入射角为 4°时，SW>TI>FYI>MYI；在入射角为 6°~8°时，TI>SW>FYI>MYI；在入射角为 10°时，TI>SW>MYI>FYI。LEW 和 TEW 对海

冰类型与海水区分不明显，特别是入射角为 6°~10°时。

(3)整体波形特征：PP 和 SSD。SSD 值在 0°~2°入射角时，TI>FYI>SW>MYI；在入射角为 4°~10°时，SWI>TI>MYI>FYI。不同类别的 SSD 值是不同的。

这 6 个特征的取值范围存在明显差异，可能影响海冰分类。因而，在同一入射角下，对每个特征的数据进行归一化。

### 8.2.5 数据匹配和选取

SWIM 数据的匹配和选取规则如下。

(1)纬度高于 60°N 的 2019 年 10 月至 2020 年 4 月北极 SWIM 数据。

(2)将 SWIM 数据与 AARI 海冰图进行匹配，并将波形赋予相应的类型信息。

(3)距离门包括负回波功率(图 8-5)和高于 SWIM 最大值限定功率的波形被剔除。

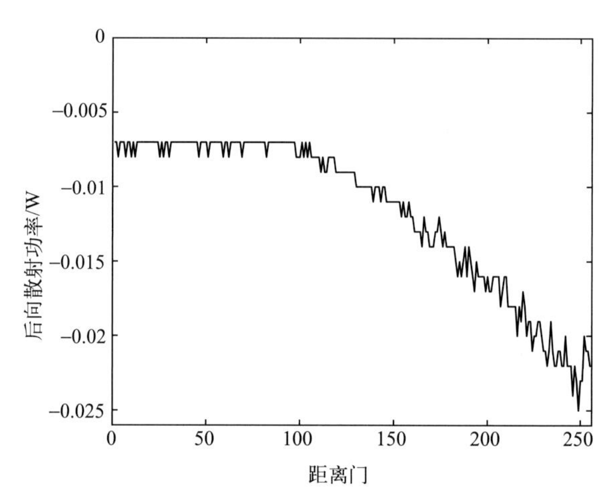


图 8-5　包括负回波功率的波形(2019 年 10 月 1 日)

## 8.3 小入射角下的单特征识别能力

基于 2019 年 10 月至 2020 年 4 月北极一个冰年的 SWIM 数据，研究小入射角下不同波形特征对海冰类型的识别能力。

## 8.3.1　双样本 K-S 距离

采用双样本 Kolmogorov-Smirnov 距离(K-S 距离)定量分析两种类型之间的区分。K-S 距离是衡量两个累积分布函数之间最大绝对差的非参数可分性判据(Dabboor et al., 2018)。K-S 距离定义为

$$D = \max | S_2(x) - S_1(x) | \quad (8-8)$$

式中，$S_1$和 $S_2$分别为两种地物类型样本针对某一特征 $x$ 的累积概率分布。其取值范围为 0 到 1，且可被分为 4 类。$0.5 \leqslant D < 0.7$ 表示特征具有一定的可分性；$0.7 \leqslant D < 0.9$ 表示可分性好；$0.9 \leqslant D$ 表示可分性很好；$D < 0.5$ 表示可分性较小(Dabboor et al., 2018)。

## 8.3.2　小入射角下单特征的 K-S 距离

在特征空间中，利用 K-S 距离分析 MAX、BSP、PP、SSD、LEW 和 TEW 6 个波形特征在不同小入射角下海冰类型和海水的区分能力。结果见表 8-4。总体上讲，所有入射角的波形特征都能够更好地区分海冰和海水，而区分海冰类型的能力较弱。此外，FYI 和 MYI 最难区分，TI 和 MYI 较难区分，TI 和 FYI 的区分度略好于 TI 和 MYI。由于积雪覆盖以及反复冻融，MYI 的表面特征过于复杂；TI 薄脆易断裂，特征多变；因而，两种冰型都难于识别。MAX、BSP、PP 和 SSD 的性能优于 LEW 和 TEW，尤其在 6°~10°入射角时。LEW 在 4°~10°入射角时难以区分类别，这些都与波形分析一致。

在 0°~2°入射角下，所有 6 个特征对海冰分类都有效。在 0°入射角下，MAX、PP 和 TEW 能够在一定程度上区分 FYI 和 MYI。在入射角为 6°~10°时，这 6 个特征不能区分 TI 和 MYI。MAX、BSP、PP 和 SSD 对识别海冰类型有一定的帮助。BSP 只有在入射角为 10°时才能区分 FYI 和 MYI。与其他波形特征分析相比，LEW 的识别能力较差。在入射角为 4°时，所有特征在海冰分类中表现较差。由于入射角为 4°时是入射角为 0°~2°到入射角为 6°~10°的过渡，其波形特征难以反映海冰和海水特征。结果表明，三组入射角具有不同的识别能力，与波形分析相一致。因此，单特征对海冰类型和海水具有一定的区分能力，需要进一步研究特征组合的海冰分类能力。

表 8-4 小入射角下海冰类型和海水的单波形特征 K-S 距离

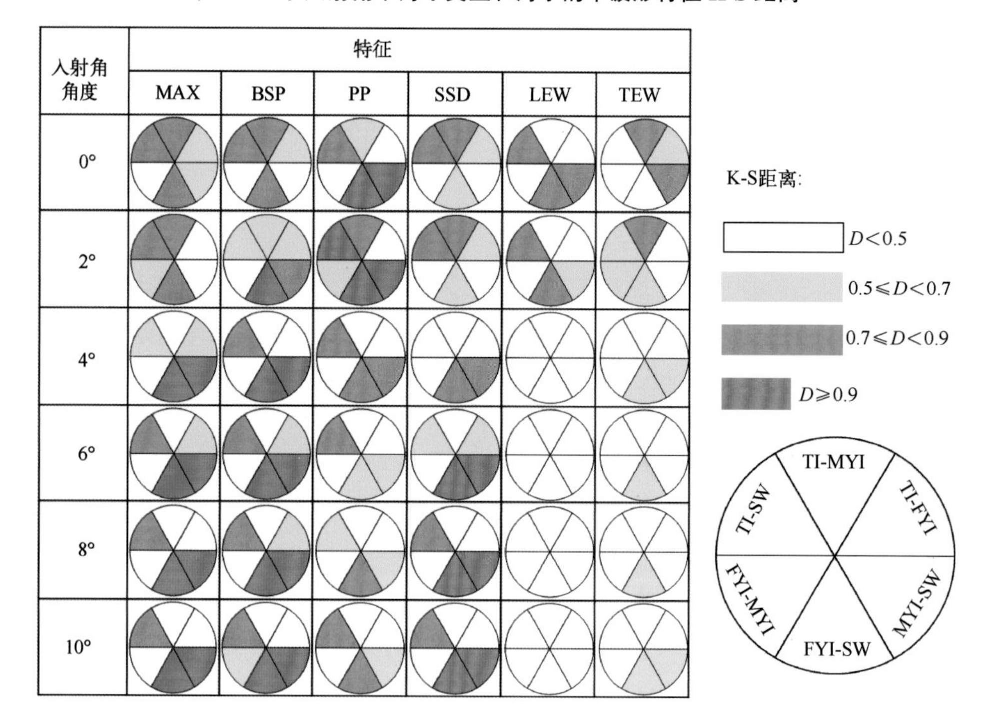


## 8.4 海冰分类方法

基于遥感影像的地物分类结果不可避免地含有误差，需要进行精度评价。为了准确地评价 SWIM 海冰分类精度，须对标准分类结果(AARI 冰况图)和遥感图像分类结果(SWIM 海冰分类结果)进行对比。这两种结果的关系一般概括在一个混淆矩阵中。

在混淆矩阵中，假设海水和海冰的总样本数为 $N$，海冰类型和海水共$n$ 个类别；$x_{k\Sigma}$是第 $k$ 行各类别的样本总数，代表第 $k$ 类实际包含的样本数；$x_{\Sigma k}$是第 $k$ 列各类别的样本总数，代表分类结果中第 $k$ 类的样本数；$x_{ij}(i, j=1, \cdots, k, \cdots, n)$表示样本真实地物类别为类型 $i$，分类器指定类别为类型 $j$；如果 $i=j$，即混淆矩阵对角线上的元素 $x_{kk}(k=1, \cdots, n)$，则代表真实地物类型和分类器指定类型一致的样本数，即类别 $k$ 分类正确的样本数。利用生产者精度、用户精度和 Kappa 系数定量评价分类结果精度。

(1)生产者精度($PA_k$)代表假定地物的真实类别为 $k$ 类，分类器将一幅图像中的像元归入 $k$ 类的概率，即

$$PA_k = \frac{x_{kk}}{x_{k\Sigma}} \tag{8-9}$$

式中，$\sum$ 为求和号，$x_{k\Sigma}$表示行元素求和。

(2)用户精度($UA_k$)代表分类器将一幅图像中的像元归入其正确的所属类别的概率，即：

$$UA_k = \frac{x_{kk}}{x_{\Sigma k}} \tag{8-10}$$

式中，$x_{\Sigma k}$表示列元素求和。

(3)为综合第 $k$ 类海冰类型的生产者精度和用户精度，引入参数 F1-score ($FS_k$)，定义为生产者精度和用户精度的调和平均值，即：

$$FS_k = \frac{2PA_k \cdot UA_k}{PA_k + UA_k} \tag{8-11}$$

(4)总分类精度(OA)表示类型识别正确的总像元数占图像像元总数的百分比，即：

$$OA = \frac{\sum x_{kk}}{N} \tag{8-12}$$

式中，$\sum x_{kk}$表示对角线元素求和。

分类结果混淆矩阵示例见表 8-5。

**表 8-5　分类结果混淆矩阵示例**

| 地物类型 | 地物类型 1 | … | 地物类型 $k$ | … | 地物类型 $n$ | 总数 | 生产者精度 |
|---|---|---|---|---|---|---|---|
| 地物类型 1 | $x_{11}$ | … | $x_{1k}$ | … | $x_{1n}$ | $x_{1\Sigma}$ | $PA_1$ |
| ⋮ | | | | ⋮ | | | ⋮ |
| 地物类型 $k$ | $x_{k1}$ | … | $x_{kk}$ | … | $x_{kn}$ | $x_{k\Sigma}$ | $PA_k$ |
| ⋮ | | | | ⋮ | | | ⋮ |
| 地物类型 $n$ | $x_{n1}$ | | $x_{nk}$ | | $x_{nn}$ | $x_{n\Sigma}$ | $PA_n$ |
| 总数 | $x_{\Sigma 1}$ | … | $x_{\Sigma k}$ | … | $x_{\Sigma n}$ | $N$ | |
| 用户精度 | $UA_1$ | … | $UA_k$ | … | $UA_n$ | | $OA$ |

Kappa 系数($\kappa$)也是一种基于混淆矩阵的分类精度计算方法，是从统计意义上反映分类结果优于随机分类结果的程度，其计算公式为：

$$\kappa = \frac{N\sum_k x_{kk} - \sum_k x_{k\Sigma}x_{\Sigma k}}{N^2 - \sum_k x_{k\Sigma}x_{\Sigma k}} \tag{8-13}$$

基于所选数据的测试，混淆矩阵中的总分类精度和 Kappa 系数对分类结果的评价具有一致性，因而对分类结果的总体评价只用总分类精度；对每种冰型的分类精度评价指标包括用户精度、生产者精度和 F1-score，本研究以综合评价指标 F1-score 为主。

### 8.4.1 K-最近邻算法(K-Nearest Neighbor，KNN)

KNN 是一种非参数的监督分类方法，适用于多维特征空间的地物类型识别，应用较为广泛(边肇祺等，2000)，已被应用到高度计海冰分类中(Rinne et al.，2016；Shen et al.，2017a；Jiang et al.，2019)。KNN 的核心思想是如果一个样本在特征空间中 $k$ 个最相邻样本中的大多数属于某一个类别，则该样本也属这个类型。假设待分类研究对象 $Ob$ 中有 $n$ 个类型 $T_1$，$T_2$，…，$T_n$，每个类别中有确定类型的样本 $m_i(i=1, 2, \cdots, n)$个，那么确定类型的样本个数可以写为

$$M = \sum_{i=1}^{n} m_i \tag{8-14}$$

规定第 $T_i$类的判别函数是

$$f_i(\boldsymbol{x}) = \min_j \| \boldsymbol{x} - \boldsymbol{x}_i^j \|, \ j = 1, 2, \cdots, m_i \tag{8-15}$$

式中，$\boldsymbol{x}_i^j$ 中的下标 $i$ 为第 $T_i$类，上标 $j$ 为第 $T_i$类 $m_i$个已知样本中的第 $j$ 个。根据判别函数[式(8-15)]，可以给出决策规则，即对比未知样本 $\boldsymbol{x}$ 与确定类型样本之间的特征空间距离(如欧氏距离)，将 $\boldsymbol{x}$ 与距离最小即最近邻的样本归为同一类，其数学模型为

$$\text{若} f_j(\boldsymbol{x}) = \min \sum_i f_i(\boldsymbol{x}), \ j = 1, 2, \cdots, n, \ \text{则} \boldsymbol{x} \in Ob_j \tag{8-16}$$

KNN 方法的精度影响因素包括以下三个方面。

1)训练数据

训练数据是从 2019 年 10 月至 2020 年 4 月的北极 SWIM 数据中随机生成的 13 组数据(G1 至 G13)，并确保其具有代表性。13 组训练数据的总体准确性相似，最大差值不超过 3%，如图 8-6 所示。G1 的结果用黑实线表示，G2 至 G13 以基于 G1 的柱状图表示。向上的柱形表示比 G1 总分类精度高，向下的柱形表示比 G1 总分类精度低。结果表明，只要训练数据涵盖所有区域和时间的所有类型，其海冰分类精度接近。

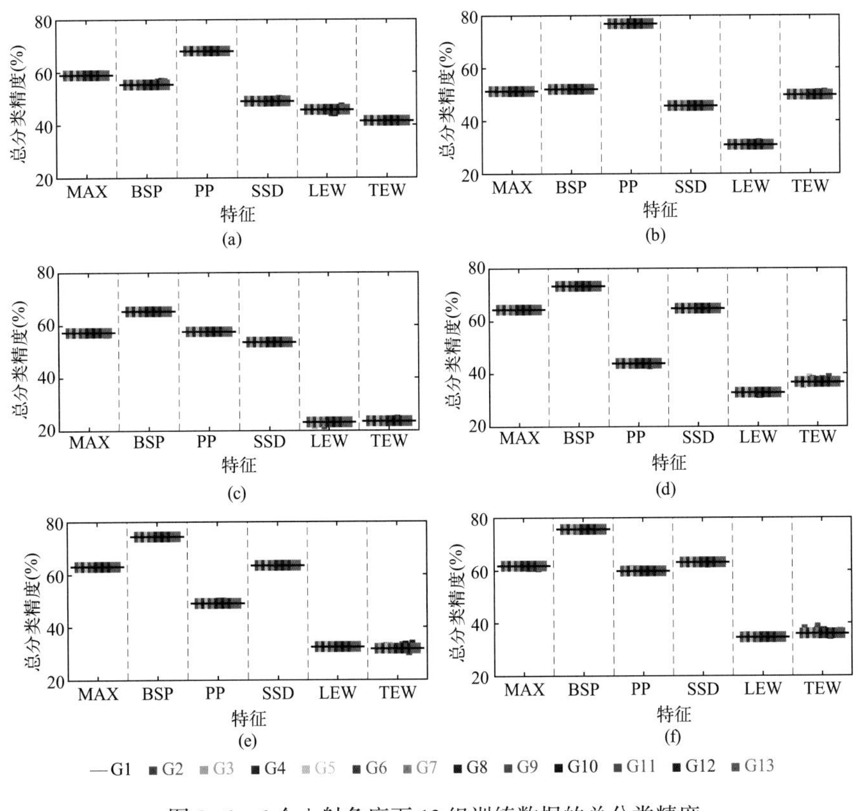


图 8-6　6 个入射角度下 13 组训练数据的总分类精度

(a)0°；(b)2°；(c)4°；(d)6°；(e)8°；(f)10°

2)最近邻样本个数的取值范围($k$)

$k$ 是用于判断未知样本类型的最近邻已知类型样本个数，$k$ 的取值能够影响分类结果和精度(李航，2012)。

(1)$k$ 值较小，相当于用较小邻域中的训练实例进行分类，“学习”近似误差会减小，只有与输入实例较近或相似的训练实例才会对分类结果起作用，由此带来的问题是“学习”的估计误差会增大，即，$k$ 值减小意味着整体模型变得复杂，容易发生过拟合。

(2)$k$ 值较大，相当于用较大邻域中的训练实例进行分类，优点是可以减少“学习”的估计误差；但缺点是“学习”的近似误差会增大，与输入实例较远，训练实例也会对分类器作用，使分类发生错误，且 $k$ 值的增大意味着整体模型简单化。

(3)$k$ 等于训练样本个数，则完全不足取，因为此时无论输入实例是什么，都只是简单分类。它属于在训练实例中最多的类，模型过于简单，忽略了训练实例中大量有用信息。

$k$ 的测试范围设为 1～12。根据高度计回波波形，可以利用 MAX、PP 和 TEW 设置 KNN，并对海冰类型进行识别(Zygmuntowska et al.，2013)。然而，2°～10°入射角的性质与 0°有所不同。因此，6 个特征都用于设置 KNN 和 SVM。$k$ 值根据欧氏距离从 1～12 进行测试，如图 8-7 所示。随着 $k$ 值的增

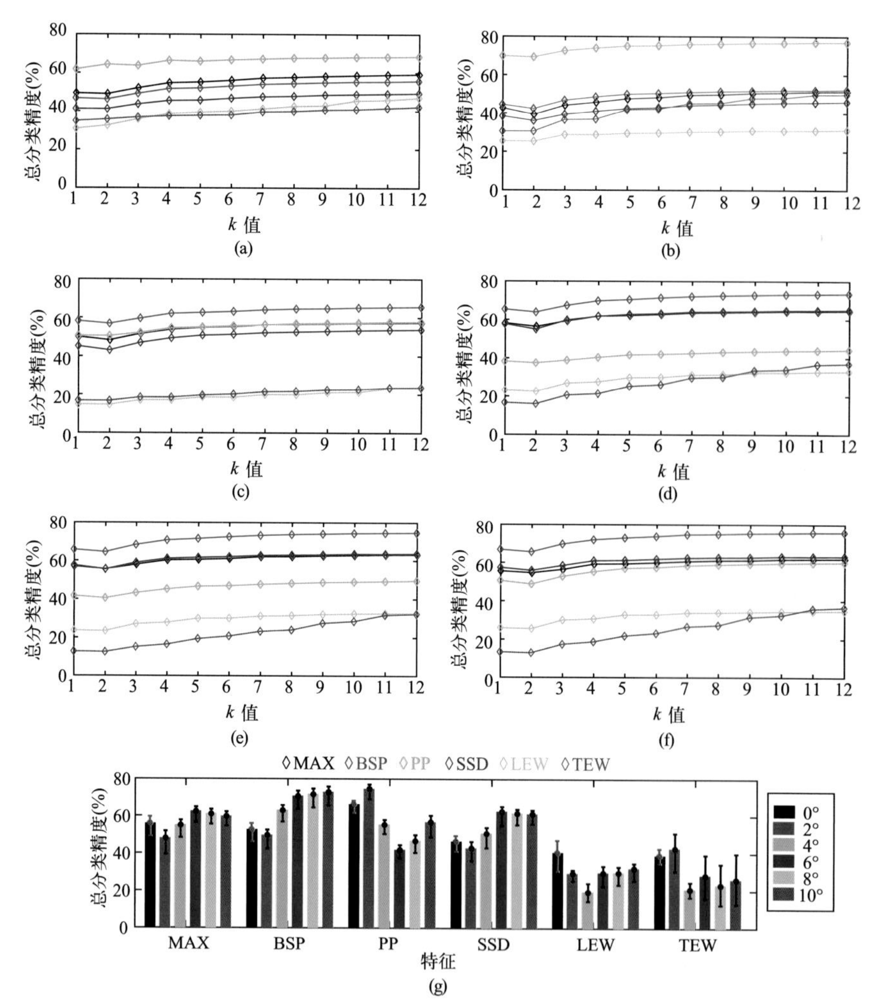


图 8-7　小入射角下不同 $k$ 值 6 个波形特征的总分类精度

(a)0°；(b)2°；(c)4°；(d)6°；(e)8°；(f)10°；

(g)总分类精度的平均值用柱状图表示，总分类精度的最大值和最小值用误差棒表示

加，6 种特征的总分类精度明显提高。当 $k \geq 5$ 时，除了 TEW，所有特征的分类精度都是稳定的；当 $k \geq 11$ 时，TEW 的分类精度开始稳定下来。结果表明，TEW 在很大程度上取决于 $k$ 值。

考虑到所有特征在 6 个入射角下的总分类精度，$k$ 值应设置为 11。

3) 距离函数

KNN 的距离函数主要包括欧氏距离、曼哈顿距离和马氏距离。三个距离对 KNN 分类方法精度影响的分析，与 SVM 方法合并，如图 8-8 和图 8-9 所示。

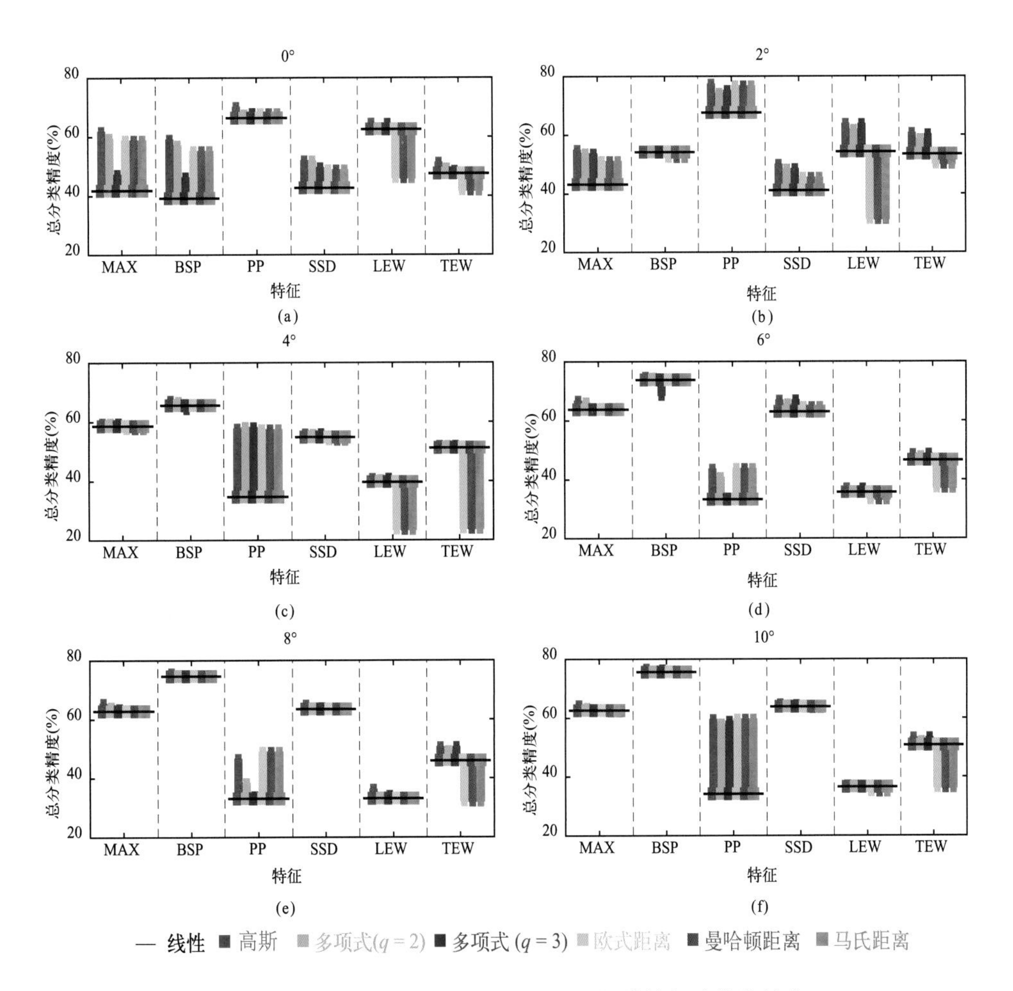


图 8-8　KNN 和 SVM 方法不同设置下的单特征总分类精度

(a) 0°；(b) 2°；(c) 4°；(d) 6°；(e) 8°；(f) 10°

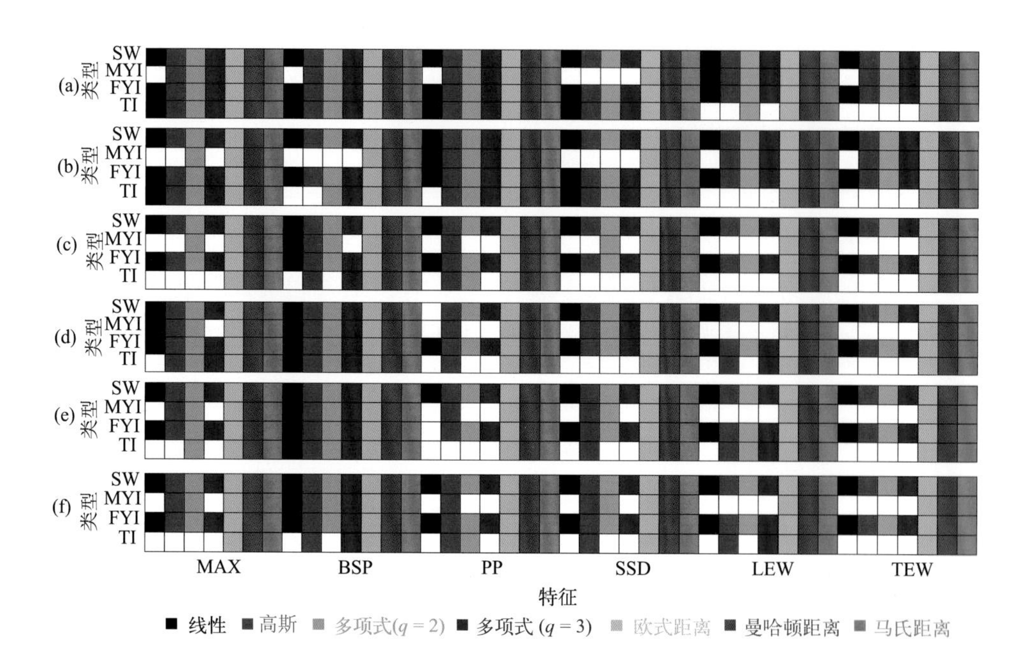


图 8-9　KNN 和 SVM 在不同设置下的单特征类型识别率

彩色方块代表该特征可识别的类别，白色方块代表该特征无法识别的类别。

(a)0°；(b)2°；(c)4°；(d)6°；(e)8°；(f)10°

## 8.4.2　支持向量机法(support vector machine，SVM)

SVM 是一种经典的监督机器学习方法，它是一种有效的海冰分类方法，可以利用适当的核函数生成各类型间的非线性边界(Jiang et al.，2019；Liu et al.，2014)。采用高斯核、线性核和多项式核三种核函数对海冰和海水进行分类，评价它们的分类能力。使用 $q=2$(多项式核 2)和 $q=3$(多项式核 3)对多项式核进行分析。运行时间按升序排序为线性核、欧氏距离、曼哈顿距离、高斯核、马氏距离、多项式核 2 和多项式核 3。结合 6 个入射角下的 6 个特征，有 36 种总分类精度。不同 KNN 和 SVM 设置下的单特征总分类精度如图 8-8 所示。线性核的结果用黑实线表示，其他核和距离用基于线性核的柱状图表示。向上的柱状图表示的精度高于线性核的总分类精度，向下的柱状图表示精度低于线性核的总分类精度。

1)欧氏距离、曼哈顿距离和马氏距离

这三种距离的分类能力接近，所有类型都可识别。欧氏距离的总分类精度见表8-6。三组入射角在海冰分类中表现出各自的特点。在入射角为0°~2°时，LEW和TEW表现出比入射角为6°~10°更好的识别能力。这些结果与波形分析和K-S距离是一致的。PP体现了波形的锐度，在0°~2°入射角下可以得到更高的精度。BSP作为回波能量，在6°~10°入射角下表现良好。BSP和PP在入射角为4°时表现较好，可以视为结合了0°~2°和6°~10°两组入射角的特点，与波形和K-S距离分析吻合。

**表8-6 基于欧氏距离的小入射角下单波形特征的总分类精度(%)**

| 入射角角度＼特征 | MAX | BSP | PP | SSD | LEW | TEW |
|---|---|---|---|---|---|---|
| 0° | 59.0 | 55.5 | 68.1 | 48.9 | 44.3 | 41.8 |
| 2° | 51.3 | 52.0 | 76.9 | 45.7 | 30.9 | 49.7 |
| 4° | 57.3 | 65.4 | 57.6 | 53.5 | 23.2 | 23.5 |
| 6° | 64.5 | 73.3 | 43.9 | 64.8 | 32.8 | 36.7 |
| 8° | 63.1 | 74.4 | 49.2 | 63.5 | 32.5 | 31.8 |
| 10° | 61.9 | 75.7 | 59.8 | 63.1 | 34.6 | 35.9 |

2)高斯核

基于高斯核函数的SVM总分类精度总体优于其他设置。这些特征的总分类精度见表8-7。此外，除了LEW和TEW表现出显著差异外，其他特征的表现与欧氏距离大致相同。高斯核的LEW和TEW的总分类精度远远大于欧氏距离。然而，多年冰和薄冰在LEW和TEW中被漏分了，多年冰被错误地分为一年冰(Fredensborg et al., 2021)，而薄冰被错误地分为一年冰，主要是由于在8.2.4节中提到的其复杂的表面特性。

**表8-7 基于高斯核函数的小入射角下单波形特征的总分类精度(%)**

| 入射角角度＼特征 | MAX | BSP | PP | SSD | LEW | TEW |
|---|---|---|---|---|---|---|
| 0° | 59.7 | 46.0 | 72.0 | 50.7 | 65.7 | 53.5 |
| 2° | 54.7 | 60.3 | 76.6 | 50.3 | 63.2 | 57.1 |
| 4° | 60.3 | 67.5 | 51.1 | 56.2 | 40.9 | 51.7 |
| 6° | 67.7 | 74.5 | 45.1 | 67.3 | 37.7 | 48.4 |
| 8° | 65.8 | 75.0 | 39.3 | 64.8 | 36.2 | 49.4 |
| 10° | 64.7 | 76.8 | 44.8 | 64.7 | 36.9 | 52.0 |

3)线性核

线性核的总分类精度低于其他设置，但是训练 SVM 模型和识别类别所需的运行时间最短。线性核总分类精度的性质与高斯核的结果相似。此外，分类结果表明，线性核在区分多年冰和薄冰方面存在极大困难。因此，线性核不适用于海冰分类。

4)多项式核

多项式核 3 的性能略好于多项式核 2，但多项式核 3 的运行时间远大于多项式核 2。两种设置都表明 LEW 和 TEW 难以识别多年冰和薄冰。

综上所述，在海冰分类中，既不存在适用于所有类别和所有入射角的最优特征，也不存在适用于所有类别和所有特征的最优入射角。KNN 和 SVM 方法在海冰分类中存在一定差异。这些结果表明核参数设置对 SVM 非常重要，而距离函数选择对 KNN 影响不大。MYI 和 TI 分类比较困难，识别能力降序排列为 KNN、高斯核、多项式核 3、多项式核 2 和线性核，与总分类精度排序基本一致。LEW 和 TEW 是海冰类型识别中最糟糕的特征，尤其对入射角为 6°~10°的多年冰和薄冰，这与波形分析和 K-S 距离分析一致。因此，接下来采用欧氏距离和 $k=11$ 的 KNN 方法，基于特征组合对海冰类型和海水进行分类。

## 8.5 基于特征组合的小入射角海冰分类

### 8.5.1 基于全冰年数据的海冰分类

本节基于 2019 年 10 月至 2020 年 4 月不同小入射角下的北极 SWIM 数据，利用选定的 KNN 分类方法(欧氏距离，$k=11$，见 8.4.1 节)和特征组合，开展北极海冰类型和海水的识别研究。6 个特征可以为每个入射角构造 63 个特征组合(表 8-8)，将这 63 个特征组合输入到 KNN 分类方法中寻找最优特征组合。总分类精度如图 8-10 所示，在小入射角下，F1-score 和总分类精度前六名的特征组合见表 8-9 和表 8-10。

**表 8-8　63 个特征组合**

| 编号 | 特征组合 | 编号 | 特征组合 | 编号 | 特征组合 |
|---|---|---|---|---|---|
| 1 | {MAX} | 22 | {MAX-BSP-PP} | 43 | {MAX-BSP-PP-LEW} |
| 2 | {BSP} | 23 | {MAX-BSP-SSD} | 44 | {MAX-BSP-PP-TEW} |
| 3 | {PP} | 24 | {MAX-BSP-LEW} | 45 | {MAX6-BSP-SSD-LEW} |
| 4 | {SSD} | 25 | {MAX-BSP-TEW} | 46 | {MAX-BSP-SSD-TEW} |
| 5 | {LEW} | 26 | {MAX-PP-SSD} | 47 | {MAX-BSP-LEW-TEW} |
| 6 | {TEW} | 27 | {MAX-PP-LEW} | 48 | {MAX-PP-SSD-LEW} |
| 7 | {MAX-BSP} | 28 | {MAX-PP-TEW} | 49 | {MAX-PP-SSD-TEW} |
| 8 | {MAX-PP} | 29 | {MAX-SSD-LEW} | 50 | {MAX-PP-LEW-TEW} |
| 9 | {MAX-SSD} | 30 | {MAX-SSD-TEW} | 51 | {MAX-SSD-LEW-TEW} |
| 10 | {MAX-LEW} | 31 | {MAX-LEW-TEW} | 52 | {BSP-PP-SSD-LEW} |
| 11 | {MAX-TEW} | 32 | {BSP-PP-SSD} | 53 | {BSP-PP-SSD-TEW} |
| 12 | {BSP-PP} | 33 | {BSP-PP-LEW} | 54 | {BSP-PP-LEW-TEW} |
| 13 | {BSP-SSD} | 34 | {BSP-PP-TEW} | 55 | {BSP-SSD-LEW-TEW} |
| 14 | {BSP-LEW} | 35 | {BSP-SSD-LEW} | 56 | {PP-SSD-LEW-TEW} |
| 15 | {BSP-TEW} | 36 | {BSP-SSD-TEW} | 57 | {MAX-BSP-PP-SSD-LEW} |
| 16 | {PP-SSD} | 37 | {BSP-LEW-TEW} | 58 | {MAX-BSP-PP-SSD-TEW} |
| 17 | {PP-LEW} | 38 | {PP-SSD-LEW} | 59 | {MAX-BSP-PP-LEW-TEW} |
| 18 | {PP-TEW} | 39 | {PP-SSD-TEW} | 60 | {MAX-BSP-SSD-LEW-TEW} |
| 19 | {SSD-LEW} | 40 | {PP-LEW-TEW} | 61 | {MAX-PP-SSD-LEW-TEW} |
| 20 | {SSD-TEW} | 41 | {SSD-LEW-TEW} | 62 | {BSP-PP-SSD-LEW-TEW} |
| 21 | {LEW-TEW} | 42 | {MAX-BSP-PP-SSD} | 63 | {MAX-BSP-PP-SSD-LEW-TEW} |

**表 8-9　小入射角下海冰类型和海水的最高 F1-score(%)**

| 类型＼入射角角度 | 0° | 2° | 4° | 6° | 8° | 10° |
|---|---|---|---|---|---|---|
| TI | 61.9 | 44.5 | 37.4 | 43.3 | 40.0 | 39.0 |
| FYI | 68.4 | 78.0 | 68.4 | 72.6 | 74.8 | 78.0 |
| MYI | 56.2 | 75.6 | 48.0 | 60.4 | 62.5 | 64.6 |
| SW | 96.3 | 96.8 | 94.7 | 97.2 | 96.8 | 96.8 |

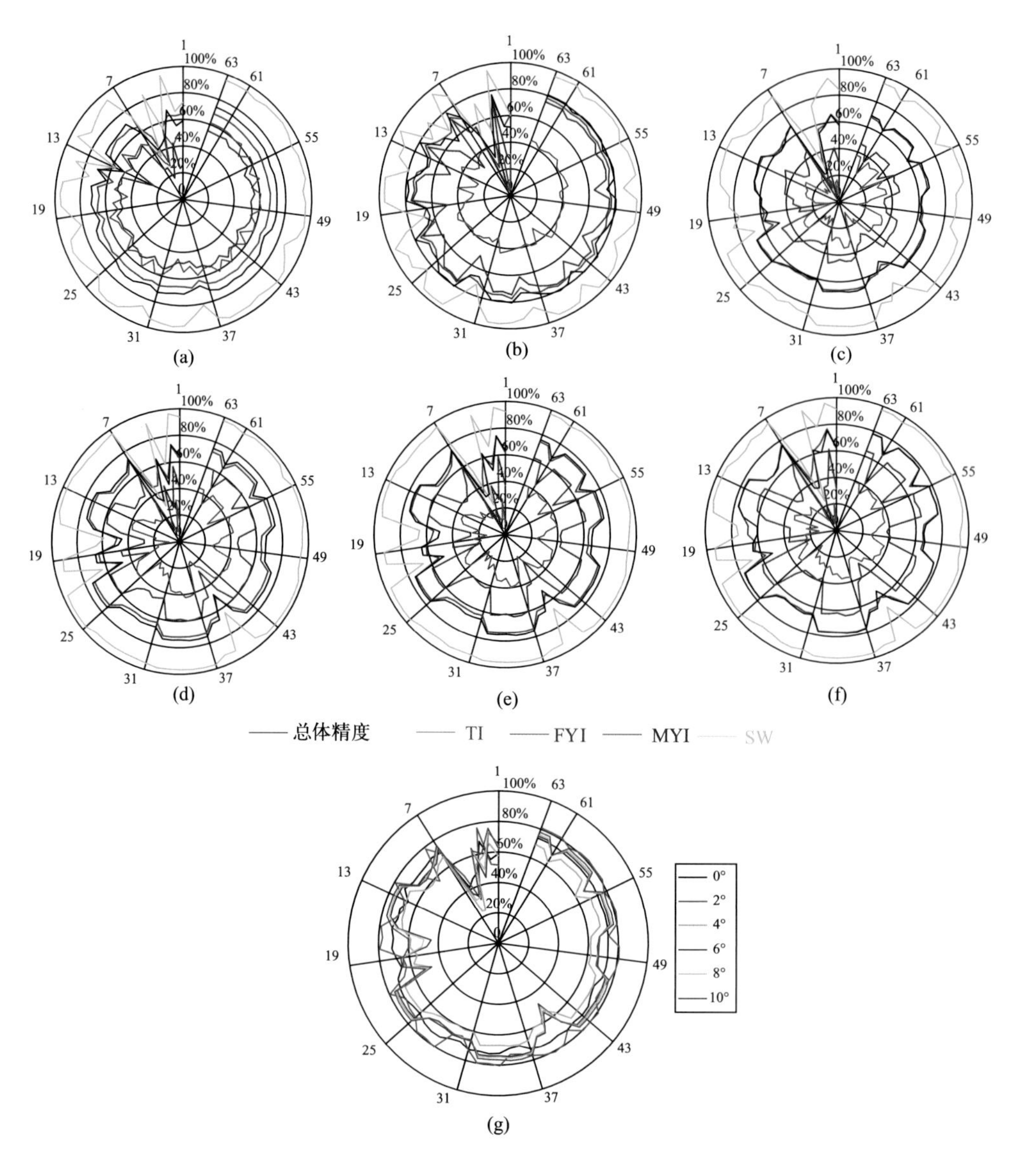


图 8-10　小入射角下不同特征组合的海冰类型和海水的 F1-score 和总分类精度

F1-score：(a)0°；(b)2°；(c)4°；(d)6°；(e)8°；(f)10°；

(g)总分类精度。图中数字表示特征组合的序号(表 8-8)

SW 在所有入射角中 F1-score 最高，约为 97%。TI 在所有入射角上都是最低的。TI 由尼罗冰和初期冰组成，表面特征复杂，且样本数量很小。因此，其分类精度是最低的。MYI 被雪覆盖，且经历了反复冻融，导致其表面特性复杂，因此，它的 F1-score 较低。

**表 8-10　在小入射角下总分类精度前六名的特征组合**

| 编号 | 组合 | OA(%) | 编号 | 组合 | OA(%) | 编号 | 组合 | OA(%) |
|---|---|---|---|---|---|---|---|---|
| 0° | | | 2° | | | 4° | | |
| 63 | F{1，2，3，4，5，6} | 73.9 | 58 | F{1，2，3，4，6} | 81.0 | 58 | F{1，2，3，4，6} | 69.3 |
| 61 | F{1，3，4，5，6} | 73.8 | 49 | F{1，3，4，6} | 80.9 | 57 | F{1，2，3，4，5} | 69.3 |
| 62 | F{2，3，4，5，6} | 73.8 | 61 | F{1，3，4，5，6} | 80.9 | 42 | F{1，2，3，4} | 69.2 |
| 56 | F{3，4，5，6} | 73.8 | 53 | F{2，3，4，6} | 80.9 | 63 | F{1，2，3，4，5，6} | 69.2 |
| 58 | F{1，2，3，4，6} | 73.5 | 44 | F{1，2，3，6} | 80.8 | 46 | F{1，2，4，6} | 68.9 |
| 49 | F{1，3，4，6} | 73.5 | 56 | F{3，4，5，6} | 80.8 | 45 | F{1，2，4，5} | 68.9 |
| 6° | | | 8° | | | 10° | | |
| 57 | F{1，2，3，4，5} | 75.3 | 57 | F{1，2，3，4，5} | 76.4 | 58 | F{1，2，3，4，6} | 77.9 |
| 45 | F{1，2，4，5} | 75.2 | 45 | F{1，2，4，5} | 76.4 | 46 | F{1，2，4，6} | 77.9 |
| 55 | F{2，4，5，6} | 75.1 | 46 | F{1，2，4，6} | 76.2 | 57 | F{1，2，3，4，5} | 77.9 |
| 62 | F{2，3，4，5，6} | 75.1 | 58 | F{1，2，3，4，6} | 76.1 | 62 | F{2，3，4，5，6} | 77.8 |
| 52 | F{2，3，4，5} | 75.0 | 63 | F{1，2，3，4，5，6} | 76.1 | 55 | F{2，4，5，6} | 77.8 |
| 46 | F{1，2，4，6} | 75.0 | 43 | F{1，2，3，5} | 76.1 | 53 | F{2，3，4，6} | 77.8 |

注意：“编号”表示特征组合的序号(表 8-8)。“组合”表示特征组合中特征的序号，“F”表示特征组合，数字 1、2、3、4、5 和 6 分别代表 MAX、BSP、PP、SSD、LEW 和 TEW。

总分类精度最高可在入射角 2°时达到 81%，最低在入射角 4°时接近 70%。2°和 10°入射角性能优于其他入射角。编号 58 特征组合除了在入射角 6°时表现都很好。0°~2°入射角的前 6 个高分类精度特征组合里有四个重叠，(编号 49、56、58、61)，PP、SSD 和 TEW(F{3、4、6})几乎出现在每个高分组合中。PP 的表现与 8.3.2 节和 8.4.2 节的分析一致。SSD 和 TEW 并非 8.3.2 节和 8.4.2 节提到的海冰分类的好特征，但在特征组合中起到重要的作用。6°~10°入射角的 6 个高分组合中只有 2 个是重叠的(编号 46、57)，但有几个组合同时出现在 2 个入射角中，如 6°~8°的编号 45、8°~10°的编号 58、6°~10°的编号 62。BSP 和 SSD(F{2，4})几乎出现在每个高分组合中。BSP 的表现与 8.3.2 节和 8.4.2 节的分析一致。SSD 仍在特征组合中表现出较好的能力。在 8°入射角时，MAX(F{1})是一个重要的特征。在 4°入射角时，MAX、BSP 和 SSD(F{1，2，4})出现在每个高分组合中。入射角 4°的编号 46 和编号

57 与入射角 6°~8°的特征组合一致。因此，入射角 4°特征组合在海冰分类上的表现接近入射角 6°~8°特征组合。SSD 作为 8.4.2 节分析中的一个不起眼的特性，在特征组合中表现得很好。此外，单特征 LEW 和 TEW 识别海冰类型有困难，但在特征组合中很有用。由此可见，单特征分析与特征组合分析有一定的差异。特征组合的最高精度比单特征组合高 4%。特征组合的最低精度约为 50%，比单特征的精度高 25%。此外，特征组合的平均精度比单特征高 22%。

### 8.5.2 基于单日数据的海冰分类

每个月随机选择一天的数据，且与 AARI 时空匹配。采用最优特征组合结合 KNN 方法，基于单日数据对海冰类型和海水进行分类，其总分类精度见表 8-11。最高精度在 10°入射角下可达约 81%。值得注意的是，仅所有距离门功率小于 0 或大于 $10^{10}$ W 的波形被删除(见图 8-5)，其他 SWIM 数据被保留下来。因此，分类结果具有普遍性和代表性。结果表明，2°入射角下和 6°~10°入射角下具有较高的精度，与 8.5.1 节的特征组合海冰分类结果一致。由此可见，利用 KNN 方法结合最优特征组合进行海冰分类是可行的。

表 8-11 在小入射角下高分特征组合的总分类精度(%)

| 日期 \ 入射角角度 | 0° | 2° | 4° | 6° | 8° | 10° |
|---|---|---|---|---|---|---|
| 2019-10-21 | 77.0 | 78.3 | 71.3 | 76.4 | 77.1 | 76.7 |
| 2019-11-12 | 59.7 | 63.0 | 60.1 | 63.6 | 62.6 | 62.0 |
| 2019-12-24 | 64.8 | 71.6 | 67.1 | 71.7 | 70.2 | 72.6 |
| 2020-01-21 | 64.8 | 62.9 | 65.2 | 69.9 | 71.0 | 70.5 |
| 2020-02-09 | 65.9 | 67.2 | 75.1 | 78.2 | 78.7 | 79.0 |
| 2020-03-09 | 66.1 | 70.0 | 71.5 | 74.8 | 78.7 | 80.6 |
| 2020-04-19 | 66.2 | 73.0 | 71.1 | 74.6 | 75.3 | 75.9 |

## 8.6 讨论

### 8.6.1 SWIM

研究发现，在 SWIM 单特征识别海冰类型和海水时，三组入射角表现出各自的特性。在 0°~2°入射角下，PP 作为一种广泛应用的特征，在海冰和海水判别中具有较高的精度(Rinne et al.，2016；Jiang et al.，2019；Paul et al.，2018；Aldenhoff et al.，2019)；MAX 在海冰分类中也是一个很有用的参数(Zygmuntowska et al.，2013)；BSP 作为最常用的参数，在 6 个入射角上都能发挥重要作用(Shen et al.，2017b；Shu et al.，2020；Fredensborg et al.，2021)。在 6°~10°入射角下，BSP 也是散射计和 SAR 的主要海冰分类特征(Otosaka et al.，2017；Zhang et al.，2019)；MAX 和 SSD 表现较好，在 0°~2°入射角也有用(Shen et al.，2017a；Aldenhoff et al.，2019；Shen et al.，2017b；Shu et al.，2019)。在 4°入射角下，BSP、PP 和 MAX 与 0°~2°入射角下的特征基本一致；BSP 精度最高，与 6°~10°入射角下表现相同，这说明，4°入射角下同时具有 0°~2°入射角下和 6°~10°入射角下的性质。之前的研究集中在 0°入射角，其最佳组合是 BSP、MAX、PP 和 SSD(Shu et al.，2019)，MAX、PP、LEW 和 TEW(Shen et al.，2017a)，MAX、PP、LEW、TEW 和 TES[后沿斜率为 MAX 除以 TEW(Zygmuntowska et al.，2013)]，PP、SSD、LEW 和 LTPP[后沿峰值功率比(Rinne et al.，2016)]，和本章结果类似(MAX、BSP、PP、SSD、LEW 和 TEW)。

Zygmuntowska 等(2013)基于 CryoSat-2 雷达高度计回波波形，利用贝叶斯方法识别海冰类型，一年冰和多年冰分类精度分别达到了 78.7%和 81.7%。Rinne 和 Similä(2016)基于 CryoSat-2 数据利用 KNN 方法在喀拉海获得了更高的分类精度，其中一年冰(厚度小于 70 cm)达到 15%~26%，FYI(厚度大于 70 cm)达到 75%~92%，多年冰达到 77%~92%。Shen 等(2017b)利用随机森林(RF)机器学习方法，获得了一年冰的 82.58%分类精度和多年冰的 72.53%分类精度。Shu 等(2019)基于 CryoSat-2 数据利用面向对象的 RF(ORF)方法进行海冰分类，总分类精度达到 92.7%±3.3%(一年冰)和 83.8±3.59%(多年冰)。这些研究得到了 AARI 冰况图的验证。Aldenhoff 等(2019)引入了 IMP(逆平均功率)来改善一年冰和多年冰的识别精度，当波形具有相似的峰值时，IMP 可以增强其对比度。薄冰和多年冰的分类精度低于其他类别，而海水具有较高的分类精度，这与我们的结果一致。本章一年冰和多年冰的分类精度低于 Shen 和 Shu 的结果，在未来的工作中需要引入新方法对 SWIM 数据进行海冰分类。

在海冰分类中还可以考虑其他波形特征，如 IMP 和 TES。逆平均功率(IMP)的计算公式如下(Aldenhoff et al., 2019)：

$$IMP = \frac{n_\theta}{\sum_{i=1}^{n_\theta} P_{i_\theta}} \cdot 2 \times 10^{-13}, \quad 单位：W^{-1} \tag{8-17}$$

IMP 展示了一个波形中包含的总功率。该参数被缩放为 $10^{-13}$倍，以避免数值过小，从而提高可比性。后沿斜率(trailing edge slope, TES)为 MAX 除以 TEW，表示波形的后沿下降速率。

$$TES = \frac{P_{\max}}{TEW}, \quad 单位：W \tag{8-18}$$

小入射角下 IMP 和 TES 的总分类精度与 F1-score 见表 8-12。TES 结合了 MAX 和 TEW 的特性，因此，TES 的表现优于 TEW 和 LEW，特别是在 4°~10°入射角下。IMP 在总分类精度上并不优于上述 6 个特征，但 F1-score 显示其对 FYI 和 MYI 的区分较好。

**表 8-12 小入射角下 IMP 和 TES 的总分类精度与 F1-score(%)**

| 特征 \ 入射角角度 | | 0° | 2° | 4° | 6° | 8° | 10° |
|---|---|---|---|---|---|---|---|
| 总分类精度 | IMP | 41.2 | 61.3 | 71.2 | 75.1 | 75.2 | 76.2 |
| | TES | 43.6 | 57.0 | 66.4 | 72.4 | 71.3 | 72.0 |
| FYI 的 F1-score | IMP | 42.4 | 61.1 | 72.4 | 74.3 | 75.1 | 77.0 |
| | TES | 50.9 | 65.8 | 67.4 | 70.4 | 69.8 | 71.2 |
| MYI 的 F1-score | IMP | 34.1 | 31.0 | 54.2 | 60.4 | 60.7 | 62.5 |
| | TES | 27.5 | 39.1 | 44.3 | 56.5 | 54.4 | 53.4 |

另外，由于海冰可能“污染”SWIM 海浪谱产品，SWIM 数据中应该包含海冰密集度信息，即海冰和海水的识别结果。研究发现，海水的 F1-score 高于海冰。在 6 个入射角下，用 F1-score 表示海水识别率(表 8-13)。海水在 0°~2°入射角下和 6°~10°入射角下 F1-score 最高，约为 97%，但在入射角 4°时略低于 95%。最高总分类精度为入射角 6°时的 97%，最低为入射角 4°时的接近 95%。入射角为 0°~2°和入射角为 6°~10°时，6 个高分组合中有 4 个相同(分

别是编号 27、43、52、57 和编号 55、60、62、63)。此外，4°入射角下与 0°～2°入射角下和 6°～10°入射角下有相同的特征组合，与前面 8.2.4 节的分析一致。Jiang 等(2019)基于 Haiyang-2 A/B 的 PP 等波形特征，利用 KNN 和 SVM 区分海冰和海水，其精度约为 80%。Müller 等(2017)利用 ENVISAT 和 SARAL 的 MAX 等波形特征利用 KNN 和 K-medoids 方法监测北极海域，精度高达 94%。因此，SWIM 在各小入射角下都具有较强的海冰和海水识别能力。

**表 8-13　小入射角下 6 个高 F1-scores 的特征组合的总分类精度(%)**

| 编号 | F1-score | 编号 | F1-score | 编号 | F1-score | 编号 | F1-score | 编号 | F1-score | 编号 | F1-score |
|---|---|---|---|---|---|---|---|---|---|---|---|
| | 0° | | 2° | | 4° | | 6° | | 8° | | 10° |
| 57 | 96.3 | 27 | 96.8 | 63 | 94.7 | 62 | 97.2 | 62 | 96.8 | 63 | 96.8 |
| 48 | 96.3 | 22 | 96.8 | 58 | 94.7 | 63 | 97.2 | 55 | 96.7 | 60 | 96.8 |
| 52 | 96.3 | 57 | 96.7 | 53 | 94.7 | 55 | 97.2 | 63 | 96.7 | 62 | 96.8 |
| 38 | 96.3 | 49 | 96.7 | 62 | 94.7 | 60 | 97.2 | 60 | 96.7 | 55 | 96.8 |
| 43 | 96.2 | 52 | 96.7 | 57 | 94.6 | 53 | 97.1 | 59 | 96.7 | 59 | 96.8 |
| 27 | 96.2 | 43 | 96.7 | 52 | 94.5 | 36 | 97.1 | 47 | 96.6 | 47 | 96.7 |

## 8.6.2　基于 Sentinel-1 SAR 影像的海冰类型区域分布

利用 Sentinel-1 合成孔径雷达影像分析海冰类型和海水的区域分布特性。考虑到 SWIM 数据与 Sentinel-1 影像的时空匹配以及海冰类型分布的稳定性要求，根据 AARI 海冰图选取的区域保证 TI、FYI、MYI 和 SW 四种类型长期不变。基于此，选择了 2020 年 1 月 5—28 日的地区(图 8-11)，保证四个类别在该时间段内不发生变化，其中 TI 的区域非常小。

1)连续日期海冰类型的区域分布

2020 年 1 月 5—28 日，利用小入射角的高分特征组合与 KNN 方法对这些区域的海冰类型和海水进行分类。SWIM 数据分为训练数据和验证数据。海冰类型和海水的总分类精度和 F1-score 见表 8-14。最高总分类精度是 2°入射角时的 81%。海水非常容易识别，除 4°入射角外 F1-score 达到 98%。薄冰在 6 个入射角下都难以识别，特别是在 6°～10°的入射角下，薄冰无法正确分类。这主要是由于样本极其有限，同时尼罗冰和初期冰表面特征复杂也是影响因素。0°入射角的 LEW 和 TEW 对表面特征(如光滑表面或粗糙表面)很敏感，这对识别薄冰很有用。多年冰的 F1-score 仅为 55%左右，这可能是受其复杂表面特征的影响，如积雪覆盖和反复冻融。一年冰的 F1-score 可达 83%。Ku 波段理论上可以穿透雪层至冰雪界面，但湿雪(或反复冻融)会使信号功率耗散，显著改变回波波形的特征，如 TEW(Blanchard et al., 2015)。多年冰上覆盖的雪层比一年冰的厚，因此，积雪在 Ku 波段的多年冰识别中起着更重要的作用(Guerreiro et al., 2016)。

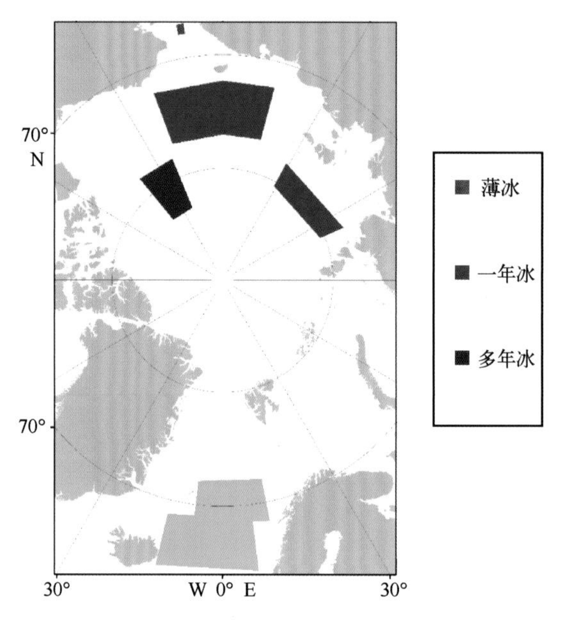


图 8-11　2020 年 1 月 5—28 日类别不变区域

**表 8-14　基于类别不变连续数据的高分特征组合的总分类精度和 F1-score(%)**

| 入射角角度 / 精度 | 0° | 2° | 4° | 6° | 8° | 10° |
|---|---|---|---|---|---|---|
| 总分类精度 | 74.6 | 80.8 | 77.4 | 79.4 | 77.8 | 78.6 |
| TI F1-score | 5.9 | 3.3 | 3.4 | 0.0 | 0.0 | 0.0 |
| FYI F1-score | 75.3 | 83.0 | 79.0 | 81.5 | 79.5 | 81.3 |
| MYI F1-score | 49.3 | 52.5 | 55.2 | 50.4 | 49.6 | 42.3 |
| SW F1-score | 98.7 | 98.9 | 96.2 | 98.8 | 98.6 | 98.7 |

2) 基于 Sentinel-1 SAR 图像的分析

以未覆盖积雪的一年冰的 Sentinel-1 SAR 图像为例，分析区域分类结果。选取 2020 年 1 月 19 日的两幅 SAR 图像，选择两个典型区域：一个是均一区域，几乎只有一年冰；另一个是复杂区域，有许多其他海冰类型(称为混合类型)，如冰脊和薄冰与一年冰混合，如图 8-12 所示。

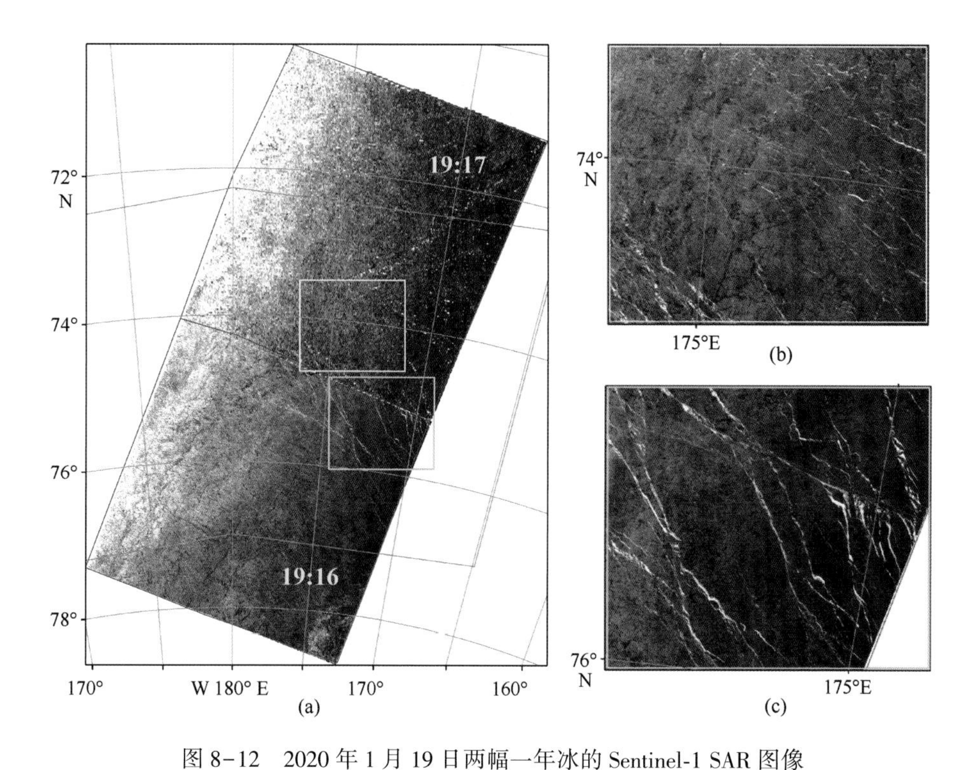


图 8-12　2020 年 1 月 19 日两幅一年冰的 Sentinel-1 SAR 图像

(a) 19∶16 和 19∶17 的两幅图像。红色多边形：两幅图像覆盖的区域；绿色多边形：一年冰区域；黄色矩形框：均一区域；青色矩形框：复杂区域；(b) 均一区域(黄色矩形框)；(c) 复杂区域(青色矩形框)

6 个入射角的分类结果如图 8-13 所示。在 FYI 区域中，绿色点代表正确分类，FYI 的样本主要被误识别为 MYI(红色点)，极少被误识别为 TI(紫色点)。总体上，均一区域精度高于复杂区域，尤其是在 0°入射角下。

为了清晰地展示区域结果，我们将均一区域和复杂区域分别放大，如图 8-14 和图 8-15 所示。每一足印的覆盖范围用橙色圆圈表示。在放大的均一区域中，存在其他类型对识别结果产生干扰，但其分布范围较小，对识别精度影响较小。在放大的复杂区域中，精度明显低于均一区域。在这两个区域中，误分类点大多出现在混合类型附近，即足印覆盖了混合类型。在0°~2°入射角范围内，混合类型对SWIM数据的影响较大。可以认为，在0°~2°入射角下由于其自身的波形特征，对小区域表面特征的敏感性高于4°~10°入射角。

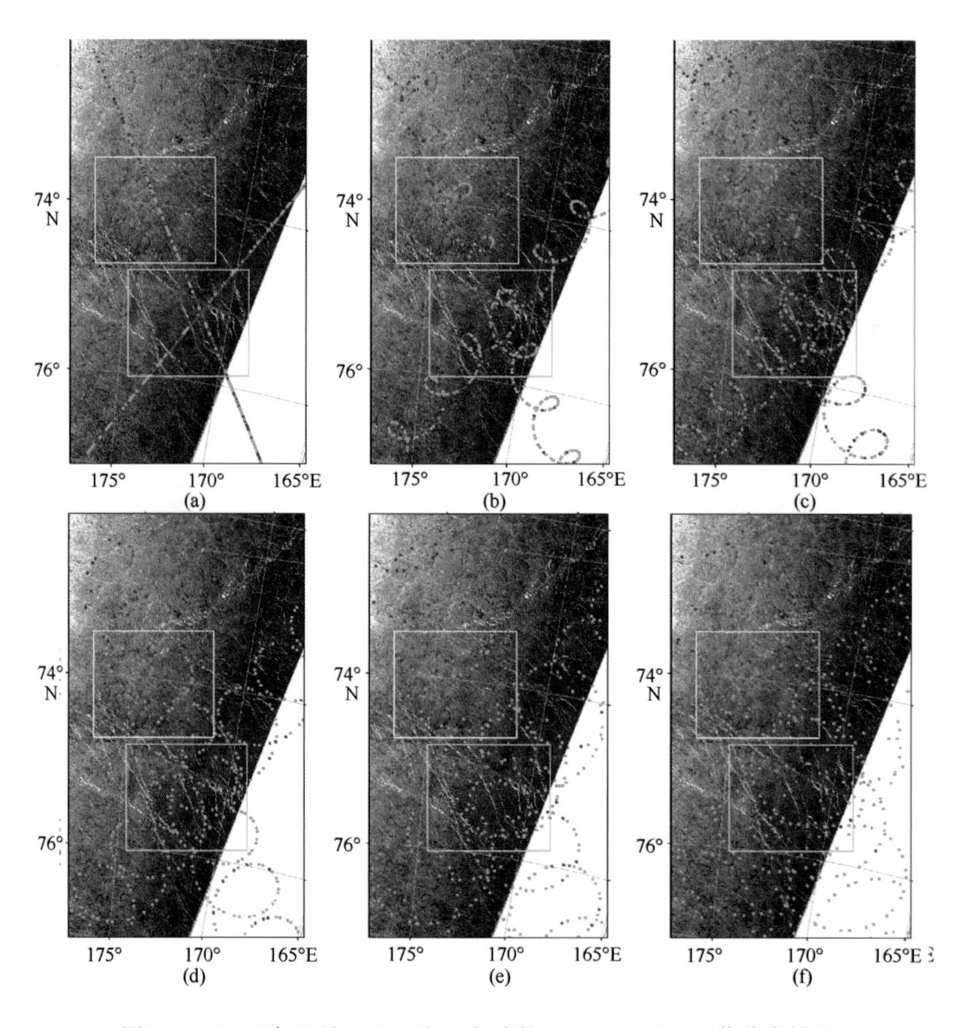


图8-13　2020年1月19日两幅一年冰的Sentinel-1 SAR图像分类结果

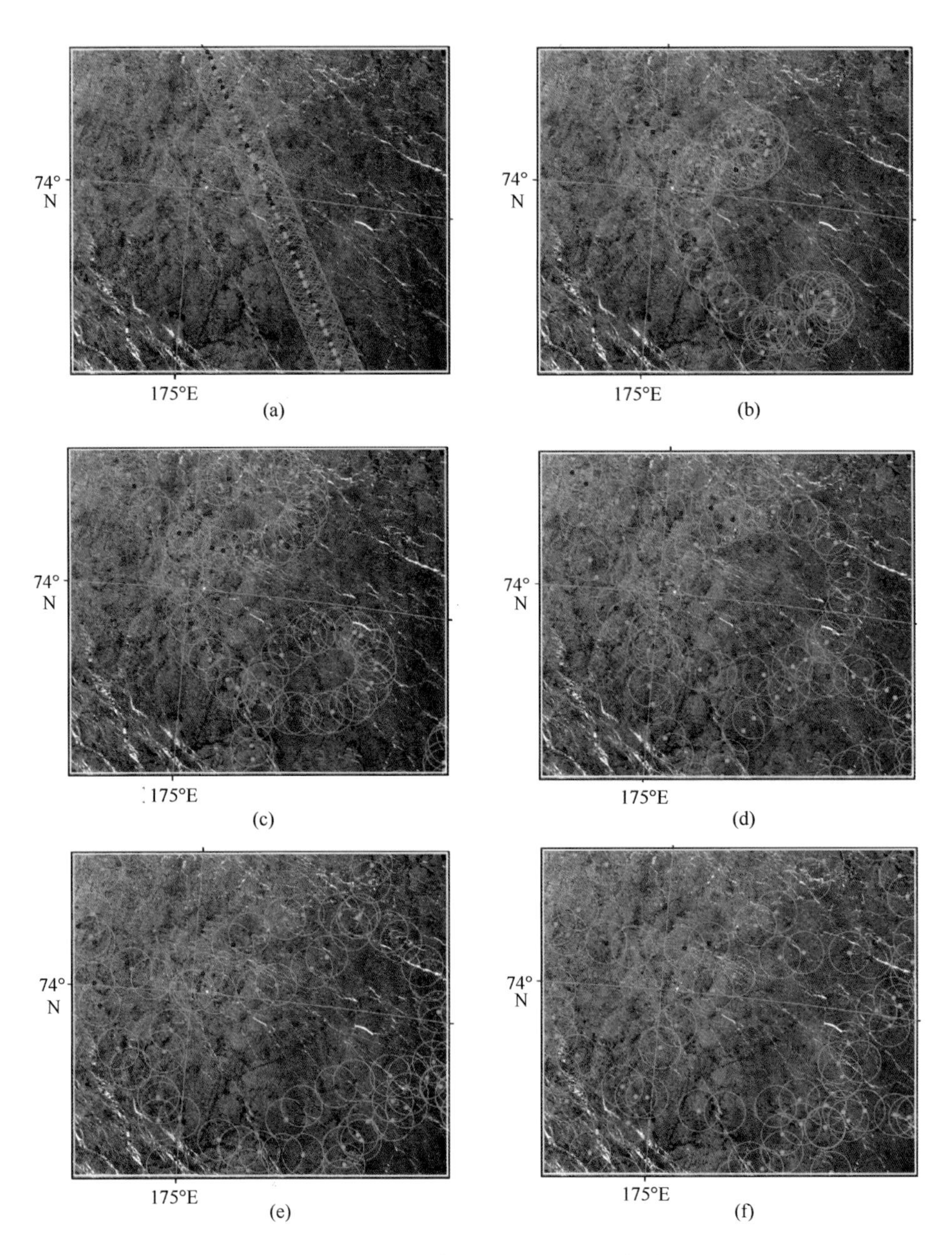


图8-14　6个入射角下均一区域分类结果

每个橙色圆圈代表一个足迹的覆盖范围。

(a)0°；(b)2°；(c)4°；(d)6°；(e)8°；(f)10°

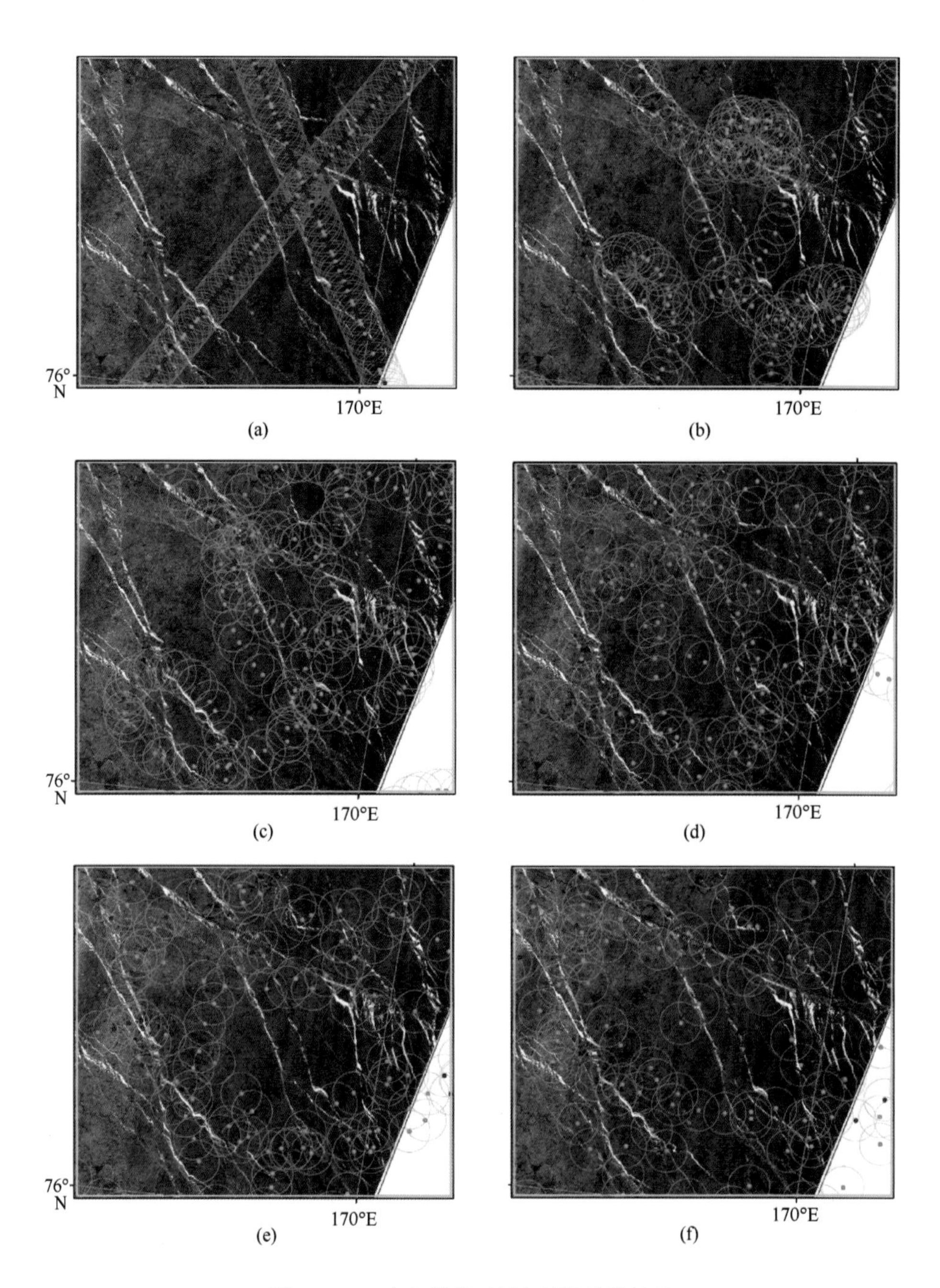


图 8-15　6 个入射角下复杂区域分类结果

每个橙色圆圈代表一个足迹的覆盖范围。

(a)0°；(b)2°；(c)4°；(d)6°；(e)8°；(f)10°

## 8.7　结论

SWIM 作为一种新型遥感器，具有海冰分类潜力。对于 SWIM 多小入射角这一新型探测模式，主要研究了海冰类型和海水的识别能力、分类方法的选择和设置、最优特征组合的选取以及最优分类方法-特征组合的应用等。

首先对 SWIM 数据进行预处理。利用海冰 AARI 图把 2019 年 10 月至 2020 年 4 月北极地区的 SWIM 波形分为海水、薄冰、一年冰和多年冰四种类型。然后提取波形特征，包括 MAX、BSP、PP、SSD、LEW 和 TEW，结合这些特征对 6 个入射角的波形进行分析。入射角可分为三类：在 0°～2°时，波形有一个显著的峰值；6°～10°时，波形平坦；4°可视为 0°～2°和 6°～10°之间的过渡。由于波形中存在波动，LEW 和 TEW 难以准确提取。

K-S 距离用于评价单特征海冰类型和海水的识别能力。各小入射角的波形特征能更好地区分海冰和海水，对海冰类型的区分能力较差。MYI 和 TI 很难区分。在 4°～10°入射角范围内，LEW 在区分类别方面表现最差。结果表明，3 组角度具有不同的识别能力。这些结果与波形分析一致。

在不同的设置下，对 KNN 和 SVM 的分类方法进行了测试。结果表明，在 0°～10°入射角范围内，高斯核 SVM 方法的 6 个波形特征的总分类精度最高，线性核的总分类精度最低，多项式核 3 的精度略好于多项式核 2，KNN 方法 3 种距离的精度相近。SVM 存在明显的海冰类型漏分现象，尤其是 MYI 和 TI。因此，选择 KNN 方法进行基于特征组合的海冰类型和海水区分。KNN 设置包括欧氏距离和 $k=11$。

利用 KNN 方法和特征组合研究了 2019 年 10 月至 2020 年 4 月小入射角下的北极海冰分类。选择了总分类精度最高的 6 个特征组合进行深入研究。在 2°入射角时，总分类精度最高可达 81%，在 4°入射角时，最低精度约为 70%。3 组入射角的表现不同，4°与 6°～8°相似。PP 和 BSP 在波形分析和 K-S 距离分析以及特征组合海冰分类方面都表现出较好的识别能力。然而，SSD 在单特征分析中并不是一个很好的特性，但在特性组合中起到重要作用。此外，单特征 LEW 和 TEW 识别海冰类型有困难，但在特征组合中很有用。由此可见，单特征分析和特征组合有一定出入。此外，除了 4°入射角外，海水的分类精度都非常高，超过96%。利用KNN方法对单日SWIM数据应用最优分类方法-特征组合。结果表明，利用最优分类方法-特征组合进行海冰分类是可行的。

将最优分类方法-特征组合应用于区域海冰分类，并与Sentinel-1 SAR影像进行对比分析。由于SWIM数据仅经过有限剔除，因此分类结果具有代表性和普遍意义。结果表明，最优分类方法-特征组合在海冰分类中是有效的。此外，各入射角下的海水识别精度都很高，满足了SWIM对海冰识别的要求。

本研究项目的开展将会极大地推进海冰遥感探测技术和应用的发展。所得研究成果不仅能够填补小入射角下海冰微波散射机制研究的空白、开发波谱仪海冰探测的潜力、拓展国产遥感器的应用领域，还能提高极地海冰遥感探测的能力，极大地推进海冰遥感探测技术和应用的发展，对极地海冰监测、冰情评估和预报都有重要的理论意义和实用价值。

在未来的工作中，应利用更多北极冰年的SWIM数据促进海冰分类研究。对TES和IMP等新特征和特征组合的识别能力做进一步深入评估。同时，其他分类方法，如深度学习和SIR，也可以评估其分类能力。此外，应深入研究小、中、垂直入射模式传感器在海冰分类中的能力。

# 参考文献


边肇祺，张学工，2000. 模式识别(第二版)[M]. 北京：清华大学出版社.

韩素芹，黎贞发，孙治贵，2005. EOS/MODIS 卫星对渤海海冰的观测研究[J]. 气象科学，25(6)：624-628.

季青，庞小平，许苏清，等，2016. 极地海冰厚度探测方法及其应用研究综述[J]. 极地研究，28(4)：431-441. DOI：10. 13679/j. jdyj. 2016. 4. 431.

蒋兴伟，林明森，张有广，2016. 中国海洋卫星及应用进展[J]. 遥感学报，20(5)：14.

焦慧，王志勇，王士帅，2018. 一种面向 Cryosat-2 数据的多参数联合的 lead 波形精确识别方法[J]. 测绘与空间地理信息，41(4)：5.

介阳阳，王少波，闻焕卿，2016. 基于 WindSat 数据的南极区域海冰密集度反演研究[J]. 气象水文海洋仪器，33(1)：11-15.

李冰洁，庞小平，季青，2019. 北极海冰密度变化分析及其对海冰厚度估算的影响[J]. 极地研究，31(3)：9.

李航，2012. 统计学习方法[M]. 北京：清华大学出版社.

林明森，何贤强，贾永君，等，2019. 中国海洋卫星遥感技术进展[J]. 海洋学报，41(10)：14.

刘志强，苏洁，时晓旭，等，2014. 渤海 AVHRR 多通道海冰密集度反演算法试验研究[J]. 海洋学报(36)：84.

沈校熠，2018. 基于 CryoSat-2 的海冰厚度反演方法研究[D]. 南京：南京大学.

石立坚，王其茂，邹斌，等，2014. 利用海洋（HY-2）卫星微波辐射计数据反演北极区域海冰密集度[J]. 极地研究，26(4)：410-417.

田力，徐雯佳，2015. 卫星遥感海冰监测技术在河北省近海海域的应用[J]. 遥感技术与应用，30(4)：5.

王欢欢，韩树宗，程斌，2009. 应用 AMSR-E 89GHz 遥感数据反演北极多年冰密集度[J]. 极地研究，21(3)：186.

王立伟，金涛勇，张胜军，等，2015. CryoSat-2 卫星海冰区域波形识别及海冰干舷高确定[J]. 大地测量与地球动力学，35(4)：4.

吴龙涛，吴辉碇，孙兰涛，等，2006. MODIS 渤海海冰遥感资料反演[J]. 中国海洋大学学报(自然科学版)，36(2)：7.

张树刚，2012. 海冰密集度反演以及北极中央区海冰和融池变化物理过程研究[J]. 青岛：中国海洋大学.

张辛，周春霞，鄂栋臣，等，2014. MODIS 多波段数据对南极海冰变化的监测研究[J]. 武汉大学学报(信息科学版)，39(10)：1194-1198.

赵朝方，徐锐，赵可，2019. 基于 HY-2A/SCAT 数据极地海冰检测方法研究[J]. 中国海洋大学学报(自然科学版)，49(10)：10.

邹斌，林明森，石立坚，等，2018. 遥感技术在海洋灾害监测中的应用[J]. 城市与减灾(6)：5.

ALDENHOFF W, BERG A, ERIKSSON L E B, 2016. Sea ice concentration estimation from Sentinel-1 synthetic aperture radar images over the Fram Strait[C]//2016 IEEE International Geoscience and Remote Sensi ng Symposium (IGARSS). IEEE: 7675-7677.

ALDENHOFF W, HEUZÉ C, ERIKSSON L E B, 2019. Sensitivity of radar altimeter waveform to changes in sea ice type at resolution of synthetic aperture radar[J]. Remote Sensing, 11(22): 2602.

ALEKSEEVA T, TIKHONOV V, FROLOV S, et al., 2019. Comparison of Arctic Sea Ice concentrations from the NASA team, ASI, and VASIA2 algorithms with summer and winter ship data[J]. Remote Sensing, 11(21): 2481.

BALDWIN D, TSCHUDI M, PACIFICI F, et al., 2017. Validation of Suomi-NPP VIIRS sea ice concentration with very high-resolution satellite and airborne camera imagery[J]. ISPRS Journal of Photogrammetry and Remote Sensing, 130: 122-138.

BELMONTE RIVAS M, STOFFELEN A, 2009. Near Real-Time sea ice discrimination using SeaWinds on QuikSCAT[J]. OSI SAF Visiting Scientist Report, SAF/OSI/CDOP/KNMI/TEC/TN/168, available at: https: //cdn. knmi. nl/system/data_center_publications/files/000/068/084/original/sea_ice_osi_saf_final_report. pdf, 1495621021.

BI H, LIANG Y, WANG Y, et al., 2020. Arctic multiyear sea ice variability observed from satellites: a review[J]. Journal of Oceanology and Limnology, 38(4): 962-984.

BI H, ZHANG J, WANG Y, et al., 2018. Arctic sea ice volume changes in terms of age as revealed from satellite observations[J]. IEEE Journal of Selected Topics in Applied Earth Observations and Remote Sensing, 11(7): 2223-2237.

BLANCHARD-WRIGGLESWORTH E, FARRELL S L, NEWMAN T, et al., 2015. Snow cover onArctic sea ice in observations and an Earth System Model[J]. Geophysical Research Letters, 42(23): 10, 342-10, 348.

BRATH M, KERN S, STAMMER D, 2012. Sea ice classification during freeze-up conditions withmultifrequency scatterometer data[J]. IEEE Transactions on geoscience and remote sensing, 51(6): 3336-3353.

BREIVIK L A, EASTWOOD S, LAVERGNE T, 2012. Use of C-bandscatterometer for sea ice edge identification[J]. IEEE Transactions on Geoscience and Remote Sensing, 50(7): 2669-2677.

CAVALIERI D J, GLOERSEN P, CAMPBELL W J, 1984. Determination of sea ice parameters with the Nimbus 7 SMMR[J]. Journal of Geophysical Research: Atmospheres, 89(D4): 5355-5369.

CAVANIE A, GOHIN F, QUILFEN Y, 1994. Identification of sea ice zones using the AMI-wind: Physical bases and applications to the FDP and CERSAT processing chains[J]. EUROPEAN SPACE AGENCY-PUBLICATIONS-ESA SP, 361: 1009-1009.

CHI J, KIM H, LEE S, et al., 2019. Deeplearning based retrieval algorithm for Arctic sea ice concentration from AMSR2 passive microwave and MODIS optical data[J]. Remote Sensing of Environment, 231: 111204.

COMISO J C, CAVALIERI D J, MARKUS T, 2003. Sea ice concentration, ice temperature, and snow depth using AMSR-E data[J]. IEEE Transactions on Geoscience and Remote Sensing, 41(2): 243-252.

COMISO J C, 1986. Characteristics of Arctic winter sea ice from satellite multispectral microwave observations[J]. Journal of Geophysical Research: Oceans, 91(C1): 975-994.

COMISO J C, ZWALLY H J, 1997. Temperature corrected bootstrap algorithm[C]//IGARSS'97. 1997 IEEE International Geoscience and Remote Sensing Symposium Proceedings. Remote Sensing-A Scientific Vision for Sustainable Development. IEEE, 2: 857-861.

CONNOR L N, LAXON S W, RIDOUT A L, et al., 2009. Comparison of Envisat radar and airborne laser altimeter measurements over Arctic sea ice[J]. Remote Sensing of Environment, 113(3): 563-570.

DABBOOR M, MONTPETIT B, HOWELL S, 2018. Assessment of the high resolution SAR mode of the RADARSAT constellation mission for first year ice and multiyear ice characterization [J]. Remote Sensing, 10(4): 594.

DRINKWATER M R, CARSEY F D, 1991. Observations of the late-summer to fall sea ice transition with the 14.6 GHz Seasat scatterometer [C]//IGARSS″ 91: Annual International Geoscience and Remote Sensing Symposium.

DWYER R E, GODIN R H, 1980. Determining sea-ice boundaries and ice roughness using GEOS-3 altimeter data[R]. NASA Wallops Flight Center.

EZRATY R, PIOLLÉ J F, 2001. SeaWinds on QuikSCAT Polar Sea Ice Grids User Manual[J]. Convection Report no5, DOPS/LOS/IFREMER.

FREDENSBORG HANSEN R M, RINNE E, SKOURUP H, 2021. Classification of sea ice types in the Arctic by radar echoes from SARAL/AltiKa[J]. Remote Sensing, 13(16): 3183.

GAO Q, MAKHOUL E, ESCORIHUELA M J, et al., 2019. Analysis of retrackers' performances and water level retrieval over the ebro river basin using sentinel-3[J]. Remote Sensing, 11(6): 718.

GILES K A, LAXON S W, WINGHAM D J, et al., 2007. Combined airborne laser and radar altimeter measurements over the Fram Strait in May 2002[J]. Remote Sensing of Environment, 111(2-3): 182-194.

GOHIN F, CAVANIE A, 1994. A first try at identification of sea ice using the three beam scatterometer of ERS-1[J]. TitleREMOTE SENSING, 15(6): 1221-1228.

GOHIN F, 1995. Some active and passive microwave signatures of Antarctic sea ice from mid-winter to spring 1991[J]. International Journal of Remote Sensing, 16(11): 2031-2054.

GOMMENGINGER C, THIBAUT P, FENOGLIO-MARC L, et al., 2011. Retracking altimeter waveforms near the coasts[J]. Coastal altimetry: 61-101.

GUERREIRO K, FLEURY S, ZAKHAROVA E, et al., 2016. Potential for estimation of snow depth on Arctic sea ice from CryoSat-2 and SARAL/AltiKa missions[J]. Remote Sensing of Environment, 186: 339-349.

HAAN S, STOFFELEN A, 2001. Ice discrimination using ERS scatterometer[J]. EUMETSAT OSI-SAF Technical Report SAF/OSI/KNMI/TEC/TN/120.

HAARPAINTNER J, TONBOE R T, LONG D G, et al., 2004. Automatic detection and validity of the sea-ice edge: an application of enhanced-resolution QuikScat/SeaWinds data[J]. IEEE Transactions on Geoscience and Remote Sensing, 42(7): 1433-1443.

HAUSER D, TISON C, AMIOT T, et al., 2016. CFOSAT: A new Chinese-French satellite for joint observations of ocean wind vector and directional spectra of ocean waves[C]//Remote sensing of the oceans and inland waters: Techniques, applications, and challenges. SPIE, 9878: 117-136.

HAUSER D, TISON C, AMIOT T, et al., 2017. SWIM: The first spaceborne wave scatterometer [J]. IEEE Transactions on Geoscience and Remote Sensing, 55(5): 3000–3014.

HAUSER D, TOURAIN C, HERMOZO L, et al., 2020. New observations from the SWIM radar on-board CFOSAT: Instrument validation and ocean wave measurement assessment[J]. IEEE Transactions on Geoscience and Remote Sensing, 59(1): 5–26.

HELM V, HUMBERT A, MILLER H, 2014. Elevation and elevation change of Greenland and Antarctica derived from CryoSat-2[J]. The Cryosphere, 8(4): 1539–1559.

JIANG C, LIN M, WEI H, 2019. A study of the technology used to distinguish sea ice and seawater on the haiyang-2A/B (HY-2A/B) altimeter data[J]. Remote Sensing, 11(12): 1490.

JIANG X, LIN M, LIU J, et al., 2012. The HY-2 satellite and its preliminary assessment[J]. International Journal of Digital Earth, 5(3): 266–281.

KALESCHKE L, LÜPKES C, VIHMA T, et al., 2001. SSM/I sea ice remote sensing for mesoscale ocean-atmosphere interaction analysis[J]. Canadian journal of remote sensing, 27 (5): 526–537.

KARTHICK M, SHANMUGAM P, 2020. Spectral index-based dynamic threshold technique for detecting cloud contamination in oceancolour data[J]. International Journal of Remote Sensing, 41(5): 1839–1866.

KERN S, LAVERGNE T, NOTZ D, et al., 2019. Satellite passive microwave sea-ice concentration data set intercomparison: closed ice and ship-based observations[J]. The Cryosphere, 13(12): 3261–3307.

KOMAROV A S, BUEHNER M, 2017. Automated detection of ice and open water from dual-polarization RADARSAT-2 images for data assimilation[J]. IEEE Transactions on Geoscience and Remote Sensing, 55(10): 5755–5769.

KOURAEV A V, PAPA F, MOGNARD N M, et al., 2004. Synergy of active and passive satellite microwave data for the study of first-year sea ice in the Caspian and Aral seas[J]. IEEE Transactions on Geoscience and Remote Sensing, 42(10): 2170–2176.

KOURAEV A V, SEMOVSKI S V, SHIMARAEV M N, et al., 2007. Observations of Lake Baikal ice from satellite altimetry and radiometry[J]. Remote Sensing of Environment, 108(3): 240–253.

KURTZ N T, GALIN N, STUDINGER M, 2014. An improved CryoSat-2 sea ice freeboard retrieval algorithm through the use of waveform fitting[J]. The Cryosphere, 8(4): 1217–1237.

KWOK R, CUNNINGHAM G F, KACIMI S, et al., 2020. Decay of the snow cover over Arctic sea ice from ICESat-2 acquisitions during summer melt in 2019[J]. Geophysical Research Letters, 47(12): e2020GL088209.

LAVERGNE T, SøRENSEN A M, KERN S, et al., 2019. Version 2 of the EUMETSAT OSI SAF and ESA CCI sea-ice concentration climate data records[J]. The Cryosphere, 13(1): 49-78.

LAXON S, 1994. Sea ice altimeter processing scheme at the EODC[J]. International Journal of Remote Sensing, 15(4): 915-924.

LAXON S, 1994. Sea ice extent mapping using the ERS-1 radar altimeter[J]. EARSeL Adv. Remote Sens, 3: 112-116.

LAXON S W, GILES K A, RIDOUT A L, et al., 2013. CryoSat-2 estimates of Arctic sea ice thickness and volume[J]. Geophysical Research Letters, 40(4): 732-737.

LEE S, KIM H, IM J, 2018. Arctic lead detection using a waveform mixture algorithm from CryoSat-2 data[J]. The Cryosphere, 12(5): 1665-1679.

LINDELL D B, LONG D G, 2016. Multiyear Arctic ice classification using ASCAT and SSMIS [J]. Remote Sensing, 8(4): 294.

LINDELL D B, LONG D G, 2016. Multiyear Arctic sea ice classification using OSCAT and QuikSCAT[J]. IEEE Transactions on Geoscience and Remote Sensing, 54(1): 167-175.

LIU H, GUO H, ZHANG L, 2014. SVM-based sea ice classification using textural features and concentration from RADARSAT-2 dual-polScanSAR data[J]. IEEE Journal of Selected Topics in Applied Earth Observations and Remote Sensing, 8(4): 1601-1613.

LIU Y, KEY J, MAHONEY R, 2016. Sea and freshwater ice concentration from VIIRS on Suomi NPP and the future JPSS satellites[J]. Remote Sensing, 8(6): 523.

LONG D G, EARLY D S, DRINKWATER M R, 1994. Enhanced resolution ERS-1 scatterometer imaging of southern hemisphere polar ice[C]//Proceedings of IGARSS'94-1994 IEEE International Geoscience and Remote Sensing Symposium. IEEE, 1: 156-158.

LONG D G, HARDIN P J, WHITING P T, 1993. Resolution enhancement of spacebornescatterometer data[J]. IEEE Transactions on Geoscience and Remote Sensing, 31(3): 700-715.

LONG D G, 2016. Polar applications of spacebornescatterometers[J]. IEEE journal of selected topics in applied earth observations and remote sensing, 10(5): 2307-2320.

MARKUS T, CAVALIERI D J, 2000. An enhancement of theNASA Team sea ice algorithm[J]. IEEE Transactions on Geoscience and Remote Sensing, 38(3): 1387-1398.

MEIER W N, STROEVE J, 2008. Comparison of sea-ice extent and ice-edge location estimates frompassive microwave and enhanced-resolution scatterometer data[J]. Annals of Glaciology, 48: 65-70.

MÜLLER F L, DETTMERING D, BOSCH W, et al., 2017. Monitoring the Arctic seas: How satellite altimetry can be used to detect open water in sea-ice regions[J]. Remote Sensing, 9(6): 551.

OCHILOV S, CLAUSI D A, 2012. Operational SAR sea-ice image classification[J]. IEEE Transactions on Geoscience and Remote Sensing, 50(11): 4397-4408.

OTOSAKA I, RIVAS M B, STOFFELEN A, 2017. Bayesian sea ice detection with the ERS scatterometer and sea ice backscatter model at C-band[J]. IEEE Transactions on Geoscience and Remote Sensing, 56(4): 2248-2254.

OZA S R, SINGH R K K, VYAS N K, et al., 2011. Spatio-temporal coherence based technique for near-real time sea-ice identification from scatterometer data[J]. Journal of the Indian Society of Remote Sensing, 39(2): 147-152.

PAUL S, HENDRICKS S, RICKER R, et al., 2018. Empirical parametrization of Envisat freeboard retrieval of Arctic andAntarctic sea ice based on CryoSat-2: progress in the ESA Climate Change Initiative[J]. The Cryosphere, 12(7): 2437-2460.

PEACOCK N R, LAXON S W, 2004. Sea surface height determination in the Arctic Ocean from ERS altimetry[J]. Journal of Geophysical Research: Oceans, 109(C7).

PRICE D, BECKERS J, RICKER R, et al., 2015. Evaluation of CryoSat-2 derived sea-ice freeboard over fast ice in McMurdo Sound, Antarctica[J]. Journal of Glaciology, 61(226): 285-300.

REMUND Q P, LONG D G, 2014. A decade of QuikSCAT scatterometer sea ice extent data[J]. IEEE transactions on geoscience and remote sensing, 52(7): 4281-4290.

REMUND Q P, LONG D G, 1997. Automated Antarctic ice edge detection using NSCAT data [C]//IGARSS'97. 1997 IEEE International Geoscience and Remote Sensing Symposium Proceedings. Remote Sensing-A Scientific Vision for Sustainable Development. IEEE, 4: 1841-1843.

REMUND Q P, LONG D G, 1999. Sea ice extent mapping using Ku band scatterometer data[J]. Journal of Geophysical Research: Oceans, 104(C5): 11515-11527.

RICKER R, HENDRICKS S, HELM V, et al., 2014. Sensitivity of CryoSat-2 Arctic sea-ice freeboard and thickness on radar-waveform interpretation [J]. The Cryosphere, 8(4):

1607-1622.

RIGGS G A, HALL D K, ACKERMAN S A, 1999. Sea ice extent and classification mapping with theModerate Resolution Imaging Spectroradiometer Airborne Simulator[J]. Remote Sensing of Environment, 68(2): 152-163.

RINNE E, SIMILÄ M, 2016. Utilisation of CryoSat-2 SAR altimeter in operational ice charting [J]. The Cryosphere, 10(1): 121-131.

RIVAS M B, STOFFELEN A, 2011. New Bayesian algorithm for sea ice detection with QuikSCAT [J]. IEEE Transactions on Geoscience and Remote Sensing, 49(6): 1894-1901.

RIVAS M B, VERSPEEK J, VERHOEF A, et al., 2012. Bayesian sea ice detection with the advanced scatterometer ASCAT[J]. IEEE Transactions on Geoscience and Remote Sensing, 50 (7): 2649-2657.

RÖHRS J, KALESCHKE L, 2012. An algorithm to detect sea ice leads by using AMSR-E passive microwave imagery[J]. The Cryosphere, 6(2): 343-352.

SALLILA H, FARRELL S L, MCCURRY J, et al., 2019. Assessment of contemporary satellite sea ice thickness products for Arctic sea ice[J]. The Cryosphere, 13(4): 1187-1213.

SCHWEGMANN S, RINNE E, RICKER R, et al., 2016. About the consistency between Envisat and CryoSat-2 radar freeboard retrieval over Antarctic sea ice[J]. The Cryosphere, 10(4): 1415-1425.

SHEN X, ZHANG J, MENG J, et al., 2017. Sea ice type classification based on random forest machine learning with Cryosat-2 altimeter data[C]//2017 International Workshop on Remote Sensing with Intelligent Processing (RSIP). IEEE: 1-5.

SHEN X, ZHANG J, ZHANG X, et al., 2017. Sea ice classification using Cryosat-2 altimeter data by optimal classifier-feature assembly[J]. IEEE Geoscience and Remote Sensing Letters, 14 (11): 1948-1952.

SHI L, LU P, CHENG B, et al., 2015. An assessment of arctic sea ice concentration retrieval based on "HY-2" scanning radiometer data using field observations during CHINARE-2012 and other satellite instruments[J]. ActaOceanologica Sinica, 34(3): 42-50.

SHU S, ZHOU X, SHEN X, et al., 2020. Discrimination of different sea ice types from CryoSat-2 satellite data using an Object-based Random Forest (ORF)[J]. Marine Geodesy, 43(3): 213-233.

SINHA N K, SHOKR M, 2015. Sea ice: physics and remote sensing[M]. John Wiley & Sons.

SMITH D M, 1996. Extraction of winter total sea-ice concentration in the Greenland and Barents

Seas from SSM/I data[J]. Remote Sensing, 17(13): 2625-2646.

SPREEN G, KALESCHKE L, HEYGSTER G, 2008. Sea ice remote sensing using AMSR-E 89 GHz channels[J]. Journal of Geophysical Research: Oceans, 113(C2).

SVENDSEN E, MATZLER C, GRENFELL T C, 1987. A model for retrieving total sea ice concentration from a spaceborne dual-polarized passive microwave instrument operating near 90 GHz[J]. International Journal of Remote Sensing, 8(10): 1479-1487.

SWAN A M, LONG D G, 2012. Multiyear Arctic sea ice classification using QuikSCAT[J]. IEEE Transactions on Geoscience and Remote Sensing, 50(9): 3317-3326.

TAN W, LI J, XU L, et al., 2018. Semiautomated segmentation of Sentinel-1 SAR imagery for mapping sea ice in Labrador coast[J]. IEEE Journal of Selected Topics in Applied Earth Observations and Remote Sensing, 11(5): 1419-1432.

TONBOE R T, EASTWOOD S, LAVERGNE T, et al., 2016. The EUMETSAT sea ice concentration climate data record[J]. The Cryosphere, 10(5): 2275-2290.

TUCKER W B, PEROVICH D K, GOW A J, et al., 1992. Physical properties of sea ice relevant to remote sensing[J]. Microwave Remote Sensing of Sea Ice, 68: 9-28.

WANG L, DING Z, ZHANG L, et al., 2019. CFOSAT-1 realizes first joint observation of sea wind and waves[J]. Aerosp. China, 20: 22-29.

WANG Y R, LI X M, 2020. Arctic sea ice cover data from spaceborne SAR by deep learning[J]. Earth Syst. Sci. Data Discuss: 1-30.

WINGHAM D J, FRANCIS C R, BAKER S, et al., 2006. CryoSat: A mission to determine the fluctuations in Earth's land and marine ice fields[J]. Advances in Space Research, 37(4): 841-871.

WOODHOUSE I H, 2017. Introduction to microwave remote sensing[M]. CRC Press.

XIA W, XIE H, 2018. Assessing three waveform retrackers on sea ice freeboard retrieval from Cryosat-2 using Operation IceBridge Airborne altimetry datasets[J]. Remote Sensing of Environment, 204: 456-471.

XU Y, LIU J, XIE L, et al., 2019. China-France Oceanography Satellite (CFOSAT) simultaneously observes the typhoon-induced wind and wave fields[J].

ZAKHAROVA E A, FLEURY S, GUERREIRO K, et al., 2015. Sea ice leads detection using SARAL/AltiKa altimeter[J]. Marine Geodesy, 38(sup1): 522-533.

ZHANG D, WANG Z, LI Y, et al., 2015. Preliminary analysis of HY-2 ACMR data[C]//2015 IEEE International Geoscience and Remote Sensing Symposium (IGARSS). IEEE: 177-180.

ZHANG Z, YU Y, LI X, et al., 2019. Arctic sea ice classification using microwave scatterometer and radiometer data during 2002-2017[J]. IEEE Transactions on Geoscience and Remote Sensing, 57(8): 5319-5328.

ZOU J, ZENG T, GUO M, et al., 2016. The study on anAntarctic sea ice identification algorithm of the HY-2A microwave scatterometer data[J]. Acta Oceanologica Sinica, 35(9): 74-79.

ZYGMUNTOWSKA M, KHVOROSTOVSKY K, HELM V, et al., 2013. Waveform classification of airborne synthetic aperture radar altimeter over Arctic sea ice[J]. The Cryosphere, 7(4): 1315-1324.